QILUN FADIANJIZU ZHENDONG ZHENDUAN
JISHU WENDA

汽轮发电机组振动诊断技术问答

郭宝仁　常　浩　编著
马泽山　徐贞禧　审核

中国电力出版社
CHINA ELECTRIC POWER PRESS

内 容 提 要

本书以技术问答的形式，把复杂的理论用直观、形象、简洁的语言，辅以典型的生产实例加以解读，方便读者掌握机组振动基本知识，基于现场的 TSI 及 TDM系统，学会振动测量及动平衡技术，提高识别和消除故障能力。通过强调问题、引起注意、启发思考，达到避免和消除机组事故的目的，这是一本解决机组振动问题的实用性技术丛书。

本书可供从事汽轮机运行、检修、安装等工作的工程技术人员和管理人员阅读，也可供科研人员及高等院校师生参考。

图书在版编目（CIP）数据

汽轮发电机组振动诊断技术问答/郭宝仁，常浩编著. —北京：中国电力出版社，2016.5（2017.1 重印）
ISBN 978-7-5123-8909-0

Ⅰ.①汽… Ⅱ.①郭…②常… Ⅲ.①汽轮发电机组-机械振动-故障诊断-问题解答 Ⅳ.①TM311.14-44

中国版本图书馆 CIP 数据核字（2016）第 026649 号

中国电力出版社出版、发行
（北京市东城区北京站西街 19 号　100005　http://www.cepp.sgcc.com.cn）
三河市航远印刷有限公司印刷
各地新华书店经售

＊

2016 年 5 月第一版　2017 年 1 月北京第二次印刷
787 毫米×1092 毫米　16 开本　15.5 印张　324 千字
印数 2001—3000 册　定价 58.00 元

前　言

截至 2014 年底，全国全口径发电设备容量 13.6019 亿 kW，其中火电装机容量 9.1569 亿 kW，火电容量占总装机容量的 67.32％。全国发电量 55459 亿 kWh，其中火电发电量 41731 亿 kWh，火电发电量占全国发电量的 75.25％，2014 年全国发电设备平均年利用小时 4077.3h，其中火电机组平均年利用小时 4557.3h，火力发电在发电行业中占有较大比重，是中国电力的基础。

汽轮机组是火力发电厂的关键设备，它的安全、经济及可靠运行至关重要，不仅涉及企业自身的经济效益，更关系到人们生活、生产用电，电与人们日常生活息息相关。由于汽轮机组是高速旋转设备，不可避免地出现故障，其中，振动问题是机组经常发生的故障之一，且比较难以处理。特别是近几年来，容量大、参数高、轴系长、结构复杂的汽轮机组相继投入，在安装、调试、运行及检修阶段中出现了更多新的振动问题。诊断并消除振动问题，涉及设计、制造、安装、运行及检修诸多领域，不仅需要理论知识，更需要长期的工程实践和经验的积累，理论知识和实践经验缺一不可，而丰富的实践经验更有助于实际问题的解决。由于振动问题的复杂性、隐蔽性、多变性，涉及的知识面广，普通工程技术人员往往觉得振动问题高深莫测，难学难懂，特别是从事电厂运行、检修及管理的人员，大部分没有系统学习过振动知识，更没有亲身处理振动问题的经历，很多人不知从哪里入手学习振动技术，与此同时，很多电厂的 TDM 系统几乎处于闲置状态，无人问津，给工作带来诸多不便。为了能使相关从业人员更好地掌握振动技术，提高专业水平，满足工作需要，我们组织编著了《汽轮发电机组振动诊断技术问答》这本书。本书以技术问答的形式，将复杂的理论转换为直观、形象、简洁的语言进行解读，并配有实例，以便掌握机组振动基本知识，学会振动测量及动平衡技术，提高识别和消除故障能力，通过强调问题、引起注意，启发思考，达到避免或消除机组事故的目的，这是一本解决机组振动问题的实用性技术丛书。希望通过阅读本书，读者对振动专业有所了解，并对解决实际振动问题有所帮助。若本书能使读者从中受益，提高解决生产实际问题的能力和水平，编著者将甚为欣慰。

本书分七章，共有 400 个问题。第一章介绍了振动学的一些基础知识，对相关名词术语进行解读。第二章介绍了振动测量所需的仪器、仪表，对如何安装、使用等技术进行了解答。第三章介绍了火电机组现行的振动评定标准，并对其进行了解读，帮助读者对振动标准有进一步的理解和认识。第四章介绍了常见的振动故障特征及诊断方法，掌握该知识有助于及时分析和消除现场振动问题。第五章介绍了故障诊断及消除实例，加深读者对故障特征理解，提高处理振动问题的能力。第六章介绍了运行机组的振动预防与控制，通过调整手段消除机组在启动、运行中存在的振动问题，防止过大的振动对机组造成更大伤害，同时对国家能源局发布的《防止电力生产事故的二十五项重点要求》中的振动相关内容进行了解读。第七章介绍了机组现场动平衡技术，对动平衡的方案选择、策略及技巧进行了解答，并介绍了现场动平衡实例。最后对《防止电力生产事故的二十五项重点要求》以及国家振动标准进行了汇总，方便读者查阅。

编著者长期从事汽轮机的振动工作，具有生产一线的工作经历，积累了大量的科研成果和生产经验。本书注意理论和实践相结合，立足于实用性、科学性和先进性的紧密结合。可供从事汽轮机运行、检修、安装等工作的工程技术人员和管理人员阅读，也可供科研人员及高等院校师生参考。

本书由华电电力科学研究院郭宝仁、常浩编著，大唐辽宁分公司马泽山、原华北电力科学研究院徐贞禧主审。在编著过程中，沈阳工程学院，中电投东北分公司，东北电力科学研究院，国电科学技术研究院，哈尔滨汽轮机厂有限责任公司，华润电力（锦州）有限公司，中国能建东电一公司，阜新金山煤矸石热电有限公司，神华国华绥中发电有限责任公司等同志给予了大力帮助并提出了大量宝贵意见和建议，为本书增色颇多，同时华电电力科学研究院给予了大力支持。书中所列的故障实例是从近几年多台机组出现的振动故障挑选而来，多数是编著者亲身经历并处理的。

在此书出版之际，谨向以上单位和个人及本书所引用的资料作者致以衷心的感谢。

限于作者的水平和经验，书中难免有缺点和不妥之处，恳请读者批评指正。

编著者

2016 年 4 月

目　录

1

第二章 振动测量技术

第四章　振动故障特征及诊断

第五章　故障诊断及消除实例

第六章　运行机组的振动预防与控制

第七章　现场动平衡技术

11

第一章

振 动 学 基 础 知 识

一、机械振动

1. 什么是振动？

振动（又称振荡）是指一个状态改变的过程，即物体的往复运动。广义来说，振动是物体（质点）或某种状态随着时间往复变化的现象；狭义来说，振动指机械振动，即力学系统中的往复运动。

2. 什么是机械振动，其形态用什么描述？

机械振动是指物体（质点）以平衡位置为原点在弹性力作用下所做的来回往复运动。机械振动是自然界常见的运动形式之一，具有多种多样性，可以是周期性的，也可以是非周期性的。其中最基本、最简单的机械振动是简谐振动，任何复杂的机械振动都可看作简谐振动的合成运动。

振动形态用位移、速度和加速度来描述。

3. 机械振动有哪些分类？

机械振动的研究和应用方面有多种分类方法，目前大致有如下几种分类。

（1）按振动的规律分类：简谐振动、非简谐振动和随机振动。有时可将前两种称为周期振动，后者称为非周期振动。

（2）按产生振动的原因分类：自由振动、强迫振动、自激振动。

（3）按系统结构参数分类：线性振动和非线性振动。

（4）按振动位移特征分类：弯曲振动、扭转振动和纵向振动，也可以称角振动和弹性体振动。

（5）按自由度分类：单自由度系统振动、多自由度系统振动和弹性体振动。

由于研究角度不同，把同一振动归入了不同的类型。如同一振动既可称周期振动，又可以称强迫振动，还可以称线性振动。

4. 什么是简谐振动及其表示方法？

振动参量可由时间自变量的正弦函数描述的周期振动，也称正弦振动。

用公式表示为

$$y = A\sin(\omega t + \varphi)$$

式中　y——简谐振动；

A——振动量值；

ω——角频率；

t——时间自变量；

φ——振动的初相角。

它的三要素是频率、振动量值和相位。

5. 什么是周期振动及其表示方法？

周期振动是指振动参量随时间自变量在经过某一相同增量后能重复出现的振动。汽轮发电机组中的质量不平衡、共振、转子热弯曲、动静摩擦等故障都属于周期振动。用公式表示为

$$y = f(t) = f(t \pm n\tau)$$

式中　y——周期振动；

t——时间自变量；

n——整数；

τ——周期。

6. 什么是非周期振动？

非周期振动是指没有周期规律的振动。汽轮发电机组中的随机振动就是非周期振动。

7. 什么是随机振动？

随机振动是指瞬时值不可预知的振动，随机振动的瞬时值在某一指定区间的概率可由某一概率分布函数描述。振动频率和转子转速不对应，通频与基频振动量值相差悬殊，振动量值波动大。

8. 什么是稳态振动？

稳态振动是指在平均意义上达到均衡状态的连续振动。

9. 什么是瞬态振动？

瞬态振动是指一种随时间衰减的振动，典型的是短持续时间的振动。

10. 什么是自由振动？

自由振动是指激励或约束去除后系统出现的振动，线性系统以固有的线性组合方式振动。自由振动系统与外界没有能量的交换，振动的形成和演变机制是通过将初始激发能量在系统内传递和转换实现的。

11. 什么是受迫振动？

受迫振动是指由一个与时间有关的外力所激发的系统振动，也称强迫振动，线性系统的振动频率与激励的频率相同。质量不平衡、共振、转子热弯曲、动静摩擦等故障属于受迫振动。

12. 什么是自激振动？

自激振动是指由机械系统内的能量转换成振荡激励而形成的振动。油膜振荡、汽流激振等半速涡动故障属于自激振动。

13. 自由振动、自激振动、受迫振动有什么区别？

自由振动是系统受初始激励作用后，以后不受外界激励，即一次获得必需的能量输入，振动过程特性由系统本身固有特性决定。自激振动是系统受到自身运动诱发出来并维持的运动，不是外部激振力引起，振动与外界激励无关，不需要外界向系统输送能量。受迫振动是系统受外部持续不停地激振力，能量由系统外不停提供，激励与自身无关，仅与系统自身的固有特性及激励的性质有关。

14. 什么是弯曲振动？有什么特征？

弯曲振动是指使弹性体产生弯曲变形的振动，也称横向振动。其主要特征是振动物体上的质点只做垂直于轴线方向的振动。

15. 什么是纵向振动？有什么特征？

纵向振动是指沿弹性体纵轴方向的振动，也称轴向振动。其主要特征是振动物体上的质点只做沿轴线方向的振动。

16. 什么是扭转振动？有什么特征？

扭转振动是指物体绕自身轴线扭转而产生的周期振动。其主要特征是振动物体上的质点只做绕轴线方向的振动。

17. 什么是挠曲振动？有什么特征？

挠曲振动是指产生挠曲的物体的振动，这种挠曲能够产生物体内弹性（或塑性）变形。它与振动系统的振型有关，在两个支点支承的轴或梁中，挠曲振动是指相对于轴或梁在静平衡条件下的中性轴的位移。

18. 什么是振荡？

振荡是指相对于规定的参考系，一个通常随时间变化的量，其量值交替地大于和小于特定的参考值的现象。

19. 什么是涡动？有什么特点？

涡动是指转子的单个元件例如在不平衡力作用下会产生偏离静挠曲线的变形，该变形引起的转子相对于静挠曲线的运动被描述为轴的涡动。涡动是自激振动，不平衡力是系统外的外力，不会引起自激振动。涡动的特点是转动和进动不同步，转子上的金属纤维在涡动时要承受交变应力，这是涡动对转子的最大危害。油膜涡动的振动频率约等于轴转速的一半。

20. 什么是油膜振荡？

油膜振荡是指滑动轴承支承的转子由于液体轴承切向力的增加而产生的自激振动。轴承发生油膜振荡是在转速高于一阶临界转速的 2 倍之后，涡动频率不再随转速升高而变化，而是与转子一阶临界转速频率共振，所以对转子的危害极大。形象地说，是液体力将轴径在轴承垂直中心线上抬高、坠落的往复运动，涡动频率略低于工作转速的1/2，通常称为半速涡动。

21. 什么是颤振？

颤振是指由周围气体或液体的运动诱导产生的动态交互作用而引起的结构自激振动。

22. 什么是线性振动？

线性振动是指具有线性响应而且能用线性微分方程描述的系统振动。在线性系统中，响应与激励成比例关系，且满足叠加原理。

23. 什么是非线性振动？

非线性振动是指具有非线性响应而且只能用非线性微分方程描述的系统振动。在非线性系统中，响应与激励不再成比例关系，且不满足叠加原理。

24. 什么是绝对振动？

绝对振动是指相对于地球（惯性系统）为参考系的振动。例如使用速度传感器测量轴承或转轴的振动就是绝对振动。

25. 什么是相对振动？

相对振动是指相对于某一物体为参考系的振动。例如使用固定在轴承支架上的电涡流传感器测量轴相对于轴承的振动就是相对振动。

26. 什么是通频振动值？

通频振动值是指未经滤波处理的原始振动信号，由各种频率振动分量组成的总振动量值，即包含原始振动信号中的全部频率成分。

27. 什么是基频振动值？

基频振动值是指经滤波处理的振动信号，振动分量按照正弦规律变化的振动量值，其频率等于转子工作频率，基频常称为 1 倍频、工频、1×、转频。该振动可由转子质量分布不对称或弯曲产生的不平衡离心力等引起。例如，某机器的实际运行转速 n 为 3000r/min，那么，转速频率＝$n/60$＝3000/60＝50Hz，其基频为 50Hz，2 倍频为 100Hz，半频为 25Hz。

28. 什么是二倍频振动值？

二倍频振动值是指经滤波处理的振动信号，振动分量按照正弦规律变化的振动量值，其频率等于转子工作频率的 2 倍，通常用 2X 表示。转子不同心、不对称电磁力、高次谐波共振、参数振动及电磁激振等故障都会产生 2 倍频振动。

29. 什么是半频振动值？

半频振动值是指经滤波处理的振动信号，振动分量按照正弦规律变化的振动量值，其频率等于转子工作频率的 1/2 倍，通常用 1/2× 或 0.5× 表示。汽流激振、轴承比压过小等所引起的轴在轴承中的涡动为半频振动。

30. 什么是谐波振动？

谐波振动是指经滤波处理的振动信号，振动分量按照正弦规律变化的振动量值，其频率等于转子工作频率的整数倍，通常用 2×、3×、4× 等表示。该振动可由转子的各向异性、转子—支承系统的非线性特性或其他原因引起。

31. 什么是次谐波振动？

次谐波振动是指经滤波处理的振动信号，振动分量按照正弦规律变化的振动量值，其频率等于转子工作频率的整分数倍，通常用 1/2×（0.5×）、1/3×、1/4× 等表示。该振动可由转子的各向异性、转子—支承系统的非线性特性或其他原因引起。

32. 什么是拍振？

拍振是指频率略有差别的两个振动的叠加，振动量值变化的包络线是正弦曲线。在两个基础相邻的功率较大异步电机拖动的水泵、风机轴承上易发生拍振。

33. 什么是汽轮发电机组振动？

汽轮发电机组振动是指发生在汽轮发电机组轴系上的弯曲和扭转振动。通常的机组振动或轴系振动即指弯曲振动（径向振动）。

34. 什么是轴系扭振？

轴系扭振是指当汽轮发电机组轴系传递转矩时，在其各个断面上因所受转矩的不同而产生不同的角位移。当转子受到瞬时干扰而突然卸载或加载时，轴系按固有扭振频率产生的扭转振动。在轴系进行超速（甩负荷）或发电机产生两相短路时，会发生轴系扭振频率与工频或倍频的耦合问题，以及短路应力问题。

35. 什么是机械系统？

机械系统是指由质量、刚度和阻尼元件组成的系统。

36. 什么是线性系统？

线性系统是指响应的大小与激励的大小成比例关系的系统。在线性系统中，叠加原理适用于输入的激励和输出的响应之间的关系。

37. 什么是非线性系统？

非线性系统是指响应的大小与激励的大小不成比例关系的系统。在非线性系统中，叠加原理不适用于输入的激励和输出的响应之间的关系。

38. 什么是惯性系统？

惯性系统是指由一个或多个柔性部件（通常包括阻尼）将一个机械系统连接到参考基础所构成的系统。

39. 什么是等效系统？

等效系统是指为便于分析可用于替代另一个系统的系统。

40. 什么是多自由度系统？

多自由度系统是指任何时刻需要用两个或更多的坐标才能完全确定其状态的系统。

41. 什么是振动模态？

振动模态是指在谐波激励作用下的振动系统中，系统呈现出其每一部位都是以简谐方式运动的特征模式。多自由度的系统可同时存在两个或更多模态。

42. 什么是模态振型？

模态振型是指机械系统的某一固有模态振动的形状，是指由中性面（或中性轴）上的点偏离其平均值的最大位移值所描述的图形。各点振型值通常是按选点的偏离值进行归一化。模态振型也叫振型。

43. 什么是模态分析？

模态分析是指基于叠加原理的振动分析方法，用复杂结构系统自身的振动模态，即固有频率、模态阻尼和模态振型来表示其振动特性。

44. 什么是模态矩阵？有什么作用？

模态矩阵是指由系统的特征向量或模态向量组成的线性变换矩阵。它通过系统的惯性解耦和弹性解耦来实现，即将模态质量阵和模态刚度阵转化成对角阵。

45. 什么是共振？

受迫振荡系统在激励频率即使存在细小的变化时其系统响应也会出现下降的状态。共振也称谐振，激振力的频率与系统的固有频率重合，这时振动系统的振动量值显著增大，相位显著变化。

46. 什么是共振频率？

共振频率是指系统出现共振时的频率。共振频率取决于所测的变量，例如，速度共振频率不同于位移共振频率。

47. 什么是固有频率？由什么决定？

固有频率是指无阻尼线性振动系统的自由振动频率。运行中转子的固有频率由转子—支承系统的质量、刚度和阻尼所决定。

48. 什么是阻尼固有频率？

阻尼固有频率是指阻尼线性振动系统的自由振动频率。

49. 什么是阻尼？分为几种？

阻尼是指能量随时间或距离的耗散。通常有线性阻尼和粘性阻尼，它能使振动量值随时间逐渐减小。

50. 什么是线性阻尼？

线性阻尼是指由与速度成比例而与其方向相反的力所产生的阻尼。产生线性阻尼的元件通常称为缓冲器。

51. 什么是非线性阻尼？

非线性阻尼是指由与速度不成比例而与速度方向相反的力或力矩所产生的阻尼。

52. 怎样描述单自由度线性系统的运动方程？

在单自由度线性系统中，激振力的幅值与位移关系可以用如下方程描述，它是约束力和不平衡力的平衡方程式，即

$$m \frac{\mathrm{d}^2 x}{\mathrm{d}t^2} + C \frac{\mathrm{d}x}{\mathrm{d}t} + kx = F\cos\omega t$$

式中　F——激励力幅值；

ω——角频率；

t——时间；

m——系统质量；

x——位移；

C——系统中阻尼元件的线性阻尼系数；

k——系统中弹性刚度。

53. 什么是刚度？

刚度是指作用在弹性元件上的力（或力矩）的变化量与所产生的相应的平移变形（或扭转变形）变化量之比。

54. 什么是动刚度？

动刚度是指机械系统中，某点的力与该点或另一点位移的复数比。动刚度可能受应变（振动量值或频谱）、应变率、温度或其他因素的影响。对于单自由度有阻尼系统的动刚度，它是系统静刚度（含有弹簧成分）、正交刚度（含有同步阻尼成分）以及转子质量项（含有惯性成分）的矢量和。

55. 振动量值与不平衡力和动刚度有什么关系？

在线性系统中，不平衡引起的部件振动量值与作用在该部件上的不平衡力成正比，与它的动刚度成反比。不平衡力加大或者动刚度减小，都可导致振动量值增加。

56. 什么是基本周期？

基本周期是指周期函数自身重复出现的最小时间增量，在不引起混淆的情况下基本周期可称为周期。

57. 什么是频率？

周期的倒数。频率的单位是赫兹（Hz），相当于每秒循环一次。

58. 什么是角频率？

正弦量的频率与系数 2π 的乘积，单位为弧度每秒（rad/s 或 1/s），角频率也叫圆频率。

59. 什么是相位角？

在给定频率下表征时间移位特性的复响应辐角，相位角也可称相位。一定频率的振动是一个矢量，矢量包含振动量值和相位两个要素。在振动测量中，如果振动量值为 $80\mu\mathrm{m}$，相位为 $100°$，通常计为 $80\angle100$ 或 $80/100$。

60. 什么是相位角差？

相位角差是指频率相同的两个谐波振动的相位角之差。若为正弦振动，即为它们从同一基准测得的相位角之差，相位角差也叫相位差。

61. 什么是振动量值？

振动量值是指一个量的幅度、大小或数值，是正弦振动时的最大值，振动量值也称幅值。振动量值是标量，可以用峰—峰值、均方根值或者平均值表示。振动量值常用单位对于位移而言为毫米（mm）、微米（μm），对速度而言为毫米每秒（mm/s）。

62. 什么是峰值？

峰值是指给定时间区间内振动最大值。振动峰值通常取为该振动量相对其平均值的最大偏移。正峰值为最大正偏移，负峰值为最大负偏移。

63. 什么是峰峰值？

峰峰值是指给定时间区间内振动最大正值与最大负值之间的差值，其大小与测量系统的响应或上升时间有关。

64. 什么是有效值？

有效值是指单值函数在 T_1 到 T_2 区间的均方根值为该区间函数值平方和的平均值，再取其平方根。有效值也称均方根值。

65. 峰峰值、单峰值、有效值有什么区别？

振动量值可以用单峰值、峰峰值、有效值表示。峰峰值是指整个振动历程的最大值，即正峰与负峰之间的差值；单峰值是正峰或负峰的最大值；有效值即均方根值。

只有在纯正弦波（如简谐振动）的情况下，峰峰值等于单峰值的 2 倍，有效值等于单峰值的 0.707 倍。

66. 什么是位移？

位移是指表征物体上一点相对于某参考系的位置变化的时间变量。位移可能是振荡的，在简谐分量情况下可以用位移振动量值（和频率）来定义；或者位移也可能是随机的，在随机情况下，均方根（rms）位移能够用于定义在任何给定的范围内位移取值的概率。短时间段内的位移定义为瞬态位移；长时间段内的非振荡位移被定义为持续位移；短时间段内的非振荡位移定义为位移脉冲。位移是矢量，量值一般用峰峰值表示，常用单位是微米（μm），国内电厂习惯用"丝"，1 丝＝10μm（非国际单位，不推荐使用）。

67. 什么是速度？

速度是指位移的变化率。一般来说，速度是随时间变化的，短时间段内的速度定义为瞬态速度，长时间段内的非振荡速度定义为持续速度。速度是矢量，量值一般用均方根值表示，常用单位是毫米每秒（mm/s）。

68. 什么是加速度？

加速度是指速度的变化率。一般来说，加速度是随时间变化的，很短时间段内的加速度定义为瞬态加速度，长时间段内的非振荡加速度定义为持续加速度，持续时间短的非振荡加速度定义为加速度脉冲。加速度是矢量，量值一般用单峰值表示，常用单位是毫米/秒平方（mm/s²）。

69. 振动位移、速度、加速度有什么区别？

正弦振动的位移、速度和加速度可用下式表示：

$$位移 \quad X = A\sin(\omega t + \varphi)$$

$$速度 \quad V = X' = A\omega \sin\left(\omega t + \varphi + \frac{\pi}{2}\right)$$

$$加速度 \quad a = V' = A\omega^2 \sin(\omega t + \varphi + \pi)$$

（1）通过微分可实现位移→速度→加速度转换，通过积分可实现加速度→速度→位移转换。

（2）简谐振动的位移、速度、加速度的频率相同，都等于 ω。

（3）位移幅值为 A 时，速度的幅值为 ωA，加速度的幅值为 $\omega^2 A$。

（4）速度的相位超前位移 $90°$，加速度的相位超前速度 $90°$。

（5）在低频范围内，振动强度与位移成正比；在中频范围内，振动强度与速度成正比；在高频范围内，振动强度与加速度成正比。

（6）相同的振动位移，频率越高则速度越大、加速度也大，反之则反。相同的振动速度，频率越高则振动位移越小、而加速度大，频率越低则振动位移越大、而加速度小。

（7）振动位移具体地反映了间隙的大小；振动速度反映了能量的大小；振动加速度反映了冲击力的大小。

（8）在电厂实际应用中，用装在轴承上的非接触式电涡流位移传感器测量转子轴颈相对于轴承的振动；用速度传感器测量轴的绝对振动以及轴承座、机壳、基础等非转动部件的振动；用加速度传感器测量齿轮和滚动轴承的振动。

70. 振动位移与速度怎样换算？

如果振动为单一谐波，振动位移与速度可按照下式进行换算：

$$X_{p-p} = \frac{2\sqrt{2} \times 1000 V_{ms}}{\omega} \approx \frac{450 V_{ms}}{f}$$

式中　X_{p-p}——振动位移，μm；

　　　V_{ms}——振动速度，均方根值，mm/s；

　　　ω——圆频率，rad/s；

f——频率，Hz。

对于汽轮机组工作转速为 3000r/min 的工频振动，$X_{p-p} \approx 9V_{ms}$ 或者 $V_{ms} \approx 0.11X_{p-p}$。值得注意的是，振动频率必须是单一谐波，有其他成分频率存在时，就不能用上式关系进行位移与速度之间的换算。

71. 什么是振动烈度？

诸如最大值、平均值、均方根值或其他描述振动参数的一个或一组数值，涉及多个瞬态值或多个平均值。振动烈度是一种通称，是描述一台机器振动状态的特征量，过去在涉及振动速度时经常使用，然而现在更多地用于位移、加速度等其他量的测量。在我国及国际振动标准中，几乎都规定振动烈度的度量值为振动速度的有效值。因此，可以认为振动烈度就是振动速度的有效值。所以，在对一般转动设备进行振动监测时，应测量振动速度的有效值（并要求在靠近轴承位置处的水平、垂直、轴向三个方向上进行测量，取最大值），因为只有振动烈度才有振动标准可以参照（大机组主要考核轴振动），评定机器运转状态的优劣时才能做到有据可依。

二、转子与轴承

1. 什么是转子？

转子是指能旋转的物体。汽轮机的转动部分统称转子，通常由主轴、叶轮或转鼓、动叶片和联轴器等汽轮机旋转部件组成的组合体，包括高压转子、中压转子、低压转子、发电机转子和励磁机转子等。

2. 汽轮机转子结构形式有哪些？

汽轮机转子的结构形式通常是指套装转子、整锻转子、焊接转子和组合转子。

套装转子一般用于中低参数小功率机组。整锻转子、焊接转子通常用于高参数大功率机组的高、中、低压转子，特别是焊接转子适用于工作在湿蒸汽区的质量重、尺寸大的大功率机组低压转子（过去反动式汽轮机常用焊接转子，现代大型汽轮机的高、中、低压转子普遍采用无中心孔整锻转子）。组合转子早年用于中高参数非中间再热的单缸汽轮机转子。

3. 什么是轴颈？

轴颈是指转子被径向支承在轴承上（并在轴承内旋转）的部分，也称轴径。轴颈一般是轴上用来安装轴承的地方。指轴上同一直径的一段轴或直径不等，但形成的外圆表面是均匀连续的圆柱面，外圆表面必须是均匀连续的，不能有轴肩或凹槽断开。

4. 什么是轴颈中心线？

轴颈中心线是指连接轴颈两端横截面中心的直线。

5. 什么是轴颈中心？

轴颈中心是指轴颈中心线与轴承横向合成力作用的轴颈径向平面的交点。

6. 什么是刚性转子？

刚性转子是指在直至最高工作转速的任意转速下旋转，由给定的不平衡量的分布引起的挠曲低于允许限度的转子。在一组条件（如工作转速和初始不平衡）下，可视为刚性转子的转子，而在其他条件下可能不视为刚性转子，例如工作在低转速下符合刚性转子条件的转子，在高转下则不再是刚性转子。对于刚性转子，工作转速低于第一阶临界转速，转子挠曲变形很小而可以忽略。

7. 什么是挠性转子？

挠性转子是指由于弹性挠曲不能认为是刚性的转子。对于挠性转子，工作转速高于第一阶临界转速，其转子挠曲变形不能忽略。

8. 什么是完全平衡的转子？

完全平衡的转子是指不平衡量为零的理想转子。

9. 什么是转子"热跑"试验？

为验证汽轮机转子受热后的变形情况，在制造过程中所进行的使主轴、转子体边旋转边加热的试验。

10. 转子"热跑"能彻底消除转子热应力吗？

无论是锻件还是焊接件的转子毛坯，都会存在热应力。毛坯件经过"时效"后，加工成转子，转子还要在高温炉内慢转速转动几十个小时，消除残存的热应力，即所谓的"热跑"，经过"热跑"的转子，热应力将减小到合格范围，但不会彻底消除，转子运行中还会出现一定量的"热变形"。

11. 什么是转子临界转速？

在转子质心偏移产生的离心力作用下，转子转动时作受迫振动。当转子受到的激振力的频率（即转子的转速）和转子的自振频率相等的时候，转子产生共振现象。这时的转速称为转子的临界转速。因转子的自振频率有 n 个，所以临界转速也有 n 个，但对于工作转速为 3000r/min 的大型汽轮机转子而言，仅其一阶临界转速在工作转速以下。

12. 转子的振动挠曲线是怎样随转速变化的？

对于刚性转子，由不平衡离心力引起的转子挠曲变形很小，其变化随转速增加呈线性增大。对于挠性转子，由不平衡离心力引起的挠曲变形较大，振动挠曲线是由多个主振型组成，其变化随转速增加呈非线性。

13. 什么是汽轮发电机组轴系？

汽轮发电机组轴系是指机组的各个转子用联轴器连接而成的组合体。轴系由多根转子组成，现代大型汽轮发电机组的轴承支承形式有单个转子双轴承、单个转子单轴承和两个转子三轴承等。

14. 什么是轴系稳定性？

轴系稳定性是指汽轮发电机组轴系在所有运行工况下，维持轴承系统稳定运行的性能。轴系中的工作参数如转速、动静间隙等变化时，可能引起半速涡动、汽流激振甚至油膜振荡，会影响转子轴承系统的稳定性能，使机组发生自激振动。

15. 评价汽轮机转子稳定性的指标是什么？

汽轮机转子稳定性是转子—支承系统内部产生自激振动的振动特性，通常用峰值响应敏感性系数 Q 和对数衰减率 δ 以及失稳转速指标来评定。

峰值响应敏感系数 Q 值仅是敏感评定指标之一，Q 值越小，转子稳定系数越高，但是还需要考虑响应峰值的大小，如果 Q 值较小，但幅频曲线的振动量值较大，这样的转子系统的振动特性也不是良好的。Q 值可按下式计算：

$$Q = \frac{n}{n_2 - n_1}$$

式中　n——阻尼临界转速峰值 1.0；

　　　n_2——对应于响应峰值为 0.707 的较高转速；

　　　n_1——对应于响应峰值为 0.707 的较低转速。

对数衰减率表征了转子受到突然的作用力之后，转子的振动量值增大到某一值，然后该幅值随时间的延长而衰减情况。因此转子的稳定性就是要计算转子系统的失稳转速和对数衰减率。失稳转速越高，对数衰减率越大，转子稳定性越好。

16. 怎样分析汽轮机轴系振动特性？

汽轮机转子不但要求有足够的强度，还要求有良好的振动特性，这样才能保证机组安全运行。转子的振动特性不良，将会引起机组异常振动，甚至会发生机毁人亡事故。因此分析转子及轴系的振动特性是非常重要的，也是必要的。对于小机组以往仅考虑转子临界转速，此做法难以满足大中型机组的转子安全性要求。对于大功率多转子的轴系不但要分析单转子振动特性还要分析转子间的相互影响和轴系的整体特性。振动特性的分析大致有以下五个方面内容。

（1）轴系静态参数的计算。

（2）轴系临界转速的计算。

（3）轴系不平衡响应的计算。

（4）轴系稳定性计算。

（5）轴系扭振频率和剪切应力的计算。

目前，计算转子振动特性的方法有很多，常用的是传递矩阵法，该方法计算快，使用方便，但容易产生漏根现象；另一种是有限元素法，它计算精度高，无漏根现象，但计算时间较长。

17. 怎样分析转子的固有响应方程？

以单质量的转子系统为例分析转子的固有响应方程。单质量的转子系统，有一质量块，由两个轴承支承，转子系统的质量，假定都集中在被支承的质量块上，它包含不平衡质量。

运动方程式如下：

$$M_r a + Cv + Kd = -M_u r_u \Omega^2 \cos(\Omega t - \phi_u)$$

$$M_r \Omega^2 d + C\Omega d + Kd = -M_u r_u \Omega^2 \cos(\Omega t - \phi_u)$$

$$(M_r \Omega^2 + C\Omega + K)d = -M_u r_u \Omega^2 \cos(\Omega t - \phi_u)$$

式中
M_r——转子质量；

a——加速度；

C——阻尼系数；

v——速度；

K——弹簧成分；

M_u——转子不平衡质量；

r_u——不平衡半径；

ϕ_u——不平衡质量的角度；

Ω——转子角速度；

$M_r \Omega^2 + C\Omega + K$——动刚度；

d——位移；

$-M_u r_u \Omega^2 \cos(\Omega t - \phi_u)$——不平衡力。

根据运动方程可得到：

$$\overrightarrow{响应}(d) = \frac{\overrightarrow{不平衡力}}{\overrightarrow{动刚度}}$$

下面分三种情况，对转子的响应进行分析。

（1）在低转速下（Ω 非常小）的响应。

$$\overrightarrow{响应} = \frac{\overrightarrow{M_u r_u \Omega^2}}{\overrightarrow{K}}$$

其中动刚度矢量表示见图 1-1。

假定子系统动刚度不变，因而在非常低转速范围内：①振动量值的增加与速度的平方成正比；②弹簧项刚度对约束力起主导作用；③高点和重点是同相位。

（2）在共振时的响应。

$$\overrightarrow{响应} = \frac{\overrightarrow{M_u r_u \Omega^2}}{\overrightarrow{C\Omega}}$$

其中动刚度矢量表示见图1-2。

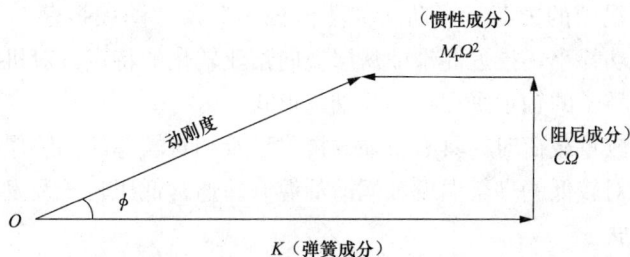

图 1-1　低转速时动刚度

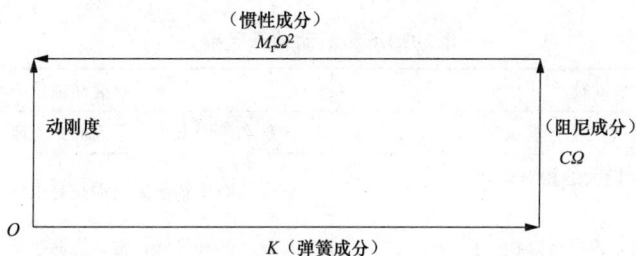

图 1-2　共振时动刚度

在共振转速下：①K 和 $M_r\Omega^2$ 项大小相等方向相反，二者互相抵消，只有阻尼一项约束力；②振动量值达到峰值；③高点滞后于不平衡量90°。

（3）在高速下（Ω 很大）的响应。

$$\overrightarrow{响应} = \frac{\overrightarrow{M_u r_u \Omega^2}}{-M_r\Omega^2} = \frac{\overrightarrow{M_u r_u}}{-\overrightarrow{M_r}}$$

其中动刚度矢量表示见图1-3。

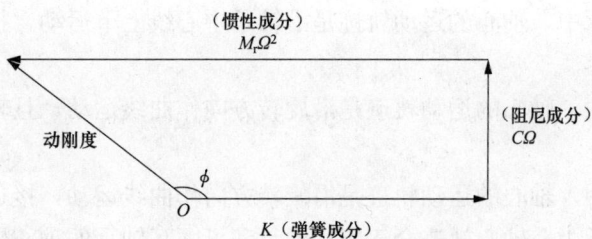

图 1-3　高转速时动刚度矢量表示

①在远高于共振转速下，转子绕质量中心运转（即绕转子绕度线旋转），而不是绕几何中心转（几何中心即转子静止时的轴线）；②振动位移滞后于不平衡量180°，因此在高速时，高点和重点相互之间为反相；③在高速时，惯性项起主导作用；④超过共振转速后，其响应保持为一常量，其振动量值要比共振时的小。

18. 可倾瓦、椭圆瓦轴承有什么特点？

可倾瓦轴承具有很强的抗失稳能力，若不计瓦块的惯性，支点的摩擦阻力，油膜对瓦块的剪切阻力等，则每瓦块作用在轴颈上的油膜力总是通过瓦块支点与轴颈中心，从而消除了导致轴颈涡动的力源，可防止"蒸汽振荡"及"油膜振荡"等自激振荡的发生，此外它还具有功耗小，推迟润滑油从层流向紊流转化的特点，对机组安全性十分有利，通常高、中压转子的轴承采用可倾瓦轴承形式。

椭圆瓦轴承在较重载荷时，具有较强的抗失稳及相对较厚的油膜厚度，使在紊流工况下的轴承具有相对较低的乌金温度和润滑油温升。通常低压转子及发电机转子的轴承采用椭圆瓦轴承形式。

19. 滑动轴承和滚动轴承有什么区别?

表 1-1　　　　　　　　　　　　　　滑动轴承和滚动轴承区别

滑动轴承	滚动轴承
油膜支承转子因而具有柔性支承	滚珠和滚筒支承转子因而具有刚性支承
转子相对于轴承可有较大的相对运动，它受轴承间隙的限制	转子相对于轴承的运动是有限的
如果运转和维修正常，寿命可以相当长	即使运转和维修正常，寿命也是有限的
具有良好阻尼及良好减振性能	阻尼及减振性能都不好
转子的振动传到壳体上，其传递性能不好	由转子传到外滚筒以及壳体的振动和由轴承传到外滚筒以及壳体的振动，其传递性能良好
如果安装正确无误，没有什么整体运动部分会产生振动频率	基于轴承的几何形状、速度和滚珠的数量会产生振动频率

20. 汽轮机径向轴承中轴心轨迹是怎样的?

轴承的结构形式不同，轴心轨迹差异很大，下面是几种轴承中轴心随转速升高的变化轨迹。

（1）可倾瓦轴承中，轴心的运动轨迹是沿轴承中心线上下运动，接近一条垂线，即偏位角始终接近于零。

（2）椭圆轴承中，轴心的运动轨迹是沿旋转方向作曲线运动，且轴心位置处的偏位角始终很大。

（3）圆柱轴承中，轴心的运动轨迹是沿旋转方向作曲线运动，接近半圆弧。

（4）多油楔轴承中，轴心轨迹介于圆柱轴承和可倾瓦轴承的轴心轨迹之间。

21. 动压滑动轴承静特性包括哪些?

（1）润滑油膜中的压力分布（承载力）。

（2）转子轴心的平衡位置。

（3）摩擦阻力。

（4）轴承耗功。

（5）轴承润滑油油量。

（6）轴承工作时的油膜厚度、温升。

22. 动压滑动轴承的动特性包括哪些？

（1）刚度。油膜在小扰动下的动力特性可用线性化了的四个刚度系数（力随位移的变化）来表述。

（2）阻尼。油膜在小扰动下的动力特性可用线性化了的四个阻尼系数（力随速度的变化）来表述。

轴承油膜的动力特性是反映了轴颈偏离其平衡位置并在此位置附近作变位运动时油膜力的相应变化情况，用来判断油膜稳定性。动压滑动轴承的动力特性分为油膜刚度和阻尼两种。

23. 径向滑动轴承动压油膜是怎样形成的？

轴颈因为转子自重及外载荷的作用，其中心会偏离轴承的几何中心，轴颈外圆表面和轴承的内表面自然就形成了收敛的楔形间隙，当转子转动后，粘附在轴颈表面的润滑油被带入楔形间隙，由大口流进，小口流出，随转子转速的增加，带入楔形空间的油量也逐渐增多，润滑油层产生的压力愈来愈大，使润滑油层形成了动压油膜，产生了动压力，抬起转子。

24. 评价轴承性能的主要指标是什么？

评价轴承性能的好坏的一个主要指标是承载能力系数，又称萨摩菲尔得数 s_0，它的表达式为

$$s_0 = \frac{p_m \varphi^2}{\mu \omega}$$

式中　p_m——轴承压强，$p_m = \dfrac{W}{BD}$，Pa；

　　　W——转子作用于轴承上的载荷，N；

　　　B、D——轴承的宽度和直径，m；

　　　φ——间隙比（轴承半径间隙与半径之比）；

　　　μ——润滑油动力粘度，Pa·s；

　　　ω——轴颈角速度，s^{-1}。

承载能力系数 s_0 大小，决定了轴承的稳定性。s_0 越大，失稳转速就越高，轴承的稳定性就越好。从上式可看出，提高比压和间隙比，降低润滑油动力粘度和轴颈角速度都可以提高轴承的稳定性。但是工程实践表明，增大轴承顶隙会降低轴承稳定性，这是由于过大的间隙，影响了轴颈在轴承中的位置，上瓦的油膜压力减小，即降低了轴瓦的预载荷，使轴瓦偏心率降低。

25. 轴承类型对轴承稳定性有什么影响？

汽轮机的轴承有径向轴承和推力轴承两大类。径向轴承按结构可分为固定瓦轴承和可倾瓦轴承两类，固定瓦轴承有圆柱轴承、椭圆轴承、三油楔轴承等形式。圆柱轴承在

轻载时，偏心率 ε 接近于零，稳定性差，其他轴承偏心率比较大，因此有较好的稳定性，稳定性最好的轴承是可倾瓦。稳定性越高的轴承，通常其承载力低，转子通过临界转速时的振动量值大。按稳定性由好至差的方向排序时，大致认为是：可倾瓦轴承、三油楔轴承、椭圆轴承、圆柱轴承。

26. 什么是挠性支承和刚性支承？

机器—支承系统根据在测量方向上的刚度关系可分为挠性支承和刚性支承，对于挠性支承，机器—支承系统的基本固有频率低于机器的工作频率；对于刚性支承，机器—支承系统的基本固有频率高于机器的工作频率。对于大型电动机、泵和小型汽轮发电机组通常是刚性支承，对于 10MW 以上的燃气轮机组和中大型汽轮发电机组则可能是挠性支承。

三、不平衡与平衡

1. 什么是质心？

质心是指物体上的一点，在该点物体总质量相对于直角坐标系的一阶惯性矩等于该物体所有点的质量的一阶惯性矩的和，质心是物体在均匀的重力场中处于平衡的那一点。

2. 什么是重心？

重心是指在重力场中，物体各部分的重力的合力所通过的且在所有方向上不产生力矩的点，如果场是均匀场，质心和重心是重合的。

3. 什么是重点？

重点是指转子上不平衡矢量的角位置。由于转子质量分布不均，在转子某一点具有不平衡质量（如果把这一点上的不平衡质量去掉，转子即平衡），这一点称重点。多种原因会引起转子某种程度的不平衡问题，分布在转子上的所有不平衡矢量的和可以认为是集中在"重点"上的一个矢量。

4. 什么是高点？

高点是指转子发生弯曲变形（动挠度）的角位置。转子在旋转一周之中，由于不平衡质量离心力的作用，使转子距离测振探头最近时转子上的一点，从振动信号上看，当振动信号达到正峰值时，转子表面的某位置正好处于该探头之下，这个位置就是高点。高点可能随转子的动力特性的变化（如转速变化）而移动。

5. 什么是滞后角？

滞后角是指系统存在阻尼时，高点和重点不在同一个方向，它们之间的夹角就是滞后角。在转子横截面的圆周上高点滞后重点一个角度，即不平衡在前，振动在后，由高点在圆周上的位置和滞后角就可以确定重点在圆周上的位置（即不平衡的角度）。滞后角随转速升高而增大，在临界转速前，滞后角小于$90°$；临界转速时，滞后角等于$90°$；在临界转速后，滞后角大于$90°$。

6. 什么是节点？
节点是指对于某一阶振型，轴上位移为零的点。节点两边的振动相位角相差$180°$。

7. 什么是激励？
激励是指作用于系统的外力（或其他输入），使系统以某种方式产生响应。

8. 什么是响应？
响应是指系统受外力或其他输入作用后的输出。

9. 什么是主惯性轴？
在一给定点相交的三个相互垂直的轴线，固体对该点的惯性积为零。如果这个点是物体的质心，那么这些轴线和惯性矩称作中心主轴和中心主惯性矩，在平衡时，主惯性轴有时也称平衡轴或质量轴。

10. 什么是不平衡？
转子旋转产生离心力所引起的振动力或运动作用于轴承时，该转子所处的状态，称为不平衡，有时作为"不平衡量"或"不平衡矢量"的同义词。不平衡定义适用用于刚性转子，也可以用于挠性转子。不平衡一般沿转子轴向分布，但可分解为①合成不平衡和合成矩不平衡，由三个指定的平面上的三个不平衡矢量表示；②动不平衡，由两个指定的平面上的两个不平衡矢量表示。

不平衡是指转子质量分布不均引起的。不平衡的那部分质量在转动时产生离心力，这个离心力随着不平衡质量的旋转而旋转，从而引起振动。不平衡分为静不平衡、偶不平衡和动不平衡。

11. 什么是不平衡质量？
不平衡质量是指质量中心偏离（转子）轴线的质量。

12. 什么是不平衡量？
不平衡质量与其质心偏离（转子）轴线距离（半径）的乘积。不平衡量是转子某平面上不平衡的量值大小，不涉及不平衡的相角位置，不平衡量的单位为克毫米（g·mm）。

13. 转子的不平衡质量、不平衡量、不平衡力及振动间的关系？

位于转子特定半径处的质量称为转子不平衡质量（m）；不平衡质量与其质心至轴线距离的乘积称为不平衡量（mr）；转子运转时，不平衡量与转子角速度平方的乘积为不平衡离心力（$mr\omega^2$），该力引起转子产生动挠度和支承轴承振动。

14. 什么是不平衡相角？

在垂直于（转子）轴线的平面内并随转子一起旋转的极坐标系中，不平衡质量位于该坐标系中的极角称为不平衡相角，也称不平衡相位。

15. 什么是不平衡矢量？

不平衡矢量是指大小为不平衡量值和方向为不平衡相角所构成的矢量。

16. 什么是第 n 阶振型不平衡量？

只对转子—支承系统挠曲曲线的第 n 阶主振型起作用的不平衡：

（1）不平衡分量可用下式度量

$$\vec{U}_n = \int_0^L \mu(z)\vec{e}(z)\phi_n(z)\mathrm{d}z = \vec{e}_n m_n$$

式中 $\vec{e}(z)$ ——沿转子轴向在点 z 处局部质量中心的偏心距；

       L——转子长度；

    $\phi_n(z)$——第 n 阶振型函数；

    $\mu(z)$——转子单位长度上的质量；

    $\vec{e}_n$——第 n 阶振型偏心距；

    m_n——第 n 阶模态质量。

（2）第 n 阶振型不平衡量不是一个单一的不平衡量，而是一个按第 n 阶振型分布的不平衡量；

$$\vec{u}_n(z) = \vec{e}_n\mu(z)\phi_n(z) = \frac{\vec{U}_n}{m_n}\mu(z)\phi_n(z)$$

单一的不平衡矢量 $\vec{U}$ 对第 n 阶主振型的作用可用下述数学公式表示：

$$\int_0^L [\vec{e}_n\mu(z)\phi_n(z)]\phi_n(z)\mathrm{d}z = \vec{e}_n\int_0^L \mu(z)\phi_n^2(z)\mathrm{d}z = \vec{e}_n m_n = \vec{U}_n$$

17. 什么是等效第 n 阶振型不平衡量？

对挠曲曲线的第 n 阶振型的作用效果相当于第 n 阶振型不平衡量的最小单一不平衡量 $\vec{U}_{ne}$。

（1）有关关系式

$$\vec{U}_n = \vec{U}_{ne}\phi_n(z_n)$$

式中 $\phi_n(z_n)$——当 $z = z_e$ 时的振型函数值；

    z_e——施加 $\vec{U}_{ne}$ 处的横截面上的轴向坐标。

（2）在适当数目的校正平面上，按一定比例分布，以影响所考虑的第 n 阶振型的一组分布不平衡量，称为等效第 n 阶振型不平衡组。

（3）等效第 n 阶不平衡量除影响第 n 阶振型外，还影响其他某些振型。

18. 什么是静不平衡？

中心主惯性轴仅平行偏离于（转子）轴线的不平衡状态。可以理解为，距转动中心一定距离的半径上一个质点引起的转子重心的偏心性。

19. 什么是偶不平衡？

中心主惯性轴与（转子）轴线在质心相交的不平衡状态。偶不平衡的量值可由两个动不平衡矢量对轴线上一个参考点的力矩的矢量和给出；如果转子上的静不平衡在参考点所在平面以外的任何平面上进行校正，则偶不平衡将会改变。偶不平衡单位为 $g \cdot mm^2$，即 $g \cdot mm \cdot mm$（克平方毫米），第二个长度单位是两个测量面的距离。

例如，一根转子有两块相等的质量配重在重心两边对称的位置上，此时转子处于静平衡状态，即不存在重心偏离转轴，当转子转动后，两块质量各自产生的离心力构成一个力偶，惯性轴与转动轴不再重合，形成偶不平衡，导致转子振动。

20. 什么是动不平衡？

中心主惯性轴相对于（转子）轴线处于任意位置的状态。动不平衡可由两个等效的不平衡矢量给出，这两个等效的不平衡矢量分别在两个垂直于轴线的指定平面上并能完全表示转子总的不平衡量；在特殊情况下，中心主惯性轴可以与轴线平行或相交。

动不平衡是静不平衡与偶不平衡的组合。当重心偏离轴线，惯性轴与转动轴不再重合同时发生时，既有静不平衡又有偶不平衡，这是转子实际存在的最为普遍的不平衡。

21. 什么是热致不平衡？

由于温度的变化而引起的转子不平衡状态的明显改变。这种状态变化可以是永久性的或暂时性的。

22. 什么是初始不平衡？

初始不平衡是指平衡前转子上存在的任何形式的不平衡量。

23. 什么是合成不平衡？

合成不平衡是指沿转子分布的所有不平衡矢量的矢量和。

24. 什么是合成矩（偶）不平衡？

合成矩（偶）不平衡是指沿着转子分布的所有不平衡矢量对合成不平衡平面的矩的矢量和。合成不平衡与合成矩（偶）不平衡一起完整地表述了刚性转子的不平衡状态；

合成不平衡矢量与具体的径向平面无关，但是合成矩（偶）不平衡的量值与相角取决于合成不平衡选择的轴向位置；合成不平衡矢量是动不平衡的等效不平衡矢量的矢量和；合成矩（偶）不平衡通常被表示为在任意两个不同的径向平面内的一对大小相等、方向相反的不平衡矢量。

25. 什么是力？

力是指使物体从静止状态改变到运动状态或者改变物体的运动速率的动态效应。力的单位是 N，1N 是使 1kg 质量产生 $1m/s^2$ 加速度所需要的力。

26. 什么是惯性力？

惯性力是指质量被加速时所产生的反作用力。①根据动静法，在物体上假想地加上的力，力的大小等于物体质量和加速度乘积，力的方向与加速度方向相反；②为了在平动的非惯性参考系内应用牛顿定律，在物体上假想地加上的力；力的大小等于物体质量和牵连加速度乘积，力的方向和牵连加速度方向相反。

27. 什么是恢复力？

恢复力是指结构发生弹性变形时产生的反作用力。

28. 什么是转子轴向推力？

汽轮机工作时，蒸汽作用在转子上的各种轴向力的总和。

29. 什么是不平衡力？

不平衡力是指在给定转速下，由转子某校正平面上的不平衡引起的在该平面的离心力（相对于转子轴线）。

30. 什么是不平衡力偶？

不平衡力偶是指在合成不平衡力为零的情况下，转子所有质量单元的离心力系的合成力偶。

31. 什么是剩余不平衡？

剩余不平衡是指平衡后转子上剩余的任何形式的不平衡量，也称最终不平衡。

32. 什么是不平衡度？

不平衡度是指转子单位质量的静不平衡量。数值上，不平衡度相当于质量偏心距；转子有两个校正平面时，不平衡度有时是指一个平面的不平衡量除以根据转子的质量分布分配到该平面的转子质量。

33. 什么是平衡品质等级？

对于刚性转子，不平衡度与转子最大的工作角速度的乘积作为分级的量值，其单位用毫米每秒（mm/s）表示。

34. 什么是平衡？

检验并在必要时调整转子质量分布，以保证在对应的工作转速频率下，剩余不平衡或者轴颈振动或作用于轴承的力在规定限值内的工艺过程，习惯称之为找平衡。

35. 什么是现场平衡？

转子在原机组轴承和支承结构上而不是在平衡机上进行平衡的过程。进行现场平衡所需要的数据是由测量支承结构的振动力或力矩以及测量对转子不平衡的其他响应而得到。

36. 什么是精细平衡？

通常在现场，校正转子小的剩余不平衡的工艺过程。

37. 什么是挠性转子高速平衡？动力平衡方程是指什么？

挠性转子高速平衡是指在被平衡转子（挠性转子）不能视为刚性转子的转速下进行平衡的过程。

高速平衡中的动力平衡方程介绍如下。

从工程角度来说，转子经过高速动平衡后，应达到运行中平稳地运转。具体的说，转子通过高速动平衡后各种不平衡量的校正使运行中的轴振动量值和轴承的动载荷或振动速度降低到许可的范围内。从力学的角度来看，转子的各种不平衡量的校正在无阻尼下理论上应满足下列平衡三方程：

$$\int_0^L u(z)\mathrm{d}z + \sum_{j=1}^N W_j = 0 \tag{1-1}$$

$$\int_0^L u(z)z\mathrm{d}z + \sum_{j=1}^N W_j z_j = 0 \tag{1-2}$$

$$\int_0^L u(z)\phi_n(z)\mathrm{d}z + \sum_{j=1}^N W_j \phi_n z_j = 0 \tag{1-3}$$

式中　W_j——第 j 平面上的校正量；

$\quad\quad z_j$——第 j 平面上的轴向坐标；

$\quad\phi_n(z_j)$——第 j 平面上的第 n 阶振型函数值；

$\quad\quad u(z)$——不平衡量分布函数；

$\quad\quad N$——校正平面总数；

$\quad\quad L$——转子长度。

式（1-1）称为力平衡方程，式（1-2）称为力偶平衡方程，式（1-1）和式（1-2）方程式称为刚性转子的平衡方程。式（1-3）称为挠性转子的平衡方程。如果要实现转子的完全平衡，就要同时满足以上方程。根据文献推导，当式（1-3）满足时，式（1-1）、式（1-2）必定满足，即转子达到挠曲为零的完全平衡，其动反力亦必等于零。

38. 什么是挠性转子低速平衡？

在被平衡转子（挠性转子）能视为刚性转子的转速下进行的平衡过程。

39. 什么是静平衡？

调整刚性转子的质量分布，保证剩余的合成不平衡量在规定范围之内的工艺过程。静平衡也称单面平衡，静平衡只需一个校正平面。在静不平衡情况下，为使转子重心回复到转动中心，需在不平衡质量的对称位置上安放一个大小等于不平衡质量的校正质量（或去掉不平衡质量），这就是静平衡。

40. 什么是动平衡？

调整刚性转子的质量分布，保证剩余的动不平衡量在规定范围之内的工艺过程。动平衡也称双面平衡，动平衡需两个校正平面。动平衡不仅要平衡各偏心质量产生的惯性力，而且还要平衡这些惯性力所形成的惯性力矩。

41. 什么是多面平衡？

用于挠性转子平衡，需要在两个以上校正平面上进行不平衡校正的任何平衡过程。

42. 什么是振型平衡？

平衡挠性转子的一种方法，分别在有影响的各阶挠曲主振型下进行不平衡校正，把振动量值减小到规定范围之内。可采用附加于转子的质量（即在转子上施加平衡重块），或从转子的相反方向去除质量进行不平衡校正。

43. 什么是平衡转速？

平衡转速是指平衡转子时的转速。

44. 什么是工作转速？

转子在最终装配后或现场状态下的转速，即机组工作时的额定转速。

45. 什么是临界速度？

激发系统共振的特征速度。旋转系统的临界速度即临界转速，它取决于转子和支承的质量和刚度。若有多个旋转系统，则存在多组相对应的临界速度，每组都对应着整个系统的一种模态。若为轴系，则每个转子的临界转速由低到高，分别称之为轴系的第一临界转速、轴系的第二临界转速……。

46. 什么是平衡允差？

刚性转子，对于某平面（测量平面或校正平面）规定的不平衡量的最大值，低于该值时，转子不平衡的状态认为合格。平衡允差也称许用剩余不平衡。

47. 校正（平衡）方法是什么？

调整转子质量的分布，把不平衡或由不平衡引起的振动减小到可接受值的方法。通常在转子上增加或减小质量来进行校正。

48. 什么是测量平面？

垂直于（转子）轴线，在其上测量不平衡矢量的平面。

49. 什么是校正平面？

垂直于转子轴线，在其上校正不平衡的平面。校正平面也称平衡平面。

50. 什么是试加质量（试重)？

任意（或由先前对同样转子的经验）选择并加在转子上以确定转子响应的质量。试加质量通常在"试加法"平衡或现场平衡中使用，在这种场合，状态不能准确控制或者没有精确的测量设备。

51. 什么是校正质量（配重)？

为改善转子的质量分布使其不平衡量减少到允许范围之内，在转子上增加或减少的质量。

第二章

振 动 测 量 技 术

一、传感器及测试系统

1. 什么是传感器？有什么特点？

将一种能量转换为另一种能量形式的装置，这种转换将输入能量所期望的特征在输出中表现出来。它通常由敏感元件和转换元件组成，输出为电参数。

2. 什么是惯性传感器？有什么特点？

由惯性系统中质量与基座之间的差动产生电参数输出的传感器。加速度传感器的工作频率范围低于惯性系统的固有频率；速度和位移传感器的工作频率高于惯性系统的固有频率。

3. 什么是线性传感器？

对给定的频率范围和幅值范围，输出量与输入量在指定的允差内成线性关系的传感器。

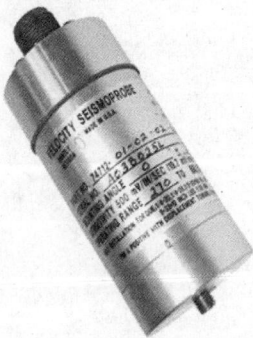

4. 什么是位移传感器？可分为哪几种？

将输入位移转换成与其成比例的输出量（通常为电参数）的传感器，也称位移计。它分为电感式位移传感器、电容式位移传感器、光电式位移传感器等。

5. 什么是速度传感器？其原理和组成是什么？

将输入速度转换成与其成比例的输出量（通常为电参数）的传感器，也称速度计。它是利用电磁感应原理测量物体振动的接触式传感器，由永久磁钢、导磁体、动线圈等部件组成（其外形图见图 2-1）。

图 2-1　速度传感器外形图

6. 速度传感器有哪些作用？

速度传感器通常用来测量轴承座振动，或用来测量转轴的绝对振动（绝对轴振动）。

7. 速度传感器安装时应注意什么？

（1）工作环境温度。一般传感器工作温度最高允许在120℃以下，温度过高会使传感器绝缘损坏和退磁，降低测量精度。

（2）测点位置选择。

1）传感器不要靠近轴封漏汽严重地方测量。

2）对于用于手扶式等传感器进行临时性测量中，应标注测量位置，因轴承座存在刚度的差异，使不同位置测量结果差别很大，难以评价轴承座振动的变化量，不利于振动故障诊断及分析。特别是对于轴承横向振动和轴向振动的测量，传感器的朝向应一致，并应注意每次测量均使用同一传感器（若需更换传感器，则应比较更换前后的两传感器所测同一振动的相位，两者所测的相位相差0°或180°），这样每次测量的数据才有可比性。

3）传感器与被测物体之间要有足够的接触面积并垂直于测量平面，接触面的直径应大于15mm。

（3）传感器固定方式。对于用单个螺栓直接将传感器固定在轴承上这种固定方式时，应注意单个螺栓直径不能小于8mm，防止传感器共振。避免测量误差，对于用手持式传感器测量时，应注意手持方向一致性，防止传感器偏离测量方向，特别是偏斜不大时，由于轴承座每个方向振动不等效性，而带来的测量误差。

8. 什么是加速度传感器？其原理和组成是什么？

将输入加速度转换成与其成比例的输出量（通常为电参数）的传感器，也称加速度计。它是利用晶体的压电效应原理测量物体振动的接触式传感器，由压电晶体片、导电片、质量块等部件组成（其外形图见图2-2）。

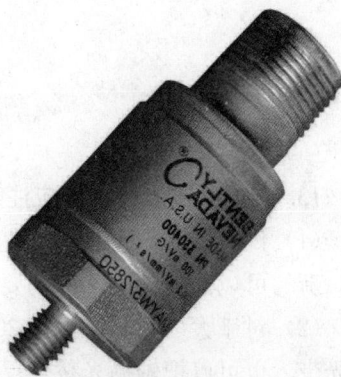

图2-2　加速度传感器外形图

9. 加速度传感器有哪些作用？

加速度传感器只能做动态测量，不能做静态测量，适用于受附加质量影响显著的振动系统测量。常用在发电机定子端部线圈、叶片振动、高转速的空压机等设备测量。

10. 什么是复合式传感器？

复合式传感器将速度传感器和电涡流传感器组合成一体，通过相关电路，将两路传感器输出的振动信号进行矢量相加，可获得转轴绝对振动。复合式传感器因其安装位置要求较高，且测量精度不高，现已很少使用。

11. 复合式传感器有哪些作用？

复合式传感器可进行如下测量项目：

（1）转轴的相对振动；

（2）转轴的绝对振动；

（3）轴承座的振动；

（4）转轴相对于电涡流头部的相对位置。

12. 什么是光电传感器？由什么组成？

光电传感器是一种利用光电头发出的红外线光信号入射到被测转轴上，转轴转动时，反射记号对投射光点的反射率发生变化，并转换成脉冲信号，来测量转速（或相位）的非接触式传感器。它由发光二极管、光敏晶体管、透镜等部件组成（其外形图见图 2-3）。

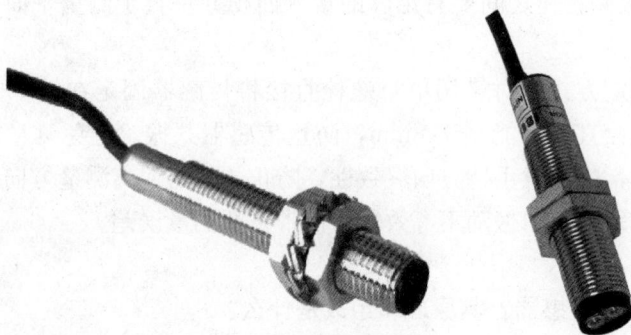

图 2-3 光电传感器外形图

13. 光电式传感器安装应注意哪些？

（1）传感器应与轴表面垂直，传感器与轴表面距离可以根据传感器新旧程度进行调整，新的可以离轴远些，旧的要离轴近些，一般在 30mm 左右。

（2）对于大多数轴，采用 20mm×100mm 的长方形反光带，大轴清理干净后可黏贴反光带。也可以把轴抛光替代反光带。

（3）如果反差度差满足不了测量要求，可在反光带以外的部分涂上黑油漆增加反差。

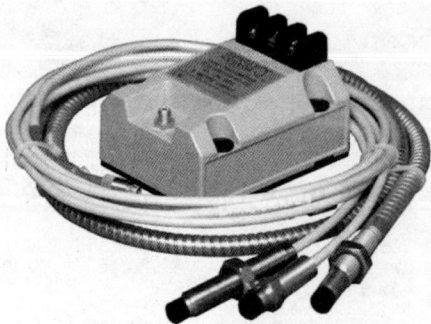

图 2-4 电涡流传感器及前置器

14. 什么是电涡流传感器？由什么组成？

电涡流传感器是一种利用电涡流原理测量物体表面相对于传感器探头间距离变化的非接触式传感器。它由探头、前置器和延长电缆组成（电涡流传感器及前置器见图 2-4）。

15. 电涡流传感器有哪些作用？

电涡流传感器可输出交流电压和直流电压

两部分，通过交、直流电压可进行下列内容测量。

（1）交流电压。

1）测量转轴的绝对振动。如电涡流传感器固定在基础上（实际基础也参与振动），此时，测量的是转轴相对于基础的绝对振动（近似为绝对振动）。

2）测量转轴的相对振动。如电涡流传感器固定在轴承上，此时，测量的是转轴相对于轴承的相对振动。

3）测量轴心轨迹。在一个轴向平面内，由两个相互垂直的电涡流传感器可以确定任一时刻转轴运动的轴心轨迹。

4）测量转轴的晃度。在轴承已建立起稳定的油膜且离心力影响可忽略不计，转速在 300r/min 左右时，测量转轴的相对振动就是转轴的晃度。

（2）直流电压。

1）测量转轴转速。转动过程中，转轴每转一周，轴上的键槽（凹槽或凹条）就经过电涡流传感器一次，此时，电涡流传感器就会输出一个电压脉冲信号，该信号可以转换成转速。

2）测量振动相位。通过电涡流传感器获取稳定的标准脉冲信号，该信号与振动信号之间的角度差，即为振动相位。

3）测量间隙。电涡流传感器可以测量轴向位移、轴与汽缸的相对膨胀、汽缸的绝对膨胀等。

4）测量轴心位置。安装相差 90° 的两个电涡流传感器其输出的间隙电压（GAP）可以确定轴心位置的 X、Y 坐标，也就知道了在静止、盘车、启动及带负荷运行中的转轴轴心位置。例如，在盘车时，测量 X 方向电涡流传感器间隙电压为 8V，静止时，间隙电压为 10V，盘车比静止时减少 2V。如选用灵敏度为 8V/mm 电涡流传感器，相当于间隙电压变化 1V，间隙变化 0.125mm，（1/8＝0.125），这样就可以计算出，盘车时转子 X 方向上浮 0.25mm（2×0.125＝0.25）。

5）测量轴承油膜厚度。利于电涡流传感器间隙电压的变化可计算出轴承油膜厚度，方法同上。

16. 电涡流传感器安装应注意什么？

（1）安装角度选择。在垂直于轴线的同一测量平面内沿径向安装，两只传感器的测量方向应互相垂直，传感器的轴线和转轴径线的夹角应小于±5°，对所有轴承传感器安装的方法要相同。

（2）安装位置选择。

1）一般电涡流传感器最高容许温度不高于 180℃，因此在测量轴相对于轴承振动时，应安装在轴瓦内，传感器由刚性支架固定在轴承的一端，只有特别的高温传感器才允许安装在汽封附近。

2）测量轴表面应当是光滑的，不能有明显的表面缺陷。如螺纹、润滑通道、键槽等，也不允许存在冶金组织的不均匀和局部剩磁，否则会产生虚假的测量结果。

（3）安装支架选择。传感器的支架要有足够刚度，其固有频率应高于机器转速的10倍，防止因支架共振而使测量结果失真。这在实际工作中难以做到，通常传感器支架的频率高于机器转速的3倍左右，即可满足测量要求。

（4）初始安装间隙。为了获得较好的线性度，同时满足上、下限都有充分的裕量，传感器静态间隙，应取在线性范围的中间附近。对于灵敏度为8V/mm的传感器，初始安装间隙应调整1.25mm左右，即间隙电压为10V左右。

（5）前置器与延长电缆的选择。电涡流传感器型号不同，配置的前置器性能不同，出厂时将前置器与传感器之间的延长电缆预先匹配好。因此在使用中，不同型号的传感器延长电缆不能互换，更不能加长或截短。

17. 什么是前置器？

电涡流传感器的前置器是将高频信号放大器、检波器和滤波器等电路放到一起的一种装置。

18. 什么是键相器？有什么用途？

键相器是转轴每转一圈产生一次脉冲电压的一种传感器。可用来测量振动相位角和转轴转速，永久检测用涡流传感器，临时检测用光学传感器。

19. 什么是数字滤波器？有什么用途？

对数字序列进行运算处理的滤波器，又可分为无限冲激响应滤波器和有限冲激响应滤波器。通过转速脉冲信号自动触发，把振动信号模拟量转换成数字量，可以测量通频、基频和其他频率的振动分量。

20. 什么是跟踪滤波器？有什么用途？

中心频率能追随感兴趣的信号频率变化的滤波器，也称矢量滤波器。它通过转速脉冲信号自动触发，使带通滤波器的中心频率随转子的转速变化，用来连续检测1×振动信号。如果中心频率等于转速的1/2，将检测0.5×振动信号；中心频率等于转速的2倍，将检测2×振动信号。

21. 选用传感器应注意哪些事项？

（1）灵敏度。一般讲，传感器灵敏度越高越好，因为灵敏度高，传感器有较小信号输入，就有较大的输出。但是，过高的灵敏度与测量信号无关的外界噪声也易混入；当输入量增大时，会影响其适用的测量范围。

（2）响应性。传感器的响应特性必须在所测频率范围内保持不失真，延迟时间越短越好。在动态测量中（如稳态、瞬态、随机等），传感器的响应特性对测试结果有直接影响。

（3）线性范围。线性范围愈宽，传感器工作量程愈大，传感器在线性区域内工作，是保证测量精确度的基本条件。

（4）稳定性。稳定性表示传感器经过长期使用后，其输出特性不发生变化的性能，时间与环境是影响传感器稳定性的主要因素。

（5）精确度。传感器的精确度表示传感器的输出与被测量的对应程度，精度愈高，测量愈精确；同时精度高的传感器，价格也昂贵，应从实际出发来选择。

22. 什么是传感器的灵敏度？

传感器的指定输出量与指定输入量之比。例如，某位移传感器，当位移变化 1mm 时，输出电压变化 200mV，则其灵敏度为 200mV/mm。对于线性传感器，其灵敏度就是它的校准曲线的斜率，为一常数。而非线性传感器的灵敏度为一变量，其灵敏度可表示为 $K = dY/dX$，也可用某一小区域内的拟合直线的斜率表示。通常希望传感器的灵敏度高，在满量程内是恒定的，即传感器的输入输出特性为直线。

23. 什么是传感器幅值失真？

传感器在给定频率的输出与其输入之比随输入幅值而变化所呈现的失真。

24. 什么是传感器频率失真？

在给定频率范围内，对于给定的激励振动量值，当传感器的振动量值灵敏度不是常数时所呈现的失真或响应。

25. 什么是传感器相位失真？

当传感器的输出与输入间的相位角不是频率的线性函数时所呈现的失真。

26. 振动仪表有哪些测量误差？

（1）标定误差。标定时选用的正弦波不标准，不同量程下仪表指示值与实际值存在非线性偏差等原因，存在标定不准确。

（2）频率误差。仪表（或传感器）工作频率不在被测物体的振动频率范围内，指示值产生显著误差。

（3）电磁干扰误差。振动仪表（或传感器）抗电磁干扰性能差，当受到现场较强的交变磁场影响时，仪表指示不准确。

（4）波形误差。在测量通频振动量值时，被测物体如有较大的非周期性振动分量，振动波形与标准的正弦信号偏差大时，产生附加的波形误差，指示值产生误差。

（5）非周期振动误差。通常振动表测量周期性的振动物体，当物体存在较大的非周期振动时，其通频振动量值指示值波动大，振动指示值无值。

27. 通频振动量值的测量误差是什么？

振动仪表测量通频振动量值的主要误差有两个。一是波形误差；二是非周期性振动指示值失真。

28. 什么是 TSI 系统，有哪些作用？

汽轮机安全监视系统（turbine supervisory instrmentation，TSI），该系统用于连续监测汽轮机各种重要参数，具有多通道监测功能。典型的 TSI 系统可以监测机组转速、零转速、轴振动、轴瓦振动、轴位移、偏心、胀差、热膨胀等参数，帮助运行人员监测机组启动、运行和停机状况，判明机器故障，TSI 系统在机组振动监测和保护方面起到极其重要的作用。

29. 什么是 TDM 系统，有哪些作用？

汽轮机诊断检测系统（turbine dignosis mangment，TDM），该系统是对 TSI 缺少的振动数据进行深入挖掘，对机组运行过程中的数据进行深入分析，捕获振动故障特征数据，及时预查故障的存在和发展；建立机组振动的数据库，可进行事故追忆和再现，便于事故原因分析；协助诊断人员现场或远程进行机组运行状态分析以及故障诊断，及时发现和解决振动问题。TDM 系统可以从 TSI 系统接入振动、键相、偏心、胀差、有功等信号，具有实时监测、趋势分析、振动分析（提供数据及波德图、频谱等图谱）、故障诊断、数据管理等功能。TDM 在振动故障的诊断和处理，保证机组安全稳定运行方面发挥了重要作用。

二、信号处理

1. 什么是采样频率？
采样频率是指对于均匀的采样数据、单位时间内采样的点数。

2. 什么是采样速率？
采样速率是指对于均匀的采样数据，每个单位时间、角度、转数或其他独立机械变量下的采样个数。

3. 什么是采样周期？
采样周期是指两个连续采样点之间的持续时间。

4. 什么是傅里叶级数？
用于表示周期函数的，彼此为谐波关系的离散频率分量所组成的级数。
函数 $f(t)$ 的傅里叶级数展开式为

$$f(t) = a_0 + \sum_{n=1}^{\infty} (a_n \cos n\omega t + b_n \sin n\omega t)$$

函数 $f(t)$ 的复傅里叶级数展开式为

$$f(t) = \sum_{-\infty}^{\infty} c_n e^{in\omega t}$$

$$\omega = 2\pi/T$$

式中　a_0，a_n，b_n——傅里叶级数；

$\qquad\quad c_n$——复傅里叶系数；

$\qquad\quad \omega$——角频率；

$\qquad\quad T$——基本周期；

$\qquad\quad e$——自然底数；

$\qquad\quad n$——整数。

傅里叶级数计算公式为

$$a_0 = \frac{1}{T}\int_0^T f(t)\,\mathrm{d}t$$

$$a_n = \frac{2}{T}\int_0^T f(t)\cos n\omega t\,\mathrm{d}t$$

$$b_n = \frac{2}{T}\int_0^T f(t)\sin n\omega t\,\mathrm{d}t$$

$$c_n = \frac{1}{T}\int_0^T f(t)e^{-in\omega t}\,\mathrm{d}t$$

各个傅里叶离散频率的幅值为

$$A_n = \sqrt{a^2 + b^2}$$

傅里叶相角为

$$\varPhi_n = \arctan\left(\frac{b_n}{a_n}\right)$$

5. 什么是傅里叶变换？

傅里叶变换也称傅里叶积分，正傅里叶变换是将非周期的时间（或距离）函数变为频率（或波数）的连续函数的变换。逆傅里叶变换是将频率（或波数）的连续函数变为时间（或距离）函数的变换。

时间函数的正傅里叶变换方程为

$$F(\omega) = \int_{-\infty}^{\infty} f(t)e^{-i\omega t}\,\mathrm{d}t$$

逆傅里叶变换方程为

$$f(t) = \frac{1}{2\pi}\int_{-\infty}^{\infty} F(\omega)e^{i\omega t}\,\mathrm{d}\omega$$

上式中系数 $\frac{1}{2\pi}$ 也可以出现在正变换式中，或 $\frac{1}{\sqrt{2\pi}}$ 同时出现在两个公式中。

$F(\omega)$ 还可以表示为

$$F(\omega) = R_e[F(\omega)] + iI_m[F(\omega)] = |F(\omega)|e^{i\varPhi(\omega)}$$

$$|F(\omega)| = \sqrt{R_e^2[F(\omega)] + I_m^2[F(\omega)]}$$

33

$$\Phi(\omega) = \arctan\left\{\frac{I_m[F(\omega)]}{R_e[F(\omega)]}\right\}$$

式中 $F(\omega)$——傅里叶谱密度（简称傅里叶谱）；

　　　$R_e[F(\omega)]$——傅里叶谱的实部；

　　　$I_m[F(\omega)]$——傅里叶谱的虚部；

　　　$|F(\omega)|$——傅里叶幅值谱；

　　　$\Phi(\omega)$——傅里叶相位谱。

6. 什么是波德图，有哪些用途?

波德图是指在直角坐标系内绘制一系列振动矢量（幅值、相位）随转子转动速度变化的函数曲线（见图 2-5）。波德图包括两张图，一张图用于表示振动矢量的幅值随转子转速变化的关系，又称幅频图。另一张图用于表示振动矢量的相角随转子转速变化的关系，又称相频图。任何一个按照某一转子转速倍数（1×、2×、3×等）滤波的振动矢量位移、速度或加速度，都可以绘制在波德图中。通过波德图可以获得如下信息。

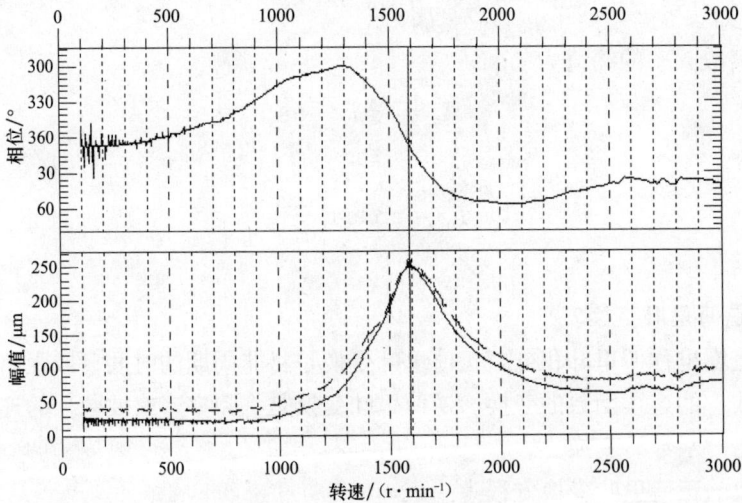

图 2-5　升速时轴振动波德图

（1）确定系统临界转速。依据振动量值曲线出现波峰，同时相位发生急剧增加（幅度大于 70°），这时所对应的转速可能是该测点处的转子或相邻转子的临界转速。

（2）确定共振放大因子。共振放大因子用于测量出转速等于转子临界转速时，转子对振动的敏感性，即测量系统的综合刚度，反映了系统阻尼大小。有两种计量方法，半功率带宽法和幅值比法。

（3）确定高点和重点的关系。转子上不平衡矢量的角位置称为"重点"，在不平衡力作用下，轴发生弯曲变形的角位置称为"高点"，两者之间的夹角就是"高点"滞后于"重点"的滞后角。通过波德图可以确定过临界转速时转子的滞后角，从而通过"高点"与滞后角就可以确定"重点"的位置。

（4）确定转子初始偏摆。在低转速时，转子的振动就是转子初始偏摆值，较大的偏摆将会使波德图产生变形，而给出错误的动态振动信息。

（5）确定结构共振。实测波德图中经常会存在一些非临界转速的峰，有时非临界转速的峰值会比临界转速的共振峰值还高。这些峰可能来自基础、管道、轴承座等结构共振。借助于波德图的幅频和相频曲线做出判断。

（6）分析不平衡。在分析动平衡时，借助波德图分析转子不平衡质量所处的轴向位置、不平衡振型阶数。

（7）分析启停机过程振动。从波德图中可以得到不同转速下的振动量值和相位，借助该图分析启停机过程中振动的差别。正常情况下，机组启停时，通过同一转速下的振动差别应该较小，否则说明机组出现了故障。例如，启动时过临界振动值很小，停机时过临界振动值很大，说明转子有发生弯曲故障的可能；再如，对比升降速时振动值，在同一转速时，振动差别较大，或停留某一转速时，振动值爬升，这都可能是动静发生了摩擦故障。

7. 什么是极坐标图，有哪些用途？

极坐标图是在极坐标下绘制一系列的振动矢量，它是转速（或时间）的函数曲线。不同转子转速下的1×振动矢量的幅值和相角直接地被绘制在坐标平面上，相应的转速也在曲线上标出（见图2-6）。极坐标图也可绘制任何经过滤波的振动矢量如2×、3×等。

极坐标图实际上是把波德图中的幅频曲线和相频曲线合二为一。极坐标图与波德图包含了相同的信息，虽然包含的信息相同，但是所强调的信息不同。通常在波德图中比较容易获得低转速矢量、共振放大因子，而在极坐标图中比较容易获得各阶模态参数、重点和结构共振等。

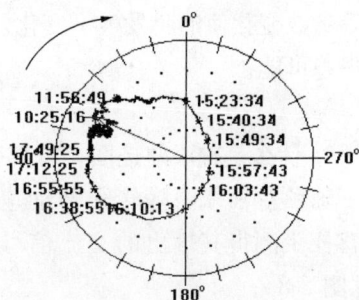

图 2-6　带负荷时轴振动极坐标图

8. 什么是轴心位置图，有哪些用途？

轴心位置图表示了轴心线在轴承中的平均相对位置随转子转动速度变化的函数曲线。为了能够做出轴心位置图，需要两个正交安装的（90°）位移探头测其输出的直流信号。通常轴心位置也称轴心静态轨迹（见图2-7）。

通过轴心位置图可以获得如下信息。

（1）轴颈浮起量。根据轴颈浮起量确定高压顶轴油泵及油路是否正常，判断油膜厚度情况。

（2）轴承承载。轴颈中心位置高，轴承承载轻，轴承油膜压力小，轴承温度低，反之亦反。通过轴颈中心位置可判断轴承瓦温升高的原因。

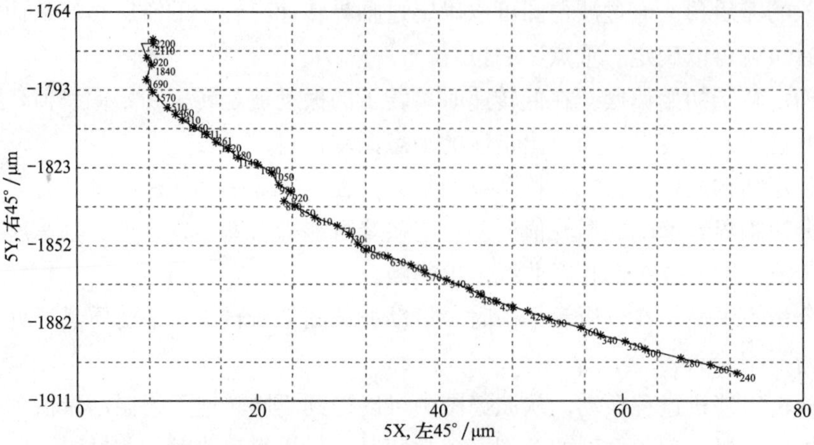

图 2-7　带负荷时轴心位置图

（3）轴承标高。运行轴承标高变化，可引起轴颈相对轴承的静态位置变化，如果轴承标高变高，那么轴颈中心位置偏下，如果轴承标高变低，那么轴颈中心位置偏上。通过轴颈中心位置可判断轴承标高变化情况。

（4）轴颈偏心率。轴颈在轴承中偏心率的变化会引起轴承油膜刚度和阻尼系数的变化，从而引起系统动力特性的变化。如受高压调速汽门开启顺序影响，使转子受到额外的向左上的作用力，从而使轴颈在轴承中向小偏心方向移动，抑制失稳能力降低，高压转子有发生汽流激振可能，此时轴颈偏心率小于正常情况下的偏心率。再如，油温、油压等参数变化使油膜发生了变化，从而使轴颈在轴承中处于小偏心位置，轴承有发生油膜失稳可能。

9. 什么是轴心轨迹图，有哪些用途？

轴颈在轴承中随转子转动速度而变化的函数曲线。通过两个正交安装的（90°）位移探头测得其输出的交流信号可获得轴心轨迹图，轴心轨迹也可称轴心动态轨迹（见图 2-8）。

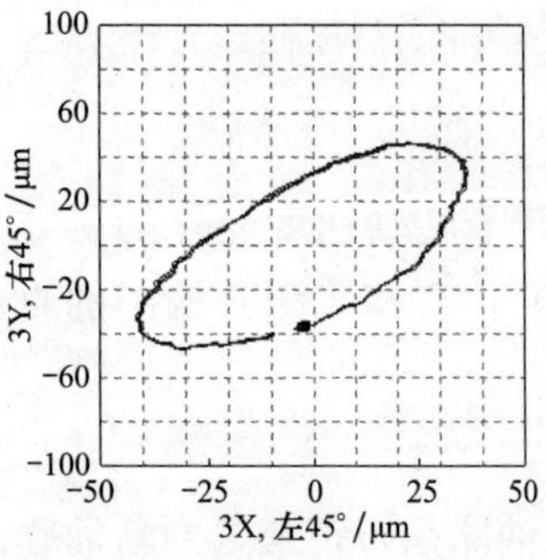

图 2-8　带负荷时轴心轨迹图

通过轴心轨迹可获得如下信息。

（1）转子进动方向。将轴心轨迹运动方向与转子旋转方向相比，如果进动方向与旋转方向相同，转子处于正进动方向；反之，转子处于反进动状态。进动方向对于判断转子动静碰磨故障是非常有用的，当动静碰磨严重时，转子有可能处于反进动状态。

（2）故障诊断。借助轴心轨迹可获得故障大致信息，不同振动故障会出现不同的轴心轨迹。例如，①不平衡故障时，轴心轨迹为稳定的椭圆；②不对中故障时，轴心轨迹为"8"字形或"香蕉形"；③动静部件碰磨时，轴心轨迹上可能出现锯齿状；④油膜振荡故障，轴心轨迹出现紊乱状。

10. 什么是频谱图，有哪些用途?

以振动频率为横坐标，振动量值为纵坐标所构成的图形称为频谱图（见图2-9）。频谱图反映了复杂信号所含频率分量，即振动信号的频域特征。

（1）判断振动类型。汽轮发电机振动频谱有离散谱和连续谱两种。周期性振动的谱图为离散谱；非周期性振动的谱图为连续谱。

（2）故障诊断。频谱图中含有不同频率下的振动分量，不同故障具有不同的频率特征，因此频谱图是目前进行故障分析和诊断的最常用图形。例如，①振动分量以工频为主，振动故障可能是转子质量不平衡，转子热弯曲，动静碰磨等；②振动分量以

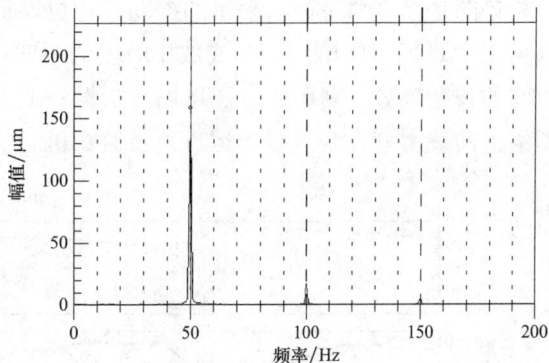

图 2-9 带负荷时轴振动频谱图

0.5×频率为主，振动故障可能是油膜失稳或汽流激振；③振动分量含有大量高次谐波或分谐波，振动故障可能是轴承存在缺陷等；④振动分量以2×为主，振动故障可能是转子存在裂纹、弯曲、不对中，或发电机空气间隙不均等。

11. 什么是瀑布图（级联图），有哪些用途?

用某一测点在不同转速或不同时间连续测得的频谱图组合到一起的三维谱图形。横坐标X是频率，纵坐标Y是时间或转速，Z坐标是不同频率下的振动量值。通常在相同转速下测得的谱图叫瀑布图，在不同转速下得到的谱图叫级联图（见图2-10）。

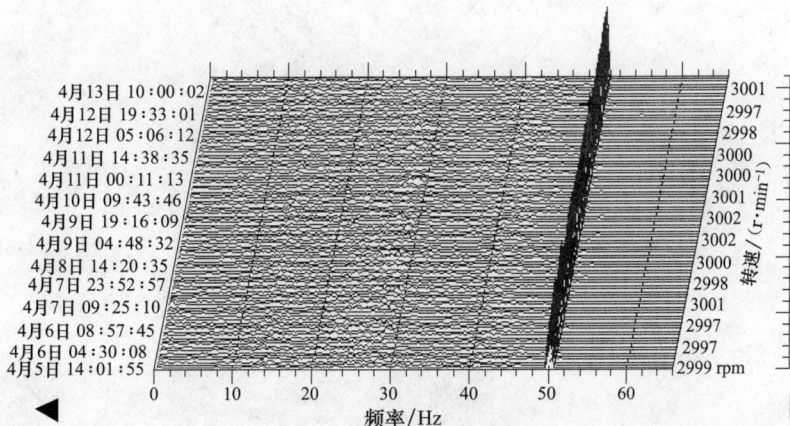

图 2-10 带负荷时轴振动振瀑布图

从瀑布图中可清楚地看出各种频率下的振动量值随时间的变化，对分析定转速时出现的动静摩擦、热弯曲、汽流激振等故障是非常有用的。从级联图中可看出各种频率下的振动量值随转速的变化，对分析振动量值与转速有关的故障非常直观。例如，典型的

油膜涡动和油膜振荡的故障在级联图中表现就比较直观。

12. 什么是趋势图，有哪些用途？

趋势图是以直角坐标系表示的振动、相位、负荷、温度等相关参数随时间的变化曲线（见图2-11）。可以表示1h或数小时内的短期趋势，也可以表示几天，几星期甚至更长时间的长期趋势。利用趋势图可以分析振动或其他过程参数是如何随时间变化的，这种图给出曲线十分直观，对于运行人员监视机组状况十分重要。

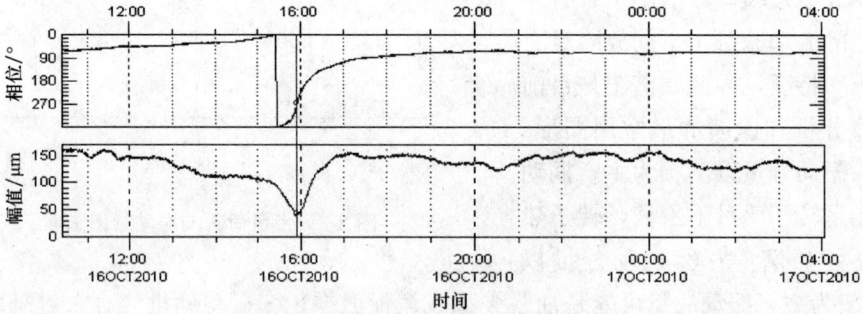

图2-11 带负荷时轴振动振趋势图

第三章

振 动 评 定 标 准

一、标准制定原则

1. 振动标准有哪些？

振动标准有国际标准、国家标准、行业标准和企业标准。国际标准有两种，一种是由国际标准化组织 ISO 制定的标准；另一种是由国际电工委员会 IEC 制定的标准。评价陆地安装的汽轮机和发电机振动水平采用轴承座振动标准和轴振动标准，我国制定的标准与 ISO 标准接轨，最新的轴承座振动标准 GB/T 6075.2—2012 等同于 ISO 10816.2—2009，轴振动标准 GB/T 11348.2—2012 等同于 ISO7919.2—2009。

2. 振动标准有什么作用？

振动标准有两个作用，一是评价机组振动水平，考核设计、制造、安装以及检修的水平和质量；二是保障机组长期安全稳定运行。

振动标准不是绝对标准，振动值高于标准限值，未必出现问题；振动值低于标准限值，未必没问题。而是高于标准限值发生问题的可能性大；低于标准限值发生问题的可能性小，基本能够保证机组安全，但不是绝对保证。

3. 振动标准制定的依据是什么？

标准依据机组设计制造水平，振动测量特点，在故障定量分析、统计数据和长期运行经验基础上，确保机组安全前提下考虑经济性而制定。

由于机组振动故障有时十分复杂，涉及设计、制造、安装及运行等诸多因素。汽轮机振动与其刚度、强度、阻尼直接相关，依据机组寿命损耗等设计判据很难确认实际构件损坏的准确时刻，现有的技术水平，给出振动值与故障间的定量关系尚属困难，所以现今制定振动标准主要依据长期运行、检修累积经验和统计规律。

现代汽轮机设计和制造、装配工艺水平已能做到转子弯曲值不超过 0.03mm，在过渡工况（包括转子通过临界转速时）和稳定工况下，转子的相对轴振动在 0.05mm 以内，最大不超过 0.07mm。为确保机组安全运行，应使轴承和轴振动均处于优良范围以内，振动值超出优良范围应及时设法消除。但在保证机组安全前提下，无需追求过小的振动限值，限制过小，相应增加了制造、安装及检修工作量，提高了运营成本，从经济性考虑是不合算的。因此，既可以保证机组安全，又使制造、安装及检修成本最低，是整个振动标准的核心。

4. 我国汽轮发电机组轴承座振动标准制定的历程？

20 世纪 80 年代之前，电厂基本上是以轴承座振动作为机组振动的考核指标，采用的标准是我国电力部 1954 年颁发的《电力工业技术管理法规》，1957、1959、1980 年做了修订，其中的限值未变，此后一直沿用至今。标准中规定：汽轮机在新安装投入运行时，大修前后及在正常运行中，应使用准确的振动表，定期测量（一般为 7～10 天）轴承三个方向（垂直、水平及轴向）的振动情况，记录在专用记录本内。以轴承座振动量值为尺度评定机组振动状态，并以机组额定转速、各种负荷下轴承三个方向振动中最大者作为评定依据。

国外振动标准倾向于用轴承座振动烈度为尺度评定机组振动状态，我国相关的标委会成员试图从国际标准中等效移植一个以轴承座振动量值为尺度的振动标准，至今没有完成，目前我国振动标准中还没有制定以轴承座振动量值为尺度的振动标准。

1989 年我国等效移植了国际标准 ISO 3945：1985《转速范围在 10～200r/s 的大型旋转机器的机械振动—振动烈度的现场测量与评定》，成为国标 GB/T 11347—1989《大型旋转机械振动烈度现场测量与评定》。该标准以测量轴承座振动烈度为尺度评定机组振动状态，适用于功率大于 300kW、转速为 10～200 r/s（600～12000r/min）的大型旋转机械振动烈度的现场测量与评价，要求测量仪器或装置应具有 10～1000Hz 的通频带，该标准提出按照支承类别（刚性或挠性支承）对振动烈度进行评价。大型电动机、泵和小型汽轮发电机组通常认为是刚性支承，功率大于 10MW 的燃气轮机组和汽轮发电机组通常认为是挠性支承。每类机器按振动烈度分为 A/B/C/D 四级。

2002 年我国等效移植了国际标准 ISO 10816-2：1996《在非旋转部件上测量和评价机器的机械振动　第 2 部分：50MW 以上陆地安装的大型汽轮发电机组》，成为国标 GB/T 6075.2—2002《在非旋转部件上测量和评价机器的机械振动　第 2 部分：50MW 以上陆地安装的大型汽轮发电机组》，替代了 GB/T 11347—1989《大型旋转机械振动烈度现场测量与评定》。该标准规定了陆地安装的汽轮发电机组轴承座径向宽带振动的现场测量方法及评价准则，适用于额定功率大于 50MW，额定工作转速范围为 1500、1800、3000 及 3600r/min 的陆地安装的大型汽轮发电机组，要求在额定转速、稳态运行工况下进行振动测量和评价；适用于推力轴承轴向振动的测量与评价；同时也适用于包括直接与燃气轮机联结的汽轮机和发电机（例如，联合循环时），在这种情况下，本标准的准则仅适用于汽轮机和发电机。该标准有两个准则：准则 I，振动量值，正常稳态工况下额定转速时的振动量值，这一准则确定绝对振动量值限值，该振动量值限值与轴承的许用动载荷和传至支承结构及基础的许用振动协调一致；另一个是准则 II：振动量值的变化，本准则评价振动量值偏离以前建立的基线值的变化。宽带振动量值可能明显地增大或减小，即使没有达到准则 I 的区域 C 时，就要求采取某些措施。这种变化可以是瞬时的或者是随时间逐渐发展的，它可能表明已发生了损坏或者是故障即将来临的警告，或发生某些其他异常。GB/T 6075.2—2002 较原来的 GB/T 11347—1989 作了如下修改：①没有对支承系统进行分类；②没有对振动环境作出规定；③转速不同，振动烈度评价标准不同；④评价标准放宽；⑤不适用轴承轴向振动的评定。

2007 年我国等效移植了国际标准 ISO 10816-2：2001《在非旋转部件上测量和评价机器的机械振动　第 2 部分：50MW 以上陆地安装的大型汽轮发电机组》，成为国标 GB/T 6075.2—2007《在非旋转部件上测量和评价机器的机械振动第 2 部分：50MW 以上额定转速 1500r/min、1800r/min、3000r/min、3600r/min 陆地安装的汽轮机和发电机》，替代了 GB/T 6075.2—2002。在该标准中增加了用于瞬态运行（例如，升速、降速、超速、通过共振转速等）的评价准则。

2012 年我国等效移植了国际标准 ISO 10816-2：2009《机械振动　在非旋转部件上测量和评价机器的振动　第 2 部分：50MW 以上陆地安装的大型汽轮机和发电机》，成为国标 GB/T 6075.2—2012《机械振动　在非旋转部件上测量和评价机器的振动　第 2 部分：50MW 以上，额定转速 1500r/min、1800r/min、3000r/min、3600r/min 陆地安装的汽轮机和发电机》，替代了 GB/T 6075.2—2007。在该标准中对关于在低转速下使用恒定振动速度准则的警告，停机值设定中有关第二次报警以及"停机放大因子"的使用等内容进行了增加；将上版"振动幅值"的翻译，改为"振动量值"，对要求使用不同的区域边界值的例子等内容进行了修改。

5. 我国汽轮发电机组轴振动标准制定的历程？

20 世纪 80 年代之后，我国从国外进口及采用国外技术制造的机组，普遍以轴振动为考核指标，采用的是国外公司的标准，当时我国没有轴振动标准。

1989 年我国等效移植了国际标准 ISO 7919-1：1986《非往复式机器的机械振动转轴振动的测量和评定　第 1 部分：总则》，成为国标 GB/T 11348.1—1989《旋转机械转轴径向振动测定和评定　第 1 部分：总则》。标准首次系统地论述了机器转轴振动的测量和评价，适用于旋转轴的相对和绝对振动的测量和评价，主要用于验收测试和状态监测。该标准明确规定测量量是轴振动位移（宽频振动），单位为微米（μm）。还进一步定义了相对位移和绝对位移，及三种不同形式的位移峰峰值表达式：S_{max}，S_{p-p}，S_{p-pmax}。同时，对测量方法、使用的传感器和测量系统都做了明确规定或推荐。关于轴振动评价的准则，该标准要求考虑的影响因素包括测量目的、测量类型、测量参数、测量位置、轴承类型和参数等。它的评价准则有两个：一个是转轴宽带振动的量值；另一个是振动量值的任何显著变化，无论它是增大或减小。将转轴的径向振动量值划分为四个区域进行定性评价，并提供相应的操作指南，区域 A：新交付使用的机器的振动通常落在该区域；区域 B：振动量值在该区域的机器通常被认为可不受限制地长期运行；区域 C：通常认为振动量值在该区域的机器一般不适宜于长期持续运行，一般机器可在这种状态下运行有限时间，直到有采取补救措施的合适时机为止；区域 D：振动值在该区域的机器通常被认为振动剧烈，足以引起机器损坏。上述准则适用于各类旋转机械的转轴径向振动的评价。该系列标准的第一部分是总则，不包含具体的区域边界，这些区域边界值在各后续部分针对不同类型的机器给出。

1997 年我国等效移植了国际标准 ISO 7919-2：1996《非往复式机器的机械振动转轴振动的测量和评定准则　第 2 部分：陆地安装的大型汽轮发电机组》，成为国标 GB/T 11348.2—1997《旋转机械转轴径向振动测量和评定　第 2 部分：陆地安装的大型汽轮发电机组》。该标准规定了陆地安装的汽轮发电机组多转子系统转轴径向振动测量方法及评价准则，适用于额定功率大于 50MW，额定工作转速范围为 1500、1800、3000 及 3600r/min 的陆地安装的大型汽轮发电机组，要求在额定转速、稳态运行工况下进行振动测量和评价。标准不适用于非稳态工况，例如，启动、停机、超速及通过临界的轴系振动状态的评定，也不适用于轴系扭转振动和轴向振动的测量和评定。标准明确提出有两个评价准则。准则 I：额定转速稳态运行工况的振动量值；准则 II：振动量值的变化。标准首次增加了关于"运行限值"的内容：这些限值采用报警和停机的形式，并对报警和停机的设定作了规定。该标准首次提出了基线的概念，并且建议报警值应该比基线高出某个值，其大小等于区域 B 上限值（即区域边界 B/C 值）的某个比例数（一般是 25%）。如果没有建立基线，例如对一台新机器，则初始报警值设定应该以其他类似机器的经验为基础，或者以认可的容许值为基准。标准明确提出轴振动测量的准则要由在非转动部件上测量的评价准则补充，如果两个标准的准则都应用，通常应采用限制更严格的一种。明确指出目前的标准都是以宽频振动为评价的主要依据，没有涉及频谱和相位，也没有考虑机器振动信号矢量变化。

2007 年我国等效移植了国际标准 ISO 7919-2：2001《机械振动　转轴径向振动的测量和评定　第 2 部分：50MW 以上，额定转速 1500r/min、1800r/min、3000r/min、3600r/min 陆地安装的汽轮机和发电机》，成为国标 GB/T 11348.2—2007《旋转机械转轴径向振动测量和评定　第 2 部分：50MW 以上，额定转速 1500r/min、1800r/min、3000r/min、3600r/min 陆地安装的汽轮机和发电机》，替代了国标 GB/T 11348.2—1997。国标 GB/T 11348.2—2007 较国标 GB/T 11348.2—1997 增加了瞬态运行工况（例如，启动、停机、超速及通过临界等）的评价准则。

2012 年我国等效移植了国际标准 ISO 7912-2：2009《机械振动　在旋转轴上测量评价机器的振动　第 2 部分：功率大于 50MW，额定工作转速范围为 1500r/min、1800r/min、3000r/min 及 3600r/min 的陆地安装的汽轮机和发电机》，成为国标 GB/T 11348.2—2012，替代了 GB/T 11348.2—2007。在该标准中对关于规定验收规范的基础，停机值设定中有关第二次报警以及"停机放大因子"的使用等内容进行了增加；将上版"振动幅值"的翻译，改为"振动量值"，对要求使用不同的区域边界值的例子等内容进行了修改。

振动标准从最初的仅在轴承座上测量和评价发展到同时要进行转轴振动测量和评价；由振动量值的大小一个评价准则，发展到同时重视量值的显著变化的两个评价准则；从划分四个区域定性评价发展到提出相应的措施，并设定运行限值；被评价的对象也从额定转速、稳态运行工况发展到瞬态（非稳态）运行工况，标准逐步完善和发展。

6. 轴承座振动标准（GB/T 6075.2）适用范围是什么？

该标准规定了陆地安装的汽轮发电机组轴承座径向宽带振动的现场测量方法及评价

准则，适用范围如下。

（1）适用于额定功率大于 50MW，额定工作转速范围为 1500、1800、3000、3600r/min 的陆地安装的大型汽轮发电机组。

（2）适用于正常稳态运行工况、瞬态运行工况（包括升速、降速、超速、通过共振转速等）以及在正常稳态运行期间产生的振动变化进行振动测量和评价。

（3）适用于所有轴承径向和推力轴承轴向振动测量与评价。

（4）适用于包括直接与燃气轮机连接的汽轮机和发电机（例如联合循环时），在这种情况下，本标准的准则仅适用于汽轮机和发电机。

（5）适用于在汽轮机轴承和发电机轴承上测量和评价由不同振源激起的振动，但不适用于评价由电磁振动激起的 2 倍频（即 2 倍于机组工作转速的频率）振动，因该振动由发电机定子线圈激起并传给轴承。

（6）适用于宽带测量频率，然而，随着技术进步，窄带测量或频谱分析的使用也越来越普遍。

7. 轴振动标准（GB/T 11348.2）适用范围是什么？

该标准规定了陆地安装汽轮机和发电机位于或靠近轴承处的转轴径向振动的测量方法及评定准则，适用范围如下。

（1）适用于额定功率大于 50MW，额定工作转速范围为 1500、1800、3000、3600r/min 的陆地安装的大型汽轮发电机组。

（2）适用于正常稳态运行工况、瞬态运行工况（包括升速、降速、超速、通过共振转速等）以及在正常稳态运行期间产生的振动变化进行振动测量和评价。

（3）适用于包括直接与燃气轮机连接的汽轮机和发电机（例如，联合循环时），在这种情况下，本标准的准则仅适用于汽轮机和发电机。

（4）适用于位于或靠近轴承处的转轴径向振动测量和评价。

（5）适用于宽带测量频率，然而，随着技术进步，窄带测量或频谱分析的使用也越来越普遍。

8. 轴承座振动评价准则是什么？

GB/T 6075.2 轴承座振动国标中给出了各种机器振动烈度的两个评价，准则Ⅰ、准则Ⅱ。该准则用于在规定的转速和负荷范围内稳态运行工况，包括发电机负荷正常的缓慢变化，也提供瞬态运行振动量值。准则Ⅰ是评价振动量值的绝对值，准则Ⅱ是评价振动量值的相对值。

准则Ⅰ：振动量值。用于所测量的宽带振动量值，这一准则确定值对振动量值限值，振动量值限值与轴承的许用动载荷以及传至支承结构及基础许用振动协调一致。该准则主要包括以下三部分内容。

（1）稳态工况额定转速时的振动量值。在每个轴承座处测量到的最大振动值，按照由经验建立的 A、B、C、D 四个评价区域，进行评价并给出评价区域边界的推荐值，测得的最大振动量值规定为振动烈度。

（2）稳态运行的限值。在稳态运行时规定了"报警"和停机振动限值，这些限值对保护机组安全、长期稳定运行起到了重要作用。通常报警值不超过区域边界 B/C 值的 1.25 倍，停机值不超过区域边界 C/D 值得 1.25 倍。

（3）瞬态运行的振动量值。在升速、降速、超速、通过临界转速及额定转速瞬态运行工况可以允许较高的振动值，并规定瞬态运行时振动量值限值，通常最大的报警值不应大于区域边界 C/D 值。

准则Ⅱ：振动量值的变化。该准则用于振动量值的变化，此变化是指偏离以前建立的特定稳态工况下的参考值，不管振动是增大还是减小，当振动量值偏离以前建立的基线值变化幅度一般为区域边界 B/C 值的 25％，应采取措施查明变化的原因。

9. 轴振动评价准则是什么？

GB/T 11348.2 轴振动国标中给出了各种机器轴振动的两个评价准则，准则Ⅰ、准则Ⅱ。准则Ⅰ是评价振动量值的绝对值，准则Ⅱ是评价振动量值的相对值，轴振动测量位置是在汽轮机和发电机轴承部位或靠近轴承部分，如果两个方向测量，振动量值以较大的位移峰峰值进行评价。这些准则适用于额定转速及负荷范围内稳态运行工况，包括发电机中负荷正常的缓慢变化的情况下转轴振动的测量和评价，也提供了可用于瞬态运行时的振动量值。

准则Ⅰ：振动量值。

用于宽频带轴振动的幅值限值，此限值与轴承的许用动载荷，机器外壳径向间隙的适当裕度以及传至轴承结构和基础的容许振动协调一致。该准则主要包括以下三部分内容。

（1）在稳态运行工况下额定转速时的振动量值。在每个轴承处测得的最大的轴振动量值；按照 A、B、C、D 四个评价区域进行评价，并给出了评价区域边界的推荐值。

（2）稳态运行的限值。为了机组采用长期稳定运行，规定了运行振动限值，这些限值采用"报警"和"停机"形式。通常报警值不超过区域边界 B/C 值的 1.25 倍，停机值不超过区域边界 C/D 值的 1.25 倍。

（3）瞬态运行的振动量值。在升速、降速、超速、通过临界转速及额定转速的瞬态运行工况可以允许较高的振动值，当没有建立可靠的有效数据时，升速、降速或超速期间的报警值不宜超过下述值：

1）转速大于 0.9 倍正常工作转速：振动量值相应为额定转速下的区域 C/D 边界值；

2）转速小于 0.9 倍工作转速：振动量值应为额定转速下的区域 C/D 边界值的 1.5 倍（建议采用 C/D 下限值）。

准则Ⅱ：振动量值的变化。

该准则用于振动量值的变化，不管它是增大还是减小，当振动量值偏离以前建立的基线值，变化的幅值超过区域边界 B/C 值的 25％时进行报警。

10. 振动评定标准划分几个区域，含义是什么？

在每个轴承处测得的最大的轴承座振动或轴振动量值；按照 A、B、C、D 四个评价区域进行评价，区域含义如下：

区域 A：振动处于良好状态。新投产的机器，振动通常在此区域内。

区域 B：振动处于合格状态。通常认为振动在此区域内的机器，可不受限制地长期运行。

区域 C：振动处于不满意状态。通常认为振动在此区域内的机器，不适宜长期连续运行。一般来说，在有适当机会采取补救措施之前，机器在这种状况下可以运行有限的一段时间。

区域 D：振动处于不接受状态。振动在此区域内一般认为其剧烈程度足以引起机器损坏。

11. 什么是振动基线值，怎样确定？

基线值是指机组在稳态工况运行时有代表性的，可重复性的正常振动值，一般由该台具体机组在以前正常运行期间多次测量的统计平均得到。

在稳态工况运行条件的振动可设为基线值，如，轴承振动是稳定的，就可以用此时平均振动量值作为该轴承的基线值。在瞬态工况运行的振动不能设为基线值，如机组在启、停过程中的某一振动值。通常机组报警值的设定是以基线值为基准的，振动量值变化量大小也是以基线值为基准的。

二、标准的使用

1. 怎样设置汽轮机振动保护逻辑方式？

汽轮机在启动和运行中，产生不正常振动是较普遍的现象，振动过大会造成机组损坏，甚至酿成严重的事故。为了保护机组安全运行，目前，大型机组均已安装了汽轮机安全监测系统（TSI）以及汽轮机跳闸保护系统（ETS），当机组振动过大时，TSI 系统监测到的振动信号直接送入 ETS 装置，跳闸停机。

大多数的大型机组是轴振动达到保护定值，机组跳闸，轴承座振动达到保护定值，只发出报警信号，机组不跳闸。在轴振动跳闸保护逻辑设置上各发电企业不尽相同，各有利弊，常见有以下三种设置方式。

（1）单点跳闸方式。任何轴承处的轴振动，无论哪个方向，只要有一点振动值达到保护定值，机组跳闸停机。这种保护方式对机组安全最有利，但也存在误跳机的可能性。例如，振动信号受到干扰或测量系统出现故障都会造成机组误跳机。

（2）单点跳闸加延时方式。当任何一点轴振动值达到保护定值，机组并不立即跳闸，延时 2～3s 后才跳闸。虽然这种保护方式避免了振动信号中瞬间干扰引起的误跳机，但同时也存在不利于机组安全的弊端。例如，机组发生掉叶片故障，振动值已达到跳机保护定值，而没有立即跳闸停机，延误了跳机时间。所以说这种跳闸保护方式存在较大不安全因素。

(3)"与"逻辑跳闸方式。振动跳闸保护"与"逻辑有以下四种方式：

1）同一个轴承座处一个方向轴振动达到跳闸值，同时，另一个方向轴振动达到报警值，机组跳闸。

2）某个轴承处的任一方向轴振动达到跳闸值，同时轴系其他轴承处的任一方向轴振动达到报警值，机组跳闸。

3）某个轴承处的任一方向轴振动达到跳闸值，同时轴系其他轴承处的任一方向轴瓦振动达到报警值，机组跳闸。

4）某个轴承处的任一方向轴振动达到跳闸值，同时相邻轴承处的任一方向轴振动达到报警值，机组跳闸。

1）、2）、3）、4）这四种跳闸保护方式较（1）、（2）方式有所改善，对于 1）中方式，由于 X、Y 方向轴振动涡流探头放在一个轴承箱内，振动信号在 TSI 系统中处于一个卡件中，有可能 X、Y 方向同时出现故障，引起机组误跳闸。2）、3）种方式，从转子动力学角度来看，一个转子出现故障，轴振动主要反映在支承转子两个轴承座处及其相邻轴承座处，其他转子响应差，也就是说远离故障转子的轴振动或瓦振反应不敏感，特别是当轴承座刚度差引起的轴瓦振动大，可能引起机组误跳闸。

相对比较而言，第（3）条的 4）种振动保护逻辑设置方式比较合理，安全可靠。

2. 怎样设置汽轮机振动保护定值？

振动保护是当振动达到规定的限值或者振动发生显著变化可能有必要采取补救措施时，进行报警，当振动量值超过规定的限值并可能会引起机器破坏，自动发生振动大信号，跳闸停机。

合理的保护定值既能防止机组事故发生或事故的扩大又能避免不必要的跳闸停机。因此保护设置过大起不到保证机组安全的作用，过小又会造成机组误跳机。保护定值的设置应参照有关标准，结合有关机组的运行经验，制定出适用于自身的、合理的报警值和跳闸值。

GB/T 11348.2—2012 轴振动标准和 GB/T 6075.2—2012 轴承座振动标准对振动保护定值规定如下。

(1)稳定运行时推荐的保护定值。

报警值：基线值十区域边界 B/C 值的 25%，最大不应超过区域边界 B/C 值的 1.25 倍。

跳闸值：通常跳闸值在 C 或 D 区域内，最大不应超过区域边界 C/D 值的 1.25 倍。

(2)瞬态运行时推荐的保护定值。

瞬态运行包括升速、降速、超速、通过临界转速等。

报警值：瞬态与稳态运行时的报警值不同，依据相对特定机器的升速、降速及超速时的经验确定的值，设定瞬态运行时的报警值。报警值应在这些值之上某个量，高出的量等于额定转速下区域边界 B/C 值的 25%。当没有可靠的基线时，对于轴承座振动最大值不应大于区域边界 C/D 值；对于转轴振动值①转速大于 0.9 倍正常工作转速，最大值不应大于区域边界 C/D 值，②转速小于 0.9 倍正常工作转速，最大值不应大于区域边界 C/D 值的 1.5 倍。

跳闸值：用不同的方法设定升速和降速的停机值。但对于在停机期间，采用高振动停机保护值意义不大，因为它不会改变已经采取的停机措施（也就是停机）。如果需要规定升速或降速期间的停机值，停机值应当与报警值采用相似的比例增加。

（3）振动量值变化报警值。振动量值偏离基线值的数量为区域边界 B/C 值的 25％时，不管振动量值增大或者减小都宜查明变化的原因和确定进一步采取措施，也就是报警，但目前所有 TSI 系统没有此报警功能，只能依靠运行管理人员掌握，TSI 应设法增加这一报警功能。

3. 怎样整定轴承座振动报警值？

新投产的机器，由于没有建立基线值的数据，其最初报警值是根据其他类似机器的经验或者已经认可的容许值来设定的，在运行一段时间后已建立了稳态基线值，需要对报警值进行调整。调整方法是每个轴承座的报警值可设定为稳态基线值与区域边界 B/C 值的 25％之和。例如，一台额定转速为 3000r/min 的大型汽轮发电机组，某个轴承振动烈度的稳态基线值为 3.0mm/s，振动报警值设定为 4.9mm/s（即 3.0mm/s＋0.25×7.5mm/s），其中 7.5mm/s 是 B/C 区域的边界值。如果一个轴承的振动烈度稳态基线值为 5.0mm/s，振动报警值可设定为 6.9mm/s（即 5.0mm/s＋0.25×7.5mm/s）。

4. 怎样整定轴振动区域边界值？

GB/T 11348.2—2012 轴振动标准推荐的区域边界值能够保证机器安全运行，但是对有特殊性能或有运行经验的具体机器可能要求使用不同区域的边界值或者高或者低，现在就必须对区域边界值进行调整。例如，一个轴承径向间隙值小于区域边界值，因此推荐区域边界值应相应降低，降低程度取决于使用的轴承形式以及测量方向和最小间隙的关系。下面给出调整区域边界值的例子：

假设额定转速 3000r/min 的汽轮机的高压转子，采用普通圆柱轴承，其直径为 200mm，轴承间隙比 0.1％，轴承径间隙为 200μm。依据 GB/T 11348.2—2012 轴振动标准推荐的区域边界上限值为 A/B 90μm；B/C 165μm；C/D 240μm。

这时 C/D 边界值大于轴承间隙值，需要对推荐区域边界值进行降低调整，调整如下：

A/B　0.3 倍的轴承间隙＝0.3×200＝60（μm）

B/C　0.5 倍的轴承间隙＝0.5×200＝100（μm）

C/D　0.7 倍的轴承间隙＝0.7×200＝140（μm）

选取的 0.3、0.5、0.7 因子仅为说明原理，具体怎样选取应根据不同类型轴承由用户和供方协商确定。

5. 振动标准中，轴承座振动推荐值是多少？

GB/T 6075.2—2012 轴承座振动国标中给出了汽轮机和发电机轴承座振动速度评价区域边界的推荐值，见表 3-1。

表 3-1 轴承座振动速度评价区域边界的推荐值

区域界限值	轴转速（r/min）	
	1500 或 1800	3000 或 3600
	振动速度均方根值（mm/s）	
A/B	2.8	3.8
B/C	5.3	7.5
C/D	8.5	11.8

注 1. 这些数值相应于在额定转速、稳态运行工况下在推荐的测量位置上适用于所有轴承的径向振动测量和推力轴承的轴向振动测量。

2. 在其他的测量位置和瞬态工况可以允许较大的振动值，对于一些特别的机器可能需要使用不同的区域边界值。

6. 振动标准中，轴振动推荐值是多少？

GB/T 11348.2—2012 振动国标中给出了汽轮机和发电机转轴相对振动的各区域边界推荐值，见表 3-2。

表 3-2 轴相对振动评价区域边界的推荐值

区域界限值	轴转速（r/min）			
	1500	1800	3000	3600
	轴相对振动位移峰峰值（μm）			
A/B	100	95	90	80
B/C	120～200	120～185	120～165	120～150
C/D	200～320	185～290	180～240	180～220

GB/T 11348.2—2012 轴振动国标中给出了汽轮机和发电机转轴绝对振动的各区域边界推荐值，见表 3-3。

表 3-3 轴绝对振动评价区域边界的推荐值

区域界限值	轴转速（r/min）			
	1500	1800	3000	3600
	轴相对振动位移峰峰值（μm）			
A/B	120	110	100	90
B/C	170～240	160～220	150～200	145～180
C/D	265～385	265～350	250～300	245～270

7. 执行标准时，振动值越小越好吗？

在执行标准时，从机组安全方面考虑，振动越小，机组越安全，但是当振动水平满足安全运行的要求，就没必要花费很大人力、物力高成本地继续降低振动水平。如：一台新投产的 600MW 机组，在 3000r/min 定速时，发电机前轴承处轴振动在 $50\mu m$ 以内，其余在 $60\mu m$ 以内，带满负荷后，发电机前轴承处轴振在 $80\mu m$ 左右波动（有 $30\mu m$ 热变量），其余都在 $70\mu m$ 以内。用户为了"达标、创优"要求轴振在 $70\mu m$ 以内，通过启、停机进行发电机现场动平衡以及调整轴承负载等大量工作，使轴振动在 $70\mu m$ 以内。虽然在满负荷时，满足了电厂"达标、创优"要求，但通过试验分析，发电机转子存在少量热弯曲，实际上可以不用这么高成本地降低振动值，该振动值可以满足安全运行要求。

8. 用振动量值与振动烈度评价轴承座振动状态有什么区别？

以轴承座振动量值为尺度评定机组状态，是一种比较早的评定方法，目前国内外都倾向用轴承座的振动速度均方根值（即振动烈度）来评价轴承座振动状态。我国现有的振动标准采用轴承座振动量值或轴承座振动烈度两种方法进行评定轴承座振动状态，两种评定方法并存。

轴承座用振动量值或振动烈度为尺度的评定标准各有利弊。

（1）对于单一频率的振动，两种方法没有本质区别，只是测量参数不同。

（2）对于含有明显的高频振动分量时，此时振动量值可能是合格的，而振动烈度指标是不合格的。

（3）对于含有明显的低频振动分量时，振动量值可能是不合格的，而振动烈度指标是合格的。

（4）振动烈度能直接反映振动产生的应力，而振动量值能直接反映出振动对动静间隙的影响。

对于大多数汽轮发电机组而言，轴承座振动以基频振动分量为主，轴承座振动量值与振动烈度有单一对应关系。一般来说不会出现振动量值合格而振动烈度很大的情况。

9. 原电力部制定的轴承座振动标准有什么缺点？

目前，我国电力行业仍执行 1959 年电力工业制定的用振动量值评价轴承座状态的标准。实践表明，该标准基本能够满足机组安全生产的要求，但它也有不足之处，体现在如下几个方面。

（1）标准中将轴承座三个方向（垂直、水平和轴向）的振动同等对待，即同样大小的振动量值，引起的危害是一样的。事实上并非如此，如相同量值的垂直振动、水平振动和轴向振动对机组危害程度是不同的，由于轴承座垂直方向比其他两个方向动刚度大，因此垂直方向振动较其他两个方向对机组的危害性大。

（2）标准中不分轴段，对所有轴承采用同等尺度进行评定。实际上轴承所处位置不同，相同振动的危害程度是不同的，如，高压转子与低压转子处的轴承座振动相比，由于高压转子处温度高，转子径向间隙小，发生同样量值的振动，高压转子处的轴承危害要比低压转子处的轴承危害大得多。

（3）标准中将轴承座的振动量值看作只含工频一种成份，不同频率的振动分量没有给出另外规定。现场运行的大多数机组的振动都是工频振动，但也有些机组振动中含有其他振动分量（如0.5×、2×、3×等），有时振动以其他振动分量为主，远大于工频振动。不同的振动频率的振动分量危害性不同，轴承座在相同振动量值时，频率较高的振动需要的能量大，而频率较低的振动需要的能量小，频率高的振动危害性比频率低的要大。对轴承座的振动状态评定，应以不同频率振动分量与相对应的转速分别评价更加合理。

10. 轴振能替代轴承座振动吗？

正常情况下，轴振比轴承座振动大得多，它们之间没有固定的比值关系。如果故障源出现在转子上（热不平衡、不对中、动静摩擦及热弯曲等），轴振比较大，轴振通过油膜传递给轴承座，轴承座振动也应有所反映；但是，如果故障源出现在轴承座上（如膨胀不畅，台板基础不牢固，二次灌浆不良等引起的轴承座刚度降低或轴承座共振等），这时轴承座振动反映比较大，而轴振的变化往往不明显，过大的轴承座振动会引起轴承座疲劳损坏，只测轴振不足以反映出轴承座振动状况。实际运行中，经常出现的是轴振大于轴承座振动，轴承座振动大而轴振变化不大的情况也时而发生，因此说，轴振动与轴承座振动同等重要，互相不能替代。

11. 轴承座三个方向振动的允许值一样吗？

现执行的振动标准中，如GB/T 6075.2—2012《机械振动 在非旋转部件上测量评价机器的振动 第2部分：50MW以上，额定转速1500r/min、1800r/min、3000r/min、3600r/min陆地安装的汽轮机和发电机》或者电力部颁发的《电力工业技术管理法规》，把轴承座三个方向（垂直、水平及轴向）的振动允许值规定为同一数值，也就是把轴承座三个方向的振动危害进行同等看待。实际上轴承座三个方向的刚度是不等效的，垂直方向的动刚度大于其他两个方向，因此，在同样的振动量值下，振动发生在垂直方向较其他两个方向对机组的危害性要大。标准中将轴承座三个方向的振动允许值规定同一值，在客观上没有反映出不同方向振动危害程度的差异。因此，在实际执行标准规定时，应结合具体情况，充分考虑到机组容量和轴承结构等因素影响，对于轴承座不同方向的相同振动量值引起轴承危害程度是不同的，三个方向的振动允许值也不应该规定相同值。

第四章

振动故障特征及诊断

一、故障诊断

1. 什么是动静碰磨振动，产生的机理？

汽轮机有静子和转子两大部分，在工作时转子高速旋转，静子固定，因此转子和静子之间必须保持一定的间隙。运行过程中，当动静间隙消失时，就会导致动静部件的接触，由此引起的振动称为动静碰磨振动。

对汽轮机转子来讲，碰磨可以产生抖动、涡动等现象，但实际有影响的主要是转子热弯曲。动静碰磨时转子圆周上各点的碰磨程度是不同的，由于重碰磨侧温度高于轻碰磨侧，导致转子径向截面上温度不均匀，造成转子热弯曲，产生一个新的不平衡力作用到转子上引起振动。机组启停及带负荷时动静碰磨振动机理如下。

（1）机组启停中动静碰磨振动。当摩擦部位直接发生在转轴部位时，由于动静的碰磨将使转子产生热弯曲，受热弯曲的影响产生一个新的热不平衡量。当转速在一阶临界转速以下时，碰磨高点滞后原始不平衡重点（不平衡质量点），由于滞后角小于 $90°$，使两者的矢量和大于原始不平衡量，也就是说，摩擦后合成新的不平衡量大于原始不平衡量，振动有所增大，造成动静碰磨进一步加剧，转子弯曲越来越大，形成恶性循环，如不及时处理，很可能造成大轴弯曲事故；当转速在一阶临界转速以上时，虽然碰磨高点滞后原始不平衡重点，但由于滞后角大于 $90°$，使两者的矢量和小于原始不平衡量，也就是说，摩擦后合成新的不平衡量小于原始不平衡量，振动有所减小，危险性减弱，有时摩擦部分很快被磨掉而形成动静间隙，不再发生碰磨。

（2）机组在带负荷时动静碰磨振动。目前，汽轮机在带负荷时的工作转速一般都高于各转子一阶临界转速，而低于二阶临界转速，工作转速下二阶不平衡力与其引起的振动之间的滞后角仍小于 $90°$，如果碰磨发生在对二阶不平衡比较敏感的区段，如转轴的端部，会激起比较大的二阶不平衡分量，引发比较严重的振动。

如果碰磨引起的热弯曲与原不平衡力反相，则振动呈减小趋势，一段时间后碰磨消失，动静接触点脱离，径向温差减小，振动恢复原状，此时在原不平衡作用下又会发生碰磨，如此反复，振动量值发生长时间、大幅度波动。

2. 动静碰磨振动怎样诊断？

动静碰磨是机组常见故障之一，发生的频率比较高，危害性也比较大。引起碰磨的因素也是多方面的，总的来说，汽轮机碰磨故障信号具有非线性、非平稳性、频谱丰富的特征，依据振动量值和相位变化特征，振动频率成分等现象进行诊断。

（1）汽轮机碰磨故障信号具有非线性、非平稳性。对于轻度摩擦振动，是在动静碰磨的瞬间产生的，具有宽频带特征。

（2）对于大修中动静径向间隙按照下限预留，修前机组振动良好的这一类机组或新投产机组，在启动过程中，转速稳定在某一点时振动爬升，或在定速运行中，振动出现波动，应该将动静摩擦作为重点原因进行排查。

（3）转速一定时，随运行时间的增长，振动量值和相位发生明显的波动，波动幅值和波动周期都是随机的。由于刚开始发生碰磨，转子不平衡引起的振动频率成分幅值较高，频率以工频为主，有时伴随出现了少量半频、倍频和高频，高次谐波中 2×、3× 一般并不太高，但 2× 谐波幅值必定高于 3× 谐波，波形为正弦波，附带有少许毛刺，有时波形存在"削顶"现象。此时转子处于稳定圆周局部碰磨状态，这是早期碰磨振动特征。

（4）在转速不变或降速时，振动量值不稳定，振动基值有缓增趋势，随运行时间的增长，振动量值迅速增大，振动量值和相位不再发生波动，若这时不及时采取措施，碰磨很快进入重度碰磨。随着转子碰磨接触弧的增加，由于碰磨起到附加支承作用，旋转频率幅值有所下降，频率仍以工频为主，倍频和高频分量进一步增大，50Hz 以上频率范围内甚至出现了不少连续谱，高次谐波中 2×、3× 幅值，由于附加的非线性作用而有所增大，波形为正弦波，毛刺更明显。此时转子圆周部分碰磨面积增加。这是中期碰磨振动特征。

（5）转速一定时，幅值和相位不再波动，振动量值在短时间内急剧增加，频率倍频和高频分量非常明显，分频量甚至超过基频。转子越摩越重，热弯曲也越来越大，且振动量值有可能超过转轴形成永久弯曲的上限值，若振动失控，可能造成转子永久弯曲。此时转子处于圆周全部碰磨状态，这是晚期碰磨振动特征。

（6）转速一定时，振动随时间变化，基频振动量值波动，相位持续旋转变化（由于摩擦后合成新的不平衡相位是不断后退形成的，即相位逆转动方向旋转），这是发生连续碰磨振动特征。

（7）降速过临界时的振动一般较正常升速时大，停机后转子静止时，测量大轴的晃度比原始值明显增加。

3. 消除动静碰磨振动有哪些对策？

（1）对于转子平衡状态不好，存在较大的动挠度，当不平衡和动静摩擦同时存在时，应首先进行转子动平衡，平衡状况的改善、转子激振力的降低，有利于消除机组的摩擦振动。

（2）启动前及升速过程中，应严格控制轴偏心、汽缸上下缸温差、胀差、串轴及振动等重要参数在规定的范围内，否则碰磨将使转子弯曲引起振动增加，甚至无法启动机组。

（3）在启动过程中，机组发生动静碰磨时不能强行升速，否则容易造成大轴永久弯曲。升速过程中，振动爬升比较快，即使振动量值远离跳机值，也应立即降低转速，如果某转速下振动能回降到初始值，可以在该转速下观察运行，否则转速降到盘车转速，当能够确定动静接触脱离或转子没有热弯曲后可再升速，升速过程中如果仍存在摩擦，可按上述方法调整，这样反复进行几次，如果摩擦不能消除，应停机处理。

（4）碰磨发生在带负荷阶段，轴振动在一定的范围内变化尚未达到停机值时，可以观察运行一段时间，在保证机组安全的前提下进行"磨合"，如果振动不断增加且降低负荷无效时，应打闸停机，以免危害机组安全。

（5）不管是启动过程还是带负荷运行，振动保护都不能退出，以免振动迅速增加而导致机组损坏。在查找振动原因或消除过程中等特殊情况下，需要对振动保护定值或延迟跳机时间调整时，可根据轴承、通流部分及轴端径向间隙大小，结合设备状态，历史振动情况等，经过技术人员评估并经电厂负责人批准后，可将某轴承处振动保护定值适当放大，但不能将轴系所有振动保护定值全部放大，更不能随意调整。

4. 什么是轴承自激振动，产生的机理是什么？

汽轮发电机组一般都采用以润滑油为介质的动压滑动轴承，当轴承形式和参数与转子匹配不当，降低了转子轴承系统的稳定性，在一定条件下就会引起油膜失稳，发生油膜涡动或油膜振荡的轴承自激振动。

轴承油膜力是引起轴承自激振动的根源，其产生的机理如下。

转子在轴承中转动，如果轴颈中心偏离轴承中心时，轴颈和轴承的间隙沿周向是不均匀的，润滑油被轴颈带动，顺着转动方向从较宽的间隙流进较窄的间隙而形成油楔，对轴承有挤压力作用。当润滑油从较窄的间隙流到较宽的间隙时，因出现空穴而对轴颈有负压力。轴承全部油膜对轴颈的总压力位于挤压的一侧并朝向轴颈中心。将总压力分解为轴颈中心点的径向力和周向力。径向力起支承轴颈的作用，相当于转轴的弹性力。周向分力垂直于轴颈中心点的向径并顺着转动方向，使轴颈中心点偏离轴承中心点，其偏离距离随转子转动速度增大而增大，周向分力就是轴颈运动失稳的力。当周向分力小于各种阻尼力时，则受扰动的轴颈就会回到原来的平衡位置；当周向分力超过各种阻尼力时，轴承就会发生自激振动。

当转子工作转速在两倍转子第一临界转速以下所发生的轴承自激振动，称为"半速涡动"，此时自激振动频率近似为转子工作频率的一半。这种振动由于没有与转子临界转速发生共振，因而振动量值一般不大。

当转子工作转速高于两倍第一临界转速时，半速涡动与临界转速共振，称为"油膜振荡"，这时振动频率与转子第一临界转速接近，从而发生共振，转子表现为强烈的振荡。油膜振荡具有较大的破坏性，往往引起轴承烧毁，甚至转轴断裂等事故。

5. 轴承自激振动有哪些特点？

（1）自激振动不是共振现象，他与转子不平衡力引发的共振现象不同，通常采用提高转速办法是不能避开自激振动的。在多数情况下，它在转速的大范围内随时可能出现，而且实际上往往不能确定这范围的上限。

（2）自激振动能否出现的界限主要取决于轴承设计。在最不利的情况下，这一界限即失稳转速的下限约为临界转速的 2 倍。

（3）自激振动是非常激烈的。如果轴承设计不好，则它的振动量值往往比不平衡质量引起的共振振动量值还要大。

（4）自激振动是正向涡动，与转动方向相同。此时转动频率和进动频率不同步，转子的金属纤维承受交变应力，严重时能导致大轴断裂。

（5）当转速逐渐升高时，自激振动往往要推迟发生，即它不一定在转速达到失稳转速的下限时就立刻发生，而是在大于此下限时才发生。升速越快，自激振动越要推迟。

（6）发生半速涡动时，振动频率近似为转子工作频率的一半；发生油膜振荡时，振动频率与转子第一临界转速接近。

6. 轴承自激振动怎样诊断？

（1）振动频率。发生半速涡动时，振动频率以转子工作转速的一半为主；发生油膜振荡时，振动频率近似等于一阶临界转速。对于工作转速为 3000r/min 的汽轮机，当振动频率以 25Hz 为主，$\left(\text{即} f=\frac{1}{2}\times\frac{3000}{60}=25\text{Hz}\right)$，可能发生了半速涡动；当振动频率以 20Hz 为主，$\left(\text{即} f=\frac{1200}{60}=20\text{Hz}\right)$，与发电机的第一临界转速 1200r/min 相对应，可能发生了油膜振荡。

（2）与负荷关系。轴承的自激振动与负荷无直接关系，是否发生轴承自激振动，取决于轴承的各项参数，因此说发生轴承自激振动，改变负荷起不到消振作用，只能改变轴承润滑油温、油压或改变转速。

（3）轴承箱异音。发生油膜振荡时，润滑油压波动大，润滑油在轴承间隙内剧烈抖动，轴承箱会发出"嗡嗡"声的异音。

（4）振动突发性。在升速过程中或转速不变时，振动量值在瞬间突然增大，在振动达到高位后仍不稳定，上下剧烈跳动，改变转速后振动能够衰减到原来振动值，这可能是发生了轴承自激振动。

（5）振动波及性。当机组某一个轴承发生自激振动，特别是油膜振荡，就会波及轴系中其他各个轴承。通常是距激振源越近，轴承振动量值越大，但对丁刚度差的轴承，其振动值可能超过振动源处轴承。

7. 消除油膜涡动或油膜振荡的轴承自激振动有哪些对策？

（1）运行措施。改变进油温度（或换油牌号）。提高轴瓦润滑油温，可以使油的黏度降低（或改用低黏度的润滑油），增加轴径在轴承中的偏心率，有利于轴径稳定。

（2）检修措施。

1）提高轴瓦比压。可通过调整中心、缩小轴承长径比、下瓦承载部分开沟槽（在制造厂指导下）。

2）消除轴瓦缺陷。轴瓦存在缺陷影响油膜工作状态，油膜形成不好，会降低油膜的阻尼，易导致轴瓦失稳。

3）采用稳定性好的轴瓦，高速轻载用可倾瓦或三油楔瓦，高速重载用椭圆瓦。稳定性好的轴瓦有利于遏制轴瓦失稳，发生失稳的可能性小。

4）减小轴瓦顶隙。减小轴瓦顶隙相当于增大了轴瓦的偏心率。例如，将圆筒瓦的顶隙适当减小、增加侧隙，相当于把圆筒瓦变成了椭圆瓦，增加了轴瓦稳定性。

（3）动平衡措施。采用动平衡降低转子激振力，可以大大改善轴承工作条件，相当于增加了轴承稳定性。通常采用精细的转子动平衡手段，解决自激振动。

8. 什么是汽流激振，产生的机理？

汽流激振是由汽流激振力引起的自激振动。为了提高机组效率和性能，通常采用提高蒸汽参数等方法。新蒸汽的压力、温度提高，蒸汽密度随之提高，会产生导致轴系稳定性下降的激振力－汽流激振力，理论研究分析指出，高参数机组的高压转子上易发生汽流激振，而低参数机组和中、低压转子却很少发生。

近年来大型汽轮机的汽流激振多数由于高压调节汽门开启顺序不合理所引起，对转子产生偏上偏向轴承中心的蒸汽力，使转子在轴承中运行不稳定，高压缸的高压侧轴承出现汽流激振。国内某汽轮机厂生产的亚临界一次中间再热高中压分缸四排汽 600MW 反动式汽轮机，已有多台出现过汽流激振，改变高压调节汽门开启顺序后，消除了这一设备故障。

目前，国内对汽流激振的认识，主要来源于国内外教科书，对于故障机理、诊断及消除都需要深入研究和进一步积累完善。根据目前研究的结果，汽流激振力倾向来自以下三个方面。

（1）顶隙激振力。由于安装、检修和转子弯曲等原因引起的通流部分径向间隙变化，动叶叶顶间隙大小沿圆周方向不同，间隙小侧产生的圆周切向力大，间隙大侧产生的圆周切向力小，这样导致了一个切向力（也称顶隙激振力）作用在轴颈中心上，使之沿转动方向做正向涡动，当系统阻尼不足以抵消顶隙激振力时，转子发生失稳，产生汽流激振。

顶隙激振力的大小与叶轮的级功率及转子偏心差成正比，与叶片平均直径及叶片高度成反比。所以说，汽流激振易发生在叶轮直径小、叶片短的转子上，即大功率叶片高度较短的高压转子上。

（2）动态激振力。汽轮机是一种高速旋转的机械，在运行中，为避免动静之间发生摩擦和碰撞，必须在动静之间留有一定的间隙。为了减少和防止汽轮机动静部分间隙处的蒸汽泄漏，汽轮机设备均设置汽封装置，在蒸汽通过汽封时，每通过一个汽封齿就产生一次节流作用，蒸汽的压力随之降低。汽封是密封蒸汽的一种装置，按装配位置的不同可分为轴端汽封（轴封）、隔板汽封和叶顶汽封三大类。运行中，由于转子存在偏心，汽封间隙大小将会发生周期性的变化，汽封中的蒸汽压力沿周向分布不是均匀的，在某些情况下压力大小将呈周期性变化。

（3）静态激振力。采用喷嘴调节的汽轮机运行时，由于调节汽门的开启顺序不同，使高压转子受到的蒸汽力方向不同，在某一工况下作用于转子中心的蒸汽力可能是一个向上抬起转子的力，使轴承比压降低，导致轴承稳定性降低，当降低到一定程度后，发生转子失稳。另外高压转子受到蒸汽力作用，使转子在汽缸中的径向位置发生变化，引起通流部分间隙的变化，有可能产生顶隙激振力，发生汽流激振。

9. 汽流激振怎样诊断？

汽流激振易发生在高参数机组的高压转子上，振动具有突发性，且有较好的再现性，具体诊断如下。

（1）振动与负荷关系。汽流激振往往在低负荷时不会出现，常发生在高负荷，改变负荷振动消失。振动具有突发性，且有较好的再现性。

（2）振动频率。振动频率为工作转速的一半，属于半频，有时振动频率与转子一阶临界转速的频率接近，其振动频率是一定的。

（3）振动频谱。汽流激振是自激振动，振动频谱是离散谱。如果低频振动的频谱是连续谱，则主频率是不稳定的，这种振动是随机振动，不是汽流激振。

（4）轴心轨迹。汽流激振发生时，轴心轨迹是圆形（或近似圆形），转子正向进动，振动量值逐渐接近大偏心率。

（5）发生部位。汽流激振发生在高参数机组的高压转子（也可能是中压转子）上。如果低压转子和发电机发生自激振动肯定不是汽流激振。

10. 消除汽流激振有哪些对策？

（1）运行措施。

1）进行增减负荷，通常是进行减负荷，也可以增加负荷。因为汽流激振与负荷有关，在某负荷点时突然出现振动，避开该负荷点时，振动就快速衰减下去。

2）改变高压调节汽门开启顺序。通过改变高压调节汽门开启顺序，对转子中心位置改变，减小蒸汽向上的静态力，使转子中心位置改变，以尽量增大轴瓦比压。通过试验找到最佳高压调节汽门开启组合。

3）改变进油温度。提高轴瓦润滑油温，可以使油的黏度降低，减小油膜厚度并增加轴径在轴承中的偏心率，有利于轴径稳定。

（2）检修措施。

1）提高轴瓦比压：可通过调整中心、缩小轴承长径比、下瓦承载部分开沟槽。

2）消除轴瓦缺陷：轴瓦存在缺陷影响油膜工作状态，油膜形成不好，会降低油膜的阻尼，易导致轴瓦失稳。

3）采用稳定性好的轴瓦：稳定性好的轴瓦有利于遏制轴瓦失稳，发生失稳的可能性小。

4）减小轴瓦顶隙：减小轴瓦顶隙相当于增大了轴瓦的偏心率。例如，将圆筒瓦的顶隙适当减小、增加侧隙，相当于把圆筒瓦变成了椭圆瓦，增加了轴瓦稳定性。

5）减小动态蒸汽激振力：蒸汽激振力不但与运行参数有关，如蒸汽密度、级前后压差，还与汽封的结构、间隙有关。在允许范围内，增大汽封径向间隙、减小轴向间隙都可以减小激振力；将叶顶围带汽封的径向动静间隙调正，将轴封间隙沿蒸汽流动方向按照逐渐增大方式进行调整（即进汽端间隙小于排汽端间隙），这些措施都可以增加转子稳定性。

（3）动平衡措施。采用动平衡降低转子激振力，可以大大改善轴承工作条件，相当于增加了轴承稳定性。通常采用精细的转子动平衡手段，解决汽流激振。

11. 汽流激振与油膜振荡及油膜涡动有什么区别？

汽流激振、油膜振荡及油膜涡动属于自激振动范畴，振动频率以低频为主，三者振动故障可以从以下几方面进行区别。

（1）激振力。汽流激振由蒸汽力引起的，油膜振荡和油膜涡动由轴承油膜力引起。

（2）与负荷关系。汽流激振的发生与负荷有关，而油膜振荡或油膜涡动的振动与负荷无直接关系，改变负荷这类轴承自激振动不会消失。

（3）发生部位。汽流激振发生在高参数机组的高压转子或再热机组的中压转子。低压转子和发电机转子不会发生汽流激振，如发生自激振动肯定属于轴承油膜振荡或油膜涡动的自激振动。

（4）与转速关系。转子的工作转速高于一阶临界转速的 2 倍时，才能发生油膜振荡，否则发生的是油膜涡动。通常汽轮机处的轴承只能发生油膜涡动，因汽轮机转子的一阶临界转速均高于机组工作转速的一半；而发电机转子处的轴承常易发生油膜振荡，因大型发电机转子的一阶临界转速一般均低于机组工作转速的一半。汽流激振只与负荷有关而与转速无关。

（5）异音。发生油膜振荡或油膜涡动时，轴颈在轴承间隙内剧烈抖动，轴承箱往往会发生"咚咚"声音，而汽流激振则没有。

（6）振动再现性。汽流激振与负荷有着良好的再现性，而油膜振荡和油膜涡动的自激振动没有良好的再现性。

12. 汽轮机转子存在热弯曲怎样诊断？

当转子存在圆周方向上的温差时，转子会发生弹性变形，这时的转子弯曲称为热弯曲，当温度不均匀消失后，转子弹性变形恢复；如果热应力超过转子材料屈服极限，弹性变形不能恢复产生塑性变形，此时热弯曲将转变为永久弯曲。汽轮机转子发生热弯曲可从以下几方面进行诊断。

（1）启动前。转子偏心或晃度矢量较原始值有较大变化，如果通过足够盘车时间，转子偏心矢量恢复到原始值，说明转子可能存在暂时的热弯曲，否则可能是永久弯曲。

（2）启动中。转子过临界转速振动大，并且在多次启动中还有再现性，说明转子出现了永久弯曲或质量不平衡。

（3）停机时。停机过程的振动较启动过程中明显增加，特别是过临界增加得更为显著，盘车状态偏心也明显变大，盘车数小时后，偏心恢复原始状态，说明转子发生了热弯曲。

（4）带负荷。并网前振动状态良好，并网带负荷后，随着负荷增加，振动增加；负荷稳定，振动逐渐稳定；负荷减小，振动逐渐减小，说明转子存在热弯曲。

（5）振动频率特征。转子存在弯曲时，其振动频率与转速频率一致为工频。

13. 汽轮机转子存在热弯曲有哪些原因？

汽轮机转子热弯曲可引起机组强迫振动，是机组常见故障之一。有多种因素可引起转子热弯曲，主要原因有以下几方面。

（1）材质缺陷。转子材质不均匀，转子受热后膨胀不均匀，导致热弯曲，转子有残余应力，制造阶段，"时效"时间不够，转子残余内应力过大，转子受热后应力释放，导致转子热弯曲。

（2）动静摩擦。机组运行中，转子与汽缸等静止部件易发生摩擦，摩擦振动是机组振动常见故障之一。当发生动静摩擦时，接触处温度升高，转子圆周方向存在温差，发生转子热弯曲。

（3）中心孔进入液体。转子中心孔进入油或水等液体时，由于转子轴向存在较大温差，温度较高一端使液体汽化，温度较低的一端使液体凝结，形成了液体在中心孔内汽化—凝结的循环，从而是转子产生了不对称温差，产生转子热弯曲。

（4）汽缸上下温差。机组在启、停过程中，由于汽缸上下温差大，可使汽缸产生向上拱起或向下挠曲（很少见）变形，汽缸弯曲，使前后端轴封和隔板汽封的径向间隙减小甚至消失，而造成动静部分摩擦，以致导致转子热弯曲。

（5）转子与水（汽）接触。在启动时，主再热蒸汽带水、轴封供汽带水、或本体及管道疏水不畅；在停机时，凝汽器、高压加热器、除氧器等容器水位偏高，此时若抽汽止回门不严，水或汽进入汽轮机，都会使炽热的转子局部遭到冷却，转子产生温差，产生热弯曲。

（6）套装件松动。由于汽轮机转子与转子上的套装件存在较大温差，当套装件松动失去紧力时，导致转子与套装件接触的部位温度不均，转子产生热弯曲。例如，套装叶轮套松动失去紧力等。

（7）转子存在轴向不对称漏汽。转子单侧漏汽或两侧漏汽不对称时，使转子冷却或加热不均，造成转子不对称温差，导致转子热弯曲。

（8）转子上套装件的间隙消失。机组冷态启动和带负荷过程中，转子与其套装件温度上升率不同，套装件温度升高率高于转子本身，这将使两者存在胀差，当两者膨胀差大于预留的轴向间隙时，套装件之间或轴凸台之间的间隙将被顶死，由此将产生轴向力。当两者在预留的轴向间隙内沿圆周方向接触不均匀或局部间隙消失时，这种轴向力就会形成弯矩，导致转子热弯曲。

14. 发电机转子存在热弯曲怎样诊断？

热弯曲（热不平衡）是发电机常见故障之一，过大的热弯曲可使转子平衡状态恶化，引发机组振动，影响机组安全经济运行。发电机转子热弯曲可以从以下几方面进行诊断。

（1）改变励磁电流。发电机转子热弯曲与转子温度有关，转子温度取决于转子发热量。发热量与励磁电流平方成正比。因此保持有功负荷不变，改变无功或励磁电流，观察发电机振动与励磁电流相关性，能够诊断出转子是否存在热弯曲。

1）励磁电流变化，振动并不立即变化，而是稳定一段时间（一般为 2h 左右）后变化到最大值，振动变化滞后励磁电流变化，振动量值增加（减小）呈阶梯型，这种现象说明转子存在热弯曲。

2）励磁电流增加，振动迅速增大，继续增加励磁电流，振动反而降低，振动与励磁电流不直接相关，这种现象说明转子存在热弯曲。

3）励磁电流增加，振动增大；励磁电流减小，振动减小。励磁电流减小到初始值，振动可能恢复到初始值，或比初始振动值高，这种现象说明转子存在热弯曲。

（2）改变冷却介质温度。对于空冷发电机，改变发电机进口风温；对于水冷发电机，改变发电机进口水温；对于氢冷发电机，改变发电机进口氢温，对于双流式氢冷系统的发电机，可以改变发电机某一端进口氢温，观察振动与冷却介质温度的关系。冷却介质温度越低转子周向温差越大，振动越大，反之亦然，这种现象说明发电机转子存在不均匀冷却，转子周向有温差，导致转子热弯曲。

（3）过临界振动。启动时，发电机转子过临界振动不大，热态停机时，发电机转子过临界振动比启动时大，并且具有再现性，停机后立即测量发电机转子晃度比启动前大，这种现象说明转子存在热弯曲。

（4）转子外观检查。检查空冷和氢冷发电机转子通风孔是否存在堵塞；检查水冷发电机转子通水孔是否局部堵塞；检查转子表面的颜色是否发生变化；检查通风孔表面有无高温气流冲刷的痕迹等，通过这些检查能够诊断出转子是存在热弯曲的原因。

15. 发电机转子存在热弯曲有哪些原因？

影响发电机转子热弯曲通常有两方面原因，一是材质问题；二是转子周向不对称温差。

（1）材质问题。转子在浇铸、锻造和热处理过程中存在气隙，夹渣等缺陷，使转子径向方向上纤维组织不均匀，造成线膨胀系数存在差别。转子锻件的各向异性会引起转子受热后多个方向膨胀不均，导致转子热弯曲。

（2）转子周向不对称温差。

1）转子冷却不均匀。为保证发电机正常运行，通常采用空气、水或氢等冷却介质对发电机转子进行冷却。如果冷却系统出现故障，例如，空冷和氢冷发电机转子通风孔堵塞，水冷发电机转子通水孔堵塞，导致转子圆周方向产生温差，引起转子热弯曲。

2）匝间短路。转子绕组匝间短路是发电机运行中常见故障，轻微的匝间短路振动不一定有所反映，只有在比较严重的情况下才会发生较大的振动，影响机组安全运行。发生匝间短路的原因很多。例如，匝间绝缘材料老化，机械磨损，腐蚀损坏等，当转子绕组匝间的绝缘失效或损坏时，就会发生短路。匝间短路会使转子局部过热，当绕组通励磁电流后，转子受热不均而在圆周方向产生温差，使转子发生热弯曲。

3）转子线圈膨胀受阻。发电机正常运行所需的磁场是靠转子绕组的励磁的电流来建立的。绕组通励磁电流后线圈被加热，其温度高于转子本体，而且转子本体与线圈的线膨胀系数有很大差别，因此两者会产生较大的差别膨胀。如果这种膨胀不受约束，并不会在转子内产生应力。实际上由于转子高速旋转，线圈产生巨大离心力，该力使线圈紧贴槽楔护环内壁，在结合面出现很大膨胀阻力、摩擦力。这种摩擦力可能导致线圈膨胀受阻，而失去的反作用力会使转子产生弯曲。

4）楔条紧力不均。装配中由于打入转子线圈内槽的楔条在直径方向紧力不均匀，当转子温度升高后，形成径向温差或不对称轴向力，导致转子热弯曲。

16. 转子中心孔进油怎样诊断？

近几年就投产的机组，转子不留有中心孔，因此没有中心孔进油引发振动的问题。早年生产的机组，由于受到当时冶炼技术的限制，铸胚中心存在夹渣等缺陷，成为转子锻件后，需将转子中心有缺陷的部分去除，这就形成了中心孔，为判断有缺陷的部分是否去除干净，需对中心孔作无损探伤检查，因中心孔处有可能存在尚未被发现的缺陷，或因运行时中心孔处过大的应力出现裂纹，每次大修中还需对中心孔表面作无损探伤检查。当中心孔堵头不严密、孔内进油或探伤用油残留孔内时，在一定条件下会引起机组振动，可从以下几方面对转子中心孔进油而引发的振动问题进行诊断。

（1）发生的转子。转子中心孔进油，只有油在孔内形成汽化—凝结循环，往复并引起转子弯曲，机组才能振动，否则中心孔进油不会引起机组振动。转子两端必须有温差，并且高温能使油汽化，低温能使油凝结，才能达到振动条件。对于单缸汽轮机转子和三缸三排汽 200MW 机组的中压转子能够满足振动条件。而对于低压转子以及发电机转子不具备汽化—凝结条件，也就不能发生转子中心孔进油引发振动的问题。

（2）振动与启、停及带负荷关系。通常机组在初始的一、二次启动中（定速之前）中心孔中进油不会发生振动。但经过几次启动后，在转子冷却过程中，转子中心孔内部形成真空，当中心孔堵头不严时，转子中心孔内部的负压把轴承箱内的油吸入或孔内残留探伤用油，当转子达到一定温度后，油的汽化—凝结，引起机组振动。

机组并网接带负荷后，随着负荷增加，转子温度提高，油的汽化—凝结过程加剧，机组振动缓慢爬升。振动不会有大幅度波动，进油量越多，随转子温度越高，振动越大。一旦振动大起来后，降低负荷或调整其他参数都不能使振动减小，只能停机。

停机过临界时振动明显大于启动时，盘车状态测量转子晃度明显大于初始值，但经过长时间盘车后可恢复到初始值。由于转子没有完全冷却，再次启动过临界振动可能会很大。

（3）振动性质。中心孔进油引起的热弯曲发生在转子两端，可同时产生一、二阶质量不平衡，振动大多表现在过临界和工作转速时，振动频率为基频。

17. 联轴器螺栓松动怎样诊断？

汽轮发电机轴系是通过联轴器把单个转子连接而成，两半联轴器用螺栓连接，螺栓与螺栓孔采用过渡配合，螺栓与螺母紧固力大小按制造厂规定执行，以联轴器端面间的摩擦力能传递全部力矩为准，诸螺栓间的紧固力应均匀，且不超过材料的许用应力。

受螺栓强度低，螺栓与螺孔配合间隙不合适，紧力大小不均匀因素影响，在运行过程中螺栓有松动及错位的可能，长时间运行联轴器也有磨损的可能，这些故障严重时会引起机组振动，可以从以下几个方面诊断。

（1）联轴器松动。机组在增减负荷过程中，振动量值或相位突变，有较好的重复性。当有功负荷稳定后，振动量值或相位也保持稳定，该现象有可能是联轴器螺栓松动所致。这是因为，转子间扭矩是靠联轴器结合面摩擦力传递，如果联轴器部分螺栓松动，传递扭矩可能不均匀，联接刚度降低，合成一个与传递扭矩成正比的径向作用力，产生的不平衡激振力与负荷有关，因此振动随负荷而变。

机组负荷增加到某一点时，振动量值突增，继续增加负荷，振动量值减小，有时减小到正常值，该现象有可能联轴器螺栓松动所致。这是因为，联轴器螺栓松动，在某一负荷点时某根螺栓不受力，在高负荷点时螺栓扭矩增加使扭矩变形增大，该根螺栓又会受力。螺栓受力均匀，传递扭矩，也是均匀的，振动不随负荷变化，否则将产生扰动力，振动随负荷变化。

（2）联轴器错位。机组在受到非同期并网，合闸、甩负荷以及负序电流等电气故障后，振动量值或相位发生明显变化，有功负荷增加瞬间，振动立刻增加，运行一段时间后，振动有所减小，该现象可能是联轴器错位所致。这是因为，发生上述电气故障后，转子受到扭矩冲击，联轴器受到扭矩冲击力影响可能发生错位、偏心或联轴器螺栓发生变形，从而引发机组振动。

（3）联轴器磨损。联轴器发生磨损后，不仅增加负荷时振动增大，减负荷时振动有时也会增大，这是因为联轴器磨损后，当传递扭矩改变时，使对轮间产生了不对称滑移，转子平衡状态发生了改变，引起振动。负荷改变的瞬间，振动突然发生，振动变化无时滞，与叶片脱落产生的振动十分相似。

（4）振动性质。联轴器松动引起的机组振动属于强迫振动，振动以工频分量为主，当联轴器错位严重时，振动也会有2倍频分量。

18. 转子质量不平衡怎样诊断？

转子质量不平衡是机组常见振动故障之一，多数机组振动过大故障属于质量不平衡。质量不平衡可以从以下几个方面进行诊断。

（1）转速一定时，量值和相位是稳定的，振动以基频为主，多次启停机振动具有再现性。例如，对属于柔性转子的汽轮机转子和发电机转子，有下列三种情况之一的存在不平衡：

1）过临界振动大，额定转速振动不大；

2）过临界振动不大；额定转速振动大；

3）过临界及额定转速振动都大。

（2）额定转速时振动不大，带满负荷时振动大，且振动量值和相位基本稳定，具有再现性。通常振动增加部分是由于转子存在热不平衡引起。

（3）机组运行初期，振动不稳定，运行一段时间后，振动比较大，但是量值和相位基本不变，说明转子存在不平衡。

（4）机组运行过程中，振动不稳定，振动的最小值比较大，或振动平均水平比较高，说明转子存在不平衡。

19. 轴承座刚度不足怎样诊断？

轴承座基础连接螺栓松动，轴承座与台板接触不好，机座与台板间的垫片层数太多，二次灌浆质量不高，台板底部垫铁松动、膨胀受阻等都会导致轴承座连接刚度不足；管道作用在汽缸的力超标也可导致缸变形，支承刚度降低；轴承座材料或结构形式也可导致轴承座结构刚度不足。严重的轴承座连接或结构刚度不足可引起机组振动过大，轴承座刚度不足可从以下几个方面诊断。

（1）比对法。与容量及轴承座结构形式相同的机组比较，如果该型机组运行中普遍存在同样的振动问题，在排除不平衡及连接刚度不足影响后，该振动应该是轴承座结构刚度偏低所引起的。

（2）差别振动试验。轴承座与台板、台板与基础等连接部件之间的接触状态，可通过测量它们之间振动的差别来判断。当两个相邻部件差别振动比较大时，即可判断轴承座连接刚度不足，差别振动越大，故障越严重。

（3）轴与轴承振动比较。对于落地式轴承垂直方向振动不大，而水平或轴向振动很大；或者对于轴振动不大，而轴承座振动比较大，甚至大于轴振动故障时，轴承座刚度不足可能性最大。

20. 什么是联轴器不对中？

联轴器不对中是指两半联轴器用螺栓拧紧之后，其相对位置关系不在设计状态。不对中包括以下三种情况。

（1）平行不对中。半联轴器轴线平行于联轴器设计轴线，但连接后两半联轴器止口或联轴器螺栓节圆不同心，或联轴器节圆与轴颈不同心，使两个半联轴器中心在径向上不重合，形成平行不对中，也就是说两半联轴器在相互平行情况下发生错位。

（2）角度不对中。半联轴器轴线与联轴器设计轴线有一定的夹角，联轴器端面与轴心线不垂直（端面瓢偏），连接后两半联轴器中心虽在径向上重合，但两根轴的轴线不平行，相交成一定角度，形成角度不对中。

（3）综合不对中。平行、角度不对中两种情况同时发生。半联轴器轴线与联轴器设计轴线既存在夹角，又存在两半联轴器中心在径向上不重合的现象。

21. 什么是轴承不对中？

轴承不对中是指在联轴器断开的情况下，各轴承坐标高及在水平位置不满足设计要求。轴承不对中对轴承负荷分配，轴承动力学特性，转子—轴承系统的稳定性等都有影响。

22. 什么是转子不对中?

转子不对中是指两个或两个以上转子联成轴系时,其相邻转子的轴心线与轴承中心线的倾斜或偏移程度不满足设计要求,转子不对中可分为联轴器不对中和轴承不对中。

转子对中不良可出现在冷态或热态。冷态不对中是指转子在室温下对中不良,热态不对中是指转子在运行中,机组受热膨胀或基础不均匀变形等原因,使轴承负荷重新分配,使转子在运行中对中不良。因此在冷态找中心时应考虑热态的影响,采用冷态下预留偏差值的方法补偿热态时轴承标高的变化量。

23. 转子不对中对振动有什么影响?

汽轮机发电机组运行时,转子对中不良可能引起许多故障,主要有以下几种。

(1) 转子不对中,运行中转子会产生不平衡作用力,也可能对于轴承产生脉动激振力。振动以 1× 振动分量为主,有时会含有 2×、3× 等其他振动分量。

(2) 转子不对中使各轴承的载荷重新分配,有的轴承载荷变大,严重时可能过载而毁坏轴承,引起机组强烈振动。

(3) 转子不对中引起载荷变大的轴承,其油膜呈现较大的非线性,可能导致分数谐波振动和高次谐波振动。

(4) 转子不对中引起载荷变小的轴承,其稳定性降低,可能产生半速涡动或油膜振荡,危及机组安全。

(5) 转子不对中改变了轴系的动态特性,轴系临界转速将发生变化,可能引起机组共振甚至破坏。

(6) 转子不对中使轴系振型发生变化,可能破坏原来动平衡的精度而引起较大的振动。

(7) 转子不对中将导致汽轮机汽封间隙不均匀,可能引起汽流激发的自激振动,也可能导致静、动部件接触、摩擦、发热,引起转子弯曲,严重时,转子将发生永久性弯曲,引发机组振动。

(8) 转子不对中将使转子各截面的弯矩,剪力发生变化,严重时可能引起疲劳破坏。

(9) 转子不对中影响轴振动指示值。不对中使联轴器晃度增大,晃度值叠加在轴振信号上,使轴振的测量值变大。

24. 联轴器端面张口值及圆周差对轴承载荷有什么影响?

联轴器端面张口值超标、圆周差超标或两者同时超标对轴承载荷的均匀性产生很大影响,在检修中应彻底处理使之合格。

(1) 联轴器端面张口值超标。当端面上张口时,会使联轴器相邻的两个轴承负载加大,远离联轴器的两个轴承负载减轻,反之亦然。

(2) 联轴器圆周差超标。圆周差会使圆周较低转子的远离联轴器的轴承与圆周较高转子的靠近联轴器的轴承负载加大,另两个轴承负载减轻,反之亦然。

(3) 既存在联轴器端面张口超标,又存在联轴器圆周差超标。原理同上,会使各轴承负载分配不均，这里不再赘述。负载加重的轴承会使轴承瓦温升高，严重时会导致轴颈和轴承乌金磨损；负载减轻的轴承，会使轴承易失稳产生转子涡动或油膜振荡的低频振动。

25. 运行中转子中心不正怎样诊断？

转子中心不正，一般包括三项内容：①转子部件与静止部件不同心；②联轴器不对中；③轴承不对中。转子中心不正，冷态时，通过测量联轴器端面瓢偏、晃度、转子连接的同心度和平直度及扬度等参数进行判断；运行中从以下几个方面进行诊断。

（1）工频振动。振动频率以工频为主，在排除转子弯曲，摩擦振动故障，应将转子中心不正作为一个疑点。特别是制造厂出厂振动合格的新投产机组或者修前振动不大，修后振动变大的机组，更应该将转子中心不正作为重点排查对象。

（2）自激振动。振动频率以低频为主，轴承发生油膜涡动或油膜振荡的自激振动以及由于汽流激振引起的自振动，都应将转子中心不正作为故障点。

（3）轴承温度或油膜压力。轴承温度或油膜压力发生明显变化或高或低，轴承载荷明显不匀，可判断转子中心不正。

（4）轴晃度。低转速下测量轴振动值也就是轴晃度，如轴晃度比较大且数值较稳定，可以判断转子中心不正。

26. 汽缸膨胀不畅有哪些原因？

汽轮机是高温、高压的旋转机械，在启停过程中应保证汽缸在轴向和横向膨胀畅通。如果膨胀受阻，将产生动静摩擦，轴承座刚度降低及振动增大等一系列后果，引起汽缸膨胀不畅主要有以下几方面原因。

（1）滑销系统有缺陷或损坏。汽缸受热膨胀时，既要使膨胀畅通，又要通过滑销系统对膨胀加以引导，防止轴向或径向动静碰磨。滑销有横销、立销、纵销，它们起到定位和导向的作用。如果滑销存在卡涩或损坏等缺陷会使汽缸膨胀受阻或跑偏。例如，猫爪横销卡涩，会造成汽缸横向膨胀受阻，低压缸排汽室处横销损坏，会使汽缸沿轴向移位；立销损坏，在启停过程中造成汽缸横向移动，造成汽缸跑偏；纵销损坏，在启停过程中造成轴承座横向移动，带动汽缸移动，造成汽缸跑偏。

（2）机组中心不正。汽缸与轴承座中心不正，汽缸和轴承座在机组膨胀时易发生偏移或扭转，使滑销系统产生变形卡涩，汽缸膨胀受阻，膨胀不畅。

（3）机组长期停运。机组长期停运容易使滑销及台板表面发生锈蚀，表面光洁度降低。在启动过程中，汽缸台板、轴承座与基础台板之间摩擦力增加，特别是表面之间缺乏润滑剂的机组，更容易发生汽缸膨胀不畅。

（4）管道作用力。汽缸与许多蒸汽管道相连，由于制造和安装存在误差，运行中残余应力释放，管道的蠕变以及支架的失效等原因，使得管道对汽缸有一定的作用力。管道对缸体作用力表现两方面：①管道约束缸体膨胀；②管道膨胀时作用于缸体的力。若作用力偏差大，形成较大的侧向作用力，造成汽缸横向膨胀受阻，汽缸跑偏。如某高、中合缸的300MW机组，由于安装时抽汽管道没有按设计要求进行冷拉，运行中管道过大的受热膨胀量使汽缸跑偏。解体检查发现隔板汽缸间隙一侧由冷态预留的 0.55mm 增加到 1.25mm，另一侧由 0.75mm 减小到 0.05mm，动静径向间隙接近消失，险些酿成摩擦振动，弯轴等重大事故。

（5）受热不均。汽轮机进口两侧存在较大温差、长时间空转、低压缸缸温升高以及冷空气或水进入汽缸都会使汽缸受热不均匀，造成汽缸膨胀不均匀，使汽缸受到滑销系统和管道较大的约束力，以及缸体与轴承座推拉力亦不同，导致汽缸膨胀不畅或跑偏。

27. 汽缸膨胀不畅对振动影响怎样诊断？

由汽缸膨胀不畅引发的振动问题在机组运行中时有发生，其对振动影响可以从以下几个方面进行诊断。

（1）振动趋势。机组启停以及带负荷过程中，由于汽缸膨胀受阻是逐渐发展，轴承座刚度是逐渐降低，因此振动是逐渐上升。如果膨胀受阻不能消除，稳定在某一位置，此时振动始终保持在高位；如果膨胀受阻消除，振动逐渐降低并恢复到变化前水平。

（2）振动量值及相位。膨胀不畅的过程中，振动主要反映在量值的变化，振动频率以工频为主，而相位变化相对较小。因为膨胀不畅导致轴承座刚度降低，将不平衡振动放大，而刚度对相位影响较小。

（3）轴振与轴承座振动。膨胀不畅导致轴承座刚度降低，轴承座振动变化明显，而轴振变化不大，也可能出现轴承座振动大于轴振的现象。

汽缸膨胀不畅会引起汽缸偏移、变形等故障发生，导致汽轮机通流部分间隙改变，若发生摩擦振动，将出现摩擦振动特征。

（4）振动的波动值。汽缸体积庞大，加热或冷却时缸体温度变化缓慢，膨胀不畅使振动上升过程持续时间比较长，可以达到数个小时或几天，因此振动呈阶梯式变化，阶梯式上升，阶梯式下降。

（5）膨胀值的变化。监测机组绝对膨胀值，其值呈阶梯状变化；相对膨胀值（胀差），其值会有阶跃变化。

28. 热弯曲、动静摩擦及膨胀不畅引发的振动有什么区别？

转子热弯曲、动静摩擦及汽缸膨胀不畅引发的振动故障在机组运行中经常发生，这三种故障有许多相同之处，但可以从以下几个方面进行区别。

（1）膨胀不畅，热弯曲引发的振动与负荷有关，而动静摩擦引发的振动不一定与负荷有关。

（2）膨胀不畅，引起的振动变化过程比较长，热弯曲引发的振动增加过程持续时间短，而动静摩擦振动随时可发生。

（3）膨胀不畅，动静摩擦引发的振动有时发生跳跃式或发散式变化，而热弯曲振动则不会发生。

（4）膨胀不畅引发的振动轴承座振动变化明显，而热弯曲、动静摩擦振动表现在轴振动上。

（5）膨胀不均引发的振动对轴晃度没有影响，而热弯曲、动静摩擦会引起转子晃度的变化，特别是转子热弯曲。

（6）膨胀不畅、热弯曲引发的振动存在一个振动相对稳定阶段，而动静摩擦会使振动处于连续不断变化或发散状态。

（7）膨胀不畅引发的振动与汽缸温度相关性大，热弯曲与转子温度相关性大，而动静摩擦与其关联性不大（由于汽缸温差引起的摩擦振动和汽缸温度关系很大）。

29. 结构共振怎样诊断？

结构共振是指结构系统存在和激振力一致的固有频率，发生的共振现象。如果轴承箱，缸体或台板存在与转子激振力一致的自振频率，在一定条件下会发生共振，当这些部件存在共振时，会加速部件疲劳损坏，严重时会导致整个轴系振动的恶化。结构共振可以从以下几方面进行诊断。

（1）轴承座及轴振动。结构共振是小激振的输入产生高量值的输出。因此，①轴承座振动较大时，而轴振动不大，特别是接近工作转速时轴承座振动急剧上升，轴承座发生共振可能性比较大；②轴承座振动不大，而汽轮机平台或台板的振动大，则基础共振的可能性很大；③汽轮机缸体及平台，发电机及励磁机壳体振动特别大，而转子轴振动不大，则这些部件发生共振可能性比较大。

（2）转速试验。随转速变化，轴承座振动变化不明显，可排除共振影响；随转速变化，轴承座振动变化明显，有发生共振的可能性。也可能受激振力影响，无论什么影响，降低激振力对降低轴承座振动都有效。

（3）振动量值及相位。发生复杂的结构共振时振动不稳定，容易出现波动，有时相位也会发生剧烈变化。

（4）振动频率。结构共振可以在一倍频同步激振力作用下发生，也可以在非同步分量的激振力下发生。如，转子过临界时的振动峰值，实际上是在一倍频不平衡力作用下的转子自身结构共振响应。再如，发电机存在 100Hz 左右的固有频率，发电机在 3000r/min 发生共振的可能性就比较大，因为发电机容易出现 2× 频率的振动。

（5）共振方向性。结构场每个方向的固有频率不是一致的，某一方向发生共振，其他方向不一定发生共振。

30. 转子裂纹怎样诊断？

与其他振动故障相比，转子裂纹很少发生，然而一旦转子存在裂纹不被重视不及时补救，就可能会发生灾难性事故。

转子裂纹主要应在停机状态下通过超声波、探伤、红外线等方法进行检测、诊断，在运行状态下可从以下几方面作辅助诊断。

（1）振动变化。转子裂纹日渐扩展和加深，1×、2×振动分量的量值随时间而稳定增长，这是存在裂纹与其他产生 1×、2× 振动故障的区别。

（2）1×振动。转子发生横向裂纹时，与轴弯曲相似，工作转速及过临界时，1×振动较以前有所增大，但存在比真正轴弯曲引起的振动量值要小的可能性。

（3）2×振动。在升速或降速过程中，当转速通过一阶临界转速一半左右时，2×振动量值明显增加，转子有发生裂纹的可能性。这是因为在任何转速下，如果转子受一种垂直于轴线的固定的力，就会在裂纹转子上产生两倍于转速的力（因而会有弯曲力矩）。当转子转速等于临界转速一半时，这种力就产生具有最大量值的共振。

转子出现裂纹后，会使转子径向刚度不对称，产生2×振动分量，随裂纹深度加深及长度扩展，2×振动分量会逐渐加大。

（4）偏心。转子裂纹可使在低转速下的转子偏心增大，偏心值应以工频值进行比较，不但比较量值还要比较相位的变化。

（5）动平衡的反应。经常需要对转子进行平衡，动平衡出现不正常现象，如影响系数反常，平衡结果与计算的期望值相差甚远，平衡难以奏效，应该将转子发生裂纹作为重点排查的对象。

转子裂纹的发展是个缓慢过程，上述这些现象都不会很明显，若裂纹达到临界点后，发展速度很快，这时采取任何措施都晚了，因此转子裂纹应立足于设备检修中的检查和诊断。

31. 高次谐波振动怎样诊断？

由于轴瓦在洼涡内接触不良或失去紧力、轴瓦损坏、转子轴振大等缺陷可导致轴承发生高次谐波振动。高次谐波能量比同样振动量值的低次谐波能量大，破坏性强。通常从以下几方面进行诊断高次谐波振动。

（1）振动通频值比较大，其频率除基频外含有较大的2×、3×、4×等高次谐波振动分量时，应将高次谐波振动作为疑点。

（2）振动波动范围大，幅值瞬间不断跳动，轴瓦有较大的异音，这些现象说明有发生高次谐波振动的可能。

（3）机组任何轴瓦上都可能发生，并且在轴瓦上的垂直、水平及轴向三个方向呈现的振动频率不相同。

32. 分次谐波振动怎样诊断？

对于低频振动阻尼小的圆筒形或椭圆形轴瓦，转子临界振动接近于工作转速的整数分之一，转子轴振动比较大时，引发分数谐波振动可能性比较大，分数谐波振动可从以下几方面进行诊断。

（1）振动的通频值比较大，其频率除了基频之外，还有 1/2×、1/3×、1/4×等分数谐波振动分量时，应将分次谐波振动作为疑点。

（2）发生分次谐波时，振动不稳定，呈现大幅度波动，振动量值急剧增大或急剧减小。

（3）转子转速等于第一临界转速的整数倍。

33. 随机振动怎样诊断?

振动的幅值及频率在未来任何时刻内都不能预测到,此振动称随机振动。随机振动频率和转子转速并不符合,是一种非周期振动。目前随着大容量机组的投产,随机振动也时常发生,由于随机振动较大,引起机组跳机也有发生。随机振动可从以下几方面进行诊断。

(1) 振动量值摆动大。振动量值指示值摆动大,忽大忽小,极不稳定,甚至无法读取测量。

(2) 通频与工频相差大。振动量值的通频值与工频值相差非常大,工频值远远低于通频值,振动以低频为主,但 $1/2 \times$ 低频分量很小。

(3) 偏心大且指示不稳。偏心指示值偏大并且跳动不稳定,经过长时间盘车,偏心没有变化。

(4) 振动性质。振动频率和转子转速不符合的强迫振动。振动量值和振动主频率波动不定,频率以低频为主,其振动频图是连续谱。

34. 振动通频值与工频值相差大是什么原因?

振动量值的通频值与工频值相差比较大时,此时振动不是以工频为主,含有大量其他振动分量,应进行频谱分析其他振动分量。产生其他振动分量的原因:如果频率以低频为主,能产生低频振动的有汽流激振、油膜振荡、油膜涡动、分谐波共振及随机振动;如果频率以高频为主,能产生主频率振动的有高次谐波共振、电磁激振及参数振动。

35. 振动随转速升高而增大,带负荷后振动稍有降低是什么原因?

(1) 振动现象。机组在启动升速过程中,振动随转速的上升而增大,特别是通过一阶临界转速后,振动随转速上升幅度加大,达到额定转速时,机组振动达到最大。并网带负荷后,振动稍有降低并且振动量值及相位稳定,振动频率以基频为主。

(2) 振动原因。转子存在质量不平衡。不平衡原因可分转子质量分布不对称和转子存在弯曲两大类。

1) 转子质量分布不对称。

a. 制造过程中,由于材质不均匀或机械加工及装配误差破坏了转子质量对称性分布。

b. 运行过程中,由于动叶及拉筋断裂,发电机线圈受热后位移或梯形平衡块未锁紧周向滑动、脱落,动叶磨损不均或积盐垢等原因造成的转子质量不对称。

c. 检修过程中,更换叶轮、叶片及围带,拆卸和回装联轴器、发电机护环及风扇等工作时出现了偏差,破坏了转子质量不平衡。

2) 转子存在弯曲。

a. 启动暖机操作不当或停机保养不当,引起转子过大的塑性变形,使转子产生永久弯曲。

b. 由于材质缺陷、动静摩擦及蒸汽带水等诸多因素,引起转子过大弹性变形,使转子发生热弯曲。

36. 正常运行时，机组振动突然增大是什么原因？

（1）振动现象。机组在负荷及其他参数稳定正常运行时，没有任何操作，机组突然振动增大。

（2）振动原因。该振动主要是由于掉叶片、摩擦、汽流激振及轴承自激等多种原因引起。

1）转动部件飞脱。减负荷后，振动变化不大或振动虽然有所减小，但振动整体水平较以前有所增加，振动频率以工频为主，该振动由于叶片或围带等部件脱落引起的可能性最大。如存在以下现象更能证明上述判断：①凝结水硬度突增，凝汽器水位急剧升高，这是低压末级叶片或围带脱落打坏凝汽器冷却管引起；②某一级段的抽汽压力明显升高，这是由于该级段后面喷嘴被叶片或围带等脱落件堵塞引起；③停机过临界振动较以前有明显增加，这是由于掉叶片、围带及平衡块脱落等造成的质量不平衡引起。

2）汽流激振。减负荷后，振动减小并恢复到原来振动水平，振动频率以低频为主，该振动由于蒸汽激振力引起的汽流激振可能性最大。如存在以下现象更能证明上述判断：①振动发生在高参数的高压转子或再热中压转子；②振动与机组振动负荷有着良好的再现性；③振动主频率较稳定，振动频谱是离散谱，轴振动较轴承座振动变化明显。

3）轴承自激。减负荷后，振动变化不大，振动与负荷无关，振动频率以低频为主，该振动由于轴承稳定性差引起的轴承自激振动可能性最大。如存在以下现象更能证明上述判断：①振动发生在低压转子或发电机转子；②振动具有突发性，没有明显的征兆；③轴承座振动较轴振动变化明显，轴承箱有异音；④振动与润滑油温直接相关，改变润滑油温，振动减少或消失。

4）谐波振动。减负荷后，振动变化不大，振动与负荷不直接相关，振动频率除工频外还含有其他较大的振动分量，该振动由于谐波共振引起的振动可能性最大。如存在以下现象更能证明上述判断：①振动波动范围大，量值在瞬间不断跳动；②振动频谱丰富，含有较大的高次或分数谐波分量；③轴承座振动较轴振动变化明显，轴承箱有异音。

5）摩擦振动。减负荷后，振动可能减小也可能继续增大，振动频率有时以工频为主，有时含有大量的其他频谱分量，该振动由于动静摩擦引起的可能性最大。如存在以下现象更能证明上述判断：①振动量值持续上升，上升的速度越来越快，减负荷后振动继续增大，此时只能停机。带负荷中，低压转子较高压转子更容易发生摩擦振动；②振动不稳定，量值波动值比较大，出现一次后能恢复到正常水平，经过一段时间后又会发生；③振动量值缓慢爬升，振动增大过程中振动曲线是平滑的曲线。

37. 振动与负荷无关，轴承振动大且不稳定是什么原因？

（1）振动现象。轴承座振动偏大，其振动量值不稳定，振动与负荷大小关系不大，频率以工频为主。

（2）振动原因。该振动主要是由于汽缸、轴承座、台板及基础等部件的动刚度不足引起，其原因有结合刚度不足和结构刚度不足。

1）结合刚度。

a. 轴承球面体紧力不足,轴承球面体装配过紧,使球面体失去自调能力。

b. 连接螺栓松动,轴承座与台板结合不紧密。

c. 轴承座基础松裂、垫铁松动、垫铁下部用于调整中心的垫片超过3片、轴承座或台板修刮不良或变形,以及台板灌浆被轴承外漏油渍或污水浸蚀等,使轴承座与台板或台板与基础接触不好。

2)结构刚度。支承系统的结构设计或制造不良,结构刚度下降,现场解决难度很大,一般需更换轴承座。

38. 振动与负荷有关,某一负荷下突然剧烈振动是什么原因?

(1)振动现象。振动与负荷有关,在某一特定负荷下,会突然剧烈振动。该特定负荷值越大,则振动量值也越大,振动频率以半频为主。高参数机组的高压转子(或中压转子)易发生此振动。

(2)振动原因。此振动主要是由下面原因引起的汽流激振。

1)机组中心不正,使通流部分的径向、轴向间隙不均匀。

2)高压调节汽门开启顺序不合适。

3)轴承负荷分配不合理,轴承稳定性差。

4)转子存在较大质量不平衡。

39. 振动与汽轮机的热状态有关,机组振动大是什么原因?

(1)振动现象。振动与汽轮机的热状态有关,振动变化滞后于机组负荷变化。负荷增加一段时间后,振动才逐渐增大;负荷减小时,振动也不立即减小,振动频率以工频为主。

(2)振动原因。该振动主要是由于汽缸、轴承座膨胀不畅及转子存在热弯曲而引起。膨胀不畅,使机组中心变坏;热弯曲,使转子平衡恶化。

1)滑销系统有卡涩或汽缸单侧膨胀或其他不对称的热变形,使机组热态时的中心变坏。

2)汽缸热变形,而引起蒸汽管道对汽缸的推力发生变化,从而使机组中心变坏。

3)汽缸上的蒸汽管道布置不当,安装不良,管道支吊架失效,牵制了汽缸的热膨胀使机组中心变坏。

4)材质缺陷、动静摩擦及蒸汽带水等诸多因素,引起转子过大弹性变形,使转子发生热弯曲。在启停机过程中,转子热弯曲值随通流部分的加热或冷却而变化,继而由偏心质量引起的转子不平衡离心力也随之变化,由此引起机组振动。

40. 振动与凝汽器的真空有关,机组振动大是什么原因?

(1)振动现象。振动与凝汽器的真空有关,与负荷关系不大。改变真空,轴承座振动变化明显,振动频率以工频为主。

(2)振动原因。该振动主要是由于轴承座负荷分配不合理及低压缸刚性差等引起。

1)与排汽缸刚性连接的凝汽器安装不当,对排汽缸产生附加作用力。

2）排汽缸刚性设计不良，或低压转子轴承座（焊接件或铸钢件）与排汽缸焊为一体时，受排汽缸的温度或真空影响发生不规则变形。

3）轴承座负荷分配不合理，运行中低压缸中心或轴系中心变坏，继而引起振动。

41. 备用机组在启动时，临界转速下降是什么原因？

（1）振动现象。机组处于备用状态，期间没有任何作业，在启动过程中，发生最大振动时的转速较以往有所下降。通过波德图的幅频特性和相频特性确认，该转速为轴系临界转速，也就是说临界转速发生了下降。

（2）下降原因。机组临界转速大小主要决定于转子特性和支承特性。在轴承及转子没有任何作业情况下，临界转速下降主要有以下几方面原因。

1）在实际运行中，由于汽缸上下缸温差大，使转子发生暂时弯曲或有动静摩擦，使临界转速附近的振动较以前有所增加。在启动过程，转速没有达到真正的临界转速时，振动较以前增加很多，误认为转子临界转速下降了。

2）由于暖机时间不充分，使汽缸膨胀不畅，导致了支承刚度下降，临界转速下降。

3）转子上的套装件紧力变小，使转子刚度减弱，临界转速下降。

4）转子发生横向裂纹，使转子刚度减小，临界转速下降。

42. 轴承座轴向振动大是什么原因？

（1）振动现象。轴承座垂直和水平方向振动不大，而轴向振动大，振动与负荷关系不大，振动频率以工频为主。

（2）振动原因。该振动属于普通强迫振动，主要是由于轴承座轴向动刚度不足引起。

1）弯曲或挠曲的转子，其轴颈的油膜承力中心是沿轴向周期性变化的，当轴承座与台板的连接松动时，会发生明显的轴向振动。

2）在轴承激振力中心与轴承座的几何中心不重合时，造成几何中心线上周期性变化的力矩，从而引起轴向振动。

3）轴承座轴向固有频率与转子工作频率接近或成整数倍时，轴承座产生轴向共振，引起轴向振动。

4）轴承座的轴向刚度分布不对称，造成轴承座轴向偏转，引起轴向振动。

43. 怎样识别动叶片脱落？

机组在运行中是否存在脱落部件而引起机组振动，应着重对运行参数和运行状况比对，对启停振动数据，特别是异常振动后的再启动振动重复性分析，在排除碰摩、汽流和轴承自激等故障后，振动故障可判定为转子有部件脱落。

机组在没有任何操作，负荷及其他参数稳定正常运行时，振动发生阶跃突变。减负荷后，振动变化不大或振动虽然有所减小，但振动整体水平较以前有所增加，振动频率以工频为主，该振动由于叶片或围带等部件脱落引起的可能性最大。可从以下现象进一步佐证上述判断。

（1）振动量值及相位变化。转子叶片脱落时，多数情况下机组振动量值和相位都要发生明显变化，但有时叶片脱落后，振动量值反映并不明显，其对振动的影响主要取决于脱落的质量、所处的位置、与转子原始不平衡之间的夹角。①当脱落的叶片与转子原始不平衡接近反相时，轴承振动量值可能变化不明显，轴振动量值也有可能减小，但振动相位会发生明显变化。②当脱落叶片在靠近转子中部时，该不平衡分量对一阶振动产生影响大于对二阶振动的影响。转子中部掉叶片时，往往工作转速下振动变化不大，然而停机过临界的振动有明显增加。③当脱落叶片在转子靠近端部时，该不平衡分量对二阶振动产生影响大于对一阶振动的影响。转子端部掉叶片时，往往工作转速下振动变化较大，然而停机过临界的振动变化不大。

（2）凝结水硬度及容器水位变化。当凝结水硬度突增，凝汽器水位急剧升高，这可能是低压末级叶片或围带脱落打坏凝汽器冷却管引起。当加热器水位突升，或抽汽止回门卡涩，这可能是脱落的叶片或围带打坏加热器或卡在止回门处所致。

（3）串轴及推力瓦温变化。当汽轮机进、出蒸汽参数及出力不变时，蒸汽流量增加，轴向推力、轴向位移（串轴）和推力瓦温发生变化或串轴值摆动，这是由于叶片脱落后使汽轮机做功能力下降所致。

（4）监视段压力及级组压比变化。当蒸汽流量相同时，监视段压力升高，级组压比发生变化，这是脱落的叶片使通流面积发生改变所致。通常堵塞的喷嘴所处级组的压比（级组后压力与级组前压力之比）降低，其前几级的级组压比增大。

（5）汽轮机出力变化。当汽轮机进汽参数及蒸汽流量（调门开度）不变时，汽轮机出力下降，或汽轮机进、出蒸汽参数及出力不变时，蒸汽流量（调门开度）增加，这都是由于叶片脱落后使汽轮机做功能力下降所致。

（6）转子惰走时间变化。停机时，转子惰走时间较以前明显缩短，盘车电流增大或摆动，降速和盘车过程中，可以听到清晰的金属摩擦声，这是脱落的叶片卡在通流部分某处所致。

44. 叶片脱落怎样应急处理？

对于掉叶片而急需恢复生产的机组，可根据轴向推力、动叶焓降情况，采用缺级运行或对称去掉叶片的应急处理方案。采取缺级方案时，需要核定负荷及汽轮机热效率，保留静叶，对称去掉叶片时，留有 100mm 左右高的叶片，保护叶根。

45. 叶片脱落与汽流激振、轴承自激和摩擦振动有什么区别？

（1）与汽流激振区别。减负荷后，振动减小并恢复到原来振动水平，振动频率以低频为主，该振动由于蒸汽激振力引起的汽流激振可能性最大：①振动发生在高参数的高压转子或再热中压转子；②振动与机组振动负荷有着良好的再现性；③振动主频率较稳定，振动频谱是离散谱，轴振动较轴承座振动变化明显。

（2）与轴承自激区别。减负荷后，振动变化不大，振动与负荷无关，振动频率以低频为主，该振动由于轴承稳定性差引起的轴承自激振动可能性最大。①振动发生在低压转子或发电机转子；②轴承座振动较轴振动变化明显，轴承箱有异音。

（3）与摩擦振动区别。减负荷后，振动可能减小也可能继续增大，振动频率多数以工频为主，有时含有大量的其他频谱分量，该振动由于动静摩擦引起的可能性最大：①振动量值持续上升，上升的速度越来越快，减负荷后振动继续增大，此时只能停机。实际中，带负荷后低压转子发生摩擦振动的事例较高压转子更多；②振动不稳定，振动量值波动值比较大，出现一次后能恢复到正常水平，经过一段时间后又会发生；③振动量值缓慢爬升，振动增大过程中振动曲线是平滑的曲线。

二、故障特征汇总

1. 振动故障有哪些特征？

在研究国内外振动故障诊断的方法的基础上，结合现场实践，提出了故障诊断关系表（见表4-1）。它是按机组启停顺序为基础，特别适合于新安装调试阶段发生大的振动诊断工作。

表 4-1　　　　　　　　　　　　　振 动 故 障 诊 断 关 系

特征 原因	工况因素				时间因素				频率特性								
	转速	励磁	并网	负荷	突变	快变	渐变	慢变	$<f_R$	$f_R/2$	f_R	$2f_R$	$f_c/2$	f_c	$2f_c$	$3f_c$	音频
转子质量不平衡	* *				*						* * *						* * *
动静部件摩擦	*					* *					* *	*					*
电磁不平衡 电磁力直接影响		* *				* *					* *	* *					*
电磁不平衡 励磁电流引起热影响		* *					* *				* * *						
热不平衡				* *			* *				* *						
油膜振荡	* *					* *								* * *			
蒸汽激振（间隙激振）				* *		*	*							* * *			
转体刚度不对称（参数激振）	* *												* *	*			
支承标高相对变化 承载轻引起油膜振动			* *				*	*						* * *			
支承标高相对变化 汽轮机排汽缸上轴承	*			* *			* *				* * *						
支承标高相对变化 落地轴承				* *				* *			* * *						
轴裂纹 环形裂纹	*						* *				* *						
轴裂纹 单侧裂纹	*						* *				* *	*					

续表

特征原因	工况因素				时间因素				频率特性								
	转速	励磁	并网	负荷	突变	快变	渐变	慢变	$<f_R$	$f_R/2$	f_R	$2f_R$	$f_c/2$	f_c	$2f_c$	$3f_c$	音频
轴永久弯曲	* *										* *	*					
对中不良	*		*	*							* *	*					
固定型或半固定式联轴器缺陷	*		*	*							* *	*					
刚式联轴器缺陷			*	* *								*				* *	

注　1. "*"的多少表示相关程度。
　　2. 突变——阶跃式，表中仅一项为部件飞脱情况。
　　3. 快变、渐变、慢变——基本上能以秒、分、时（或日）看出振动变化。
　　4. f_R、f_c——工作频率、一阶固有频率。

2. 典型振动故障怎样分类？

J. Sohr 于 1968 年在美国 ASME 石油机械工程年会上发表有名的论文《高速涡轮机械运行问题（故障）的起因和治理》中，将几十年研究成果总结成两类表格，简明的表述了典型故障的症状及其可能的原因，现按此论文（1980 年）的修改稿加以摘录。J. Sohr 将高速涡轮机的典型故障分为九类，典型故障分类表见表 4-2。

表 4-2　　　　　　　　　　典 型 故 障 分 类

序号	故障类	故障名称
1	第一类故障	转子初始不平衡，转子永久弓形或转子碎块（叶片）飞出，转子呈临时弓形
2	第二类故障	箱体变形，基础变形，密封碰磨，转子轴向碰磨，不对中，管道力
3	第三类故障	轴颈使轴承偏心，轴承损坏，轴承和支座受激振力，轴承水平、垂直方向刚度不相等，推力轴承损坏
4	第四类故障	螺栓松动，叶轮联接毂盘和轴承装配过盈不足，轴承缸套过盈不足，轴承和衬瓦之间过盈不足，轴承与箱体之间过盈不足，箱体与支座之间过盈不足
5	第五类故障	齿轮不精确或损坏、联轴器不精确或损坏
6	第六类故障	气体动力激荡，转子和轴承系统临界，联轴器临界，悬臂临界
7	第七类故障	箱体共振，支座共振，基础共振
8	第八类故障	压力脉动，电激振动，振动传递，油封受激振动
9	第九类故障	次谐波共振，谐波共振，摩擦引起涡动，临界转速，共振振动，油膜涡动，油膜振荡，间隙引起振动，扭振，瞬态扭振

3. 振动故障与主要频率有什么关系？

J. Sohr 对高速涡轮机的典型振动故障发生可能原因与主要频率的关系进行了分类，表 4-3 中给出了各症状和表现的可能性，即概率，以百分数表示。

表 4-3　　　　　　　　　　　振动可能原因与主要频率的关系　　　　　　　　　　　（%）

振动原因	主要频率										
	0~0.4n	0.4~0.5n	0.5~1n	1n	2n	高次谐波	0.5n	0.25n	低次谐波	高频	奇次频率
初始不平衡				90	5	5					
转子弯曲部件失落				90	5	5					
汽缸变形	10	10	10	80	5	5					
不对中				40	50	10					
密封碰磨	10	10	10	20	10	10			10		
转子轴向碰磨	20	20	20	30	10	10			10		
轴颈和轴承偏心				80	20						
轴承损坏	20	20	20	40	20					20	
轴承与支承激起的振动（半速涡动等）	10	70					10	10			
轴承横向与垂直方向刚度不等					80	20					
推力轴承损坏	90	90	90	90	90	90				10	
管道力	5	10		30	60	10				10	
次同步共振							100	100	100		
同步共振				100	100	100					
碰磨引起的振荡	80	10	10								
油膜振荡	100										
共振振荡	100										
间隙引起的振荡	10	80	10								
扭转共振				40	20	20					20
瞬态扭振	50										50

注　n——汽轮机工作旋转频率，s^{-1}。

4. 振动故障与升速、降速有什么关系？

J. Sohr 对高速涡轮机的典型振动故障发生的可能原因与振动的方向、升速、降速的关系进行了划分，表 4-4 中给出了各症状和表现的可能性，即概率，以百分数表示。

表 4-4　　　　　振动可能原因与振动的方向、升速、降速的关系　　　　　（%）

振动原因	最大振动量值方向			升速						降速				
	垂直	水平	轴向	保持不变	渐增	渐减	出现峰值	突增	突减	保持不变	渐增	渐减	突增	突减
初始不平衡	40	50	10		100		临界转速时出现峰值					100		
转子弯曲部件失落	40	50	10		100							100		
汽缸变形	40	50	10	30	50	5		5	10	30	5	50	5	10
不对中	20	30	50	20	30	10		20	20	20		40	20	20
密封碰磨	30	40	30	10	70			10	10	10		70	10	10
转子轴向碰磨	30	40	30	10	40	10		20	20	10		50	20	20
轴颈和轴承偏心	40	50	10	40	50	10				40	10	50		
轴承损坏	30	40	30	10	50	10		20	10	10	10	50	10	20

振动原因	最大振动量值方向			升速						降速				
	垂直	水平	轴向	保持不变	渐增	渐减	出现峰值	突增	突减	保持不变	渐增	渐减	突增	突减
轴承与支承激起的振动（半速涡动等）	40	50	10	10				90				10		90
轴承横向与垂直方向刚度不等	40	50	10		40		50*	10				40		10
推力轴承损坏	20	30	50	20	50	10		10	10	20	10	50	10	10
管道力	20	30	50	20	40			20	20	20		40	20	20
次同步共振	30	30	40	20			20*	30	30			20	30	30
同步共振	40	40	20	20	20		60*			20		20		
碰磨引起的振荡	40	50	10					90	10				10	90
油膜振荡	40	50	10					100						10
共振振荡			100											
间隙引起的振荡	40	50	10					80	20	20			20	60
扭转共振		扭振			20		30*	30	20	20			20	30
瞬态扭振		扭振					50*	30	20				30	20

注 * 升速、降速合用。

76

第五章

故障诊断及消除实例

一、动静碰磨故障

1. 600MW 空冷机组带负荷阶段轴封摩擦怎样诊断？

某电厂一台 600MW 超临界、一次中间再热、单轴、三缸四排汽直接空冷凝汽式汽轮机。汽轮机设有 1 个高中压缸、2 个低压缸，高中压汽缸采用合缸结构。在汽轮机启动或低负荷时，轴封供汽来源为辅助蒸汽、冷段再热蒸汽；在高负荷时，轴封供汽采用自密封，高中压轴封漏汽通过减温器减温后作为低压轴封供汽。

(1) 振动情况。19：20，负荷由 400MW 增加到 600MW 过程中，由于低压轴封供汽减温水自动调节品质差，轴封供汽温度不稳定，在 110～220℃ 之间波动，后改为手动调节，轴封供汽稳定在 180℃ 左右。19：39，3X、3Y 轴振爬升，约 30min 后，3X 轴振由 $43\mu m$ 爬升到 $129\mu m$，振动变化量为 $84\mu m$；4X 轴振由 $32\mu m$ 爬升到 $60\mu m$，振动变化量为 $28\mu m$，而后 3X、3Y 轴振动逐渐回落到原始值，3X、3Y 轴振动变化趋势图见图 5-1。3X、3Y 轴振动以工频为主，3X 轴振动瀑布图见图 5-2。该时间段只有 3 号轴承处的轴振发生变化，而 3 号轴承的瓦振以及其他轴承处轴振、瓦振变化都不大。

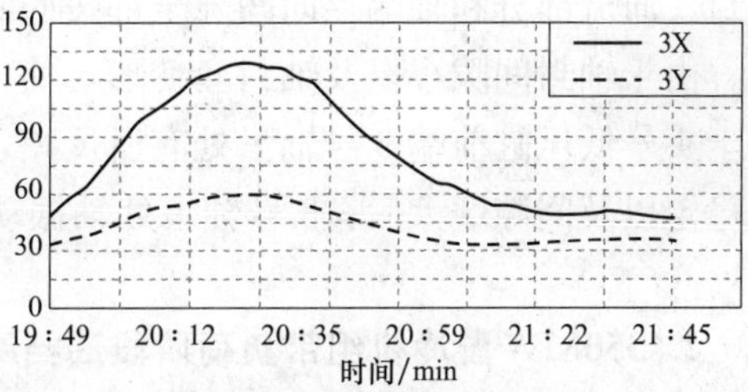

图 5-1　3X、3Y 轴振动变化趋势

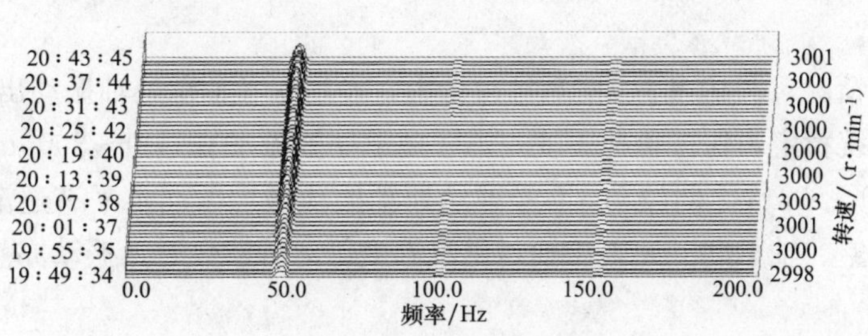

图 5-2　3X 轴振动瀑布图

(2) 原因分析。

1) 在加负荷过程中，只有 3 号轴承处轴振动发生变化，并且振动大后又能回到原始状态，可排除叶片脱落或围带以及对轮螺栓松动故障。

2）2、3号轴承相邻，在加负荷过程中，对比两个轴承的轴颈轨迹可发现，2号轴承处的轴颈轨迹呈椭圆形、封闭状（见图5-3）；3号轴承处的轴颈轨迹形状紊乱，多处出现锯齿状尖角（见图5-4）。从2号轴承处的轴颈轨迹来看，该处转子运行正常；从3号轴承处的轴颈轨迹来看，该附近处存在动静摩擦。

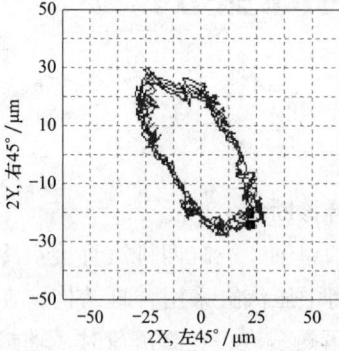

图5-3　2号轴承处轴颈轨迹　　　　图5-4　3号轴承处轴颈轨迹

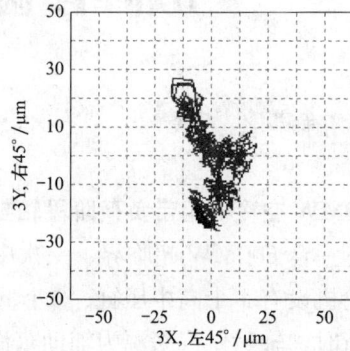

3）在3号轴承处轴振动增大前，低压轴封供汽温度波动大，蒸汽大幅度的波动会使低压轴封套受热冷热不均，轴封套产生变形，使轴端处动静间隙不均匀，低压轴端汽封处易发生摩擦。机组大修时，低压端部轴封由原来的铜齿迷宫式平齿汽封更换了蜂窝汽封，通流部分和轴端径向间隙全部按照制造厂规定的下限值调整，间隙预留量都比较小。由于轴封间隙小以及轴封套变形，使1号低压缸前轴封处发生了摩擦，摩擦振动在位于1号低压缸前端3号轴承处有所反映，虽然振动增大，但没有发散，当轴封供汽温度稳定以及间隙磨大后，3号轴承处轴振动逐渐回落到原始值。

2. 350MW湿冷机组带负荷阶段油挡摩擦怎样诊断？

某电厂一台350MW亚临界，一次中间再热、单轴、两缸两排汽凝汽式汽轮机。汽轮机分为高中压和低压两部分，整个机组的轴系由高中压汽轮转子、低压汽轮机转子和发电机转子组成，分别支承在1~6号轴承上，在低压转子和发电机转子之间装有一刚性连接短轴。

（1）振动情况。2010年9月15日运行中，发现5号轴承处轴振动出现周期性波动。运行参数及系统稳定，保持负荷不变，5号轴承处轴振动在200~300μm之间波动，轴承振动亦在20~60μm之间波动，5号轴承处轴振动平均振动水平有逐渐增大趋势。在改变负荷、真空、轴承润滑油温、轴封供汽温度等运行参数时，振动亦然波动，没有减小趋势。

（2）原因分析。

1）机组振动与负荷、运行参数及系统方式无关。

2）15日17：05~16日09：51，此段时间（为a段时间）振动变化平缓，在极坐标图上振动向量的矢端扫出很小一个圆，5X振动极坐标及振动趋势见图5-5和

图 5-6。

3）16 日 10：25～17 日 04：03，此段时间（为 b 段时间）振动变化较大，在极坐标图上振动向量的矢端扫出很大一个圆，5X 振动极坐标见图 5-7。

4）5X 轴振动主要是工频（1 倍频）分量，其他分量很小，振动的幅值和相位呈弱周期性的变化，5X 振动的频谱图见图 5-8。

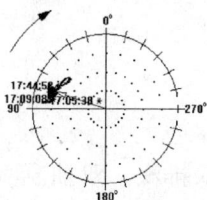

图 5-5　a 段时间的
5X 振动极坐标图

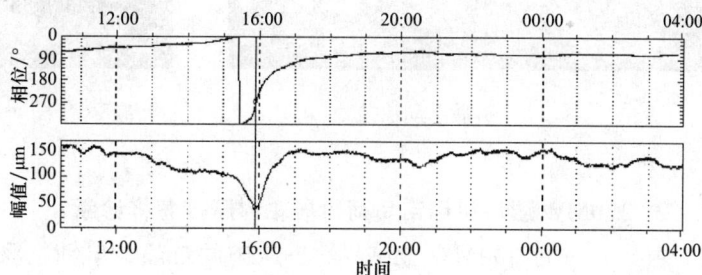

图 5-6　a 段时间的 5X 振动趋势图

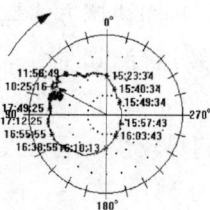

图 5-7　b 段时间的 5X 振动极坐标图

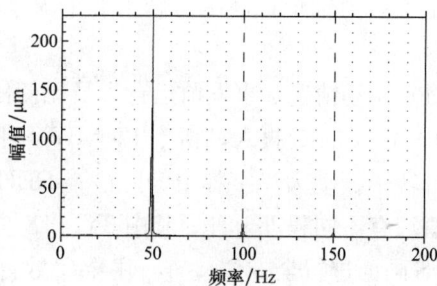

图 5-8　b 段时间的 5X 振动频谱图

从 5X 轴振动变化趋势、极坐标图和谱图分析，转子动静部分发生了摩擦，5 号轴和轴承振动波动，应是摩擦引起。在 a 段时间，极坐标图反映出动静摩擦较轻；在 b 段时间，极坐标图反映出动静摩擦较重。

（3）检查与处理。为了防止 4 号轴承箱前后油挡漏油，检修中更换了新的油挡。该油挡为磁力完全密封零重力油挡，结构设计成内外两环，内环与轴宽面油膜密封，与外环磁力吸合密封，自动退让。考虑到 4 号轴承箱为新换的油挡，并且该处外油挡距离 5 号轴承比 4 号轴承近，因此停机首先检查 4 号轴承箱后外油挡，发现 4 号轴承箱后外油挡上半浮动油挡环吸附大量发电机炭刷炭粉，堆积形成硬块，造成上半浮动油挡和轴无间隙产生旋转碰磨（见图 5-9、图 5-10）。

考虑到恢复后发电机接地炭刷还有可能出现严重磨损造成类似事件的发生，该油挡虽然密封效果好但用在该处不太合适，为此决定更换回原来的铜齿油挡。重新镶嵌铜齿，将间隙调整到合格范围，将励侧密封轴承油挡齿条进行了更换，将 4 号轴承箱油槽间隙及小油挡间隙进行了重新调整，发电机接地炭刷更换，保证炭刷质量。机组重新启动后运行至今，机组振动正常。

图 5-9　拆后浮动油挡

图 5-10　拆前浮动油挡

3. 330MW 湿冷机组带负荷阶段轴封摩擦怎样诊断？

某电厂一台 330MW 亚临界、一次中间再热、单轴、双缸、双排汽、双抽凝汽供热式汽轮机。汽轮机设有 1 个高中压缸、1 个低压缸，高中压汽缸采用合缸结构。轴系由 1 根高中压转子、1 根低压转子、1 根发电机转子组成。汽轮机共有 4 个支承轴承及 1 个推力轴承，高中压转子 2 个支承轴承为落地式，低压转子 2 个支承轴承为座缸式。

（1）振动情况。事发前运行人员无任何操作，机组无报警，机组协调方式运行，负荷 176MW（AGC 投入，指令 170MW），机组在该负荷下已连续运行 6h 左右。3：43，汽轮机转子振动大光字牌报警，检查 DEH 画面 3Y 振动值为 125μm，其他各轴承处轴振动值均有不同程度上升，其中 3Y、4X 方向两点轴振动上升趋势较快。运行人员立即对 DCS 画面进行全方位检查，主要参数：主、再热汽温度均为 541℃左右，两侧只有 3℃很小的偏差，主、再热蒸汽压力波动幅度也很小；低压轴封系统供汽压力 20.1kPa，供汽温度 140℃左右，没有波动；汽轮机上下缸温差无变化；循环水入口温度为 15℃，排汽温度 30℃，循环水及排汽温度都是降低趋势；低压缸胀差缓慢上升，变化幅度不大。主机润滑油温 40℃，润滑油压力 0.147MPa，没有变化。

（2）运行调整。3：50，3Y 振动已经上涨至 170μm，并继续上升，加负荷至 184MW，3Y 振动上涨趋势变缓，但仍继续上涨，此时 3X、2X、2Y、4X、4Y 轴振值也超过报警值。3：57，减负荷至 170MW，3Y 振动继续上涨，振动值上涨速度略有变大趋势，立即进行加负荷（解除 AGC），目标值 200MW，在 4：00 开始加负荷过程中，3Y 振动值达到最大值 231μm 后，从 4：03 开始，各轴承处轴振动值趋于稳定并有下降趋势。4：15，负荷加至 200MW，3Y 振动值降至 125μm 报警值以下，其他各轴承处轴振值全部下降，4：30，各轴承处轴振动恢复至事发前正常值。5：00 开始，机组负荷逐渐减至 185MW，机组运行正常。

（3）原因分析。事发时振动频率以工频为主，2X、2Y 轴振动量值增加很大，但相位变化不大，只有 10°左右；3X、3Y 轴振动量值和相位都变化很大，3X 相位有 270°左右变化，3Y 相位有 95°左右变化；4X、4Y 轴振动量值增加很大，相位有 50°左右的变化。事发时及前、后的振动数据见表 5-1，振动变化趋势见图 5-11。

表 5-1　　　　　　　　　　　　　事发时及前、后振动数据　　　　　　　　　（位移峰峰值，μm）

转速	分量	2X	2Y	3X	3Y	4X	4Y
事发前	通频	26	22	57	75	61	42
	工频	7.2/301	8.9/54	40.9/12	63/128	49/87	26/225
事发时	通频	102	104	148	231	153	141
	工频	92/315	99/48	141/281	226/33	146/41	133/176
事发后	通频	26	23	62	75	65	44
	工频	6.5/322	10.3/68	40/11	64/127	51/89	28/226

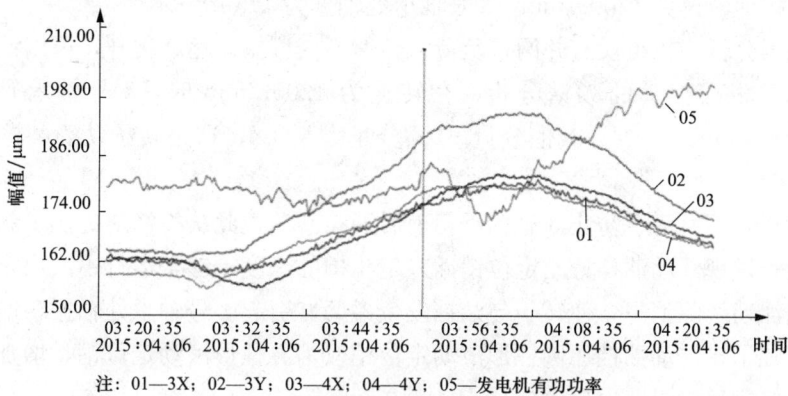

注：01—3X；02—3Y；03—4X；04—4Y；05—发电机有功功率

图 5-11　振动变化趋势

从振动特征来看，振动以工频为主，没有其他频率的振动分量，振动逐渐增大后，振动量值及相位都能回到原始状态，可以排除质量不平衡、汽流和轴承自激的影响，振动应是动静摩擦引起。

振动逐渐增加过程中，从轴心位置图反映出 3 号轴承处的轴颈位置以中心点的左侧逐渐向右移动，在振动最大时，轴颈位置位于中心点右处最远处；振动逐渐减小过程中，轴颈位置从右侧回到左侧，振动平稳时，轴颈位置变化不大。运行中转子位置发生了变化，使 3 号轴承处的端部轴封的动静间隙减小，发生了局部碰磨，引起了振动，从而诱发其他轴承处振动变大。

振动发生前，环境气温突降，海风特别大，由于汽机厂房已停止供暖以及厂房顶部天窗多处损块严重未及时修缮，海风吹进厂房，使厂房温度剧降，厂房内温度场不均匀，对应天窗处的低压缸部分温度低，低压缸发生了变形，又由于 3 号轴承坐落在排汽缸上，使轴承座位置发生了变化，轴端径向间隙逐渐消失，发生了摩擦，从 3 号轴承处轴颈位置变化，也可以佐证低压缸发生了变形。负荷稳定，进汽压力、温度及流量没有变化，转子伸长量没有变化，但振动期间低压缸胀差缓慢上升，说明低压缸有收缩的迹象，这也证明了低压缸发生了变形。减少负荷时，排汽量减少，排汽缸温度降低，加大了低压汽缸变形量，振动增大；增加负荷时，排汽量增加，排汽缸温度升高，低压缸温度逐渐趋近稳定，振动有所降低，特别是海风停止后，振动逐渐回到原始状态。

4. 300MW湿冷机组启动阶段油挡摩擦怎样诊断？

某电厂一台300MW亚临界、一次中间再热、单轴、二缸二排汽凝汽式汽轮机。汽轮机分为高中压和低压两部分，其中高中压合缸，汽轮机的轴系由高中、低压汽轮机转子组成，分别支承在1～4号轴承上。

（1）振动情况。2011年4月8日，机组大修后启动，当转速为1000r/min时，3号轴承轴振爬升很快，从30μm升到85μm，决定停止升速，稳定在该转速观察。转速不变，振动缓慢爬升，转速降低振动减小，转速上升振动增加，反复3次振动没有减小（这样的处理方式违反有关反事故措施，一定要在专业人员指导下，慎重进行），决定停机处理。停机前转速为1200r/min，3号轴承处轴振为115μm。

（2）原因分析。机组没有并网带负荷，转速不变，振动逐渐爬升，可以认为转子存在动静摩擦。根据振动的频谱分析，在转速为1200r/min时，3号轴承轴振1X为33μm，2X为48μm，有少许其他分量。2X分量大于1X，这是转子动静摩擦引起振动的特征。

（3）检查处理。为了防止3号轴承箱前后油挡漏油，此次检修中更换了新的浮动油挡。停机检查发现浮动油挡滚动定位销插入定位槽的深度不够，运行中滚出定位槽，造成浮动油挡浮动间隙消失，使转子与油挡发生碰磨，引起3号轴承处轴振动增大。

将3号轴承箱浮动油挡原圆柱形滚动定位销改为方柱形滚动定位销，增加了定位槽插入深度，修复后机组一次启动成功。

5. 135MW湿冷机组启动阶段汽封摩擦怎样诊断？

某电厂一台135MW超高压、一次中间再热、单轴、双缸、双分流、双抽凝汽式汽轮机。汽轮机由1根高中压转子和1根低压转子组成，高中压合缸，采用内外双层缸结构。高中压、低压转子由1、2、3及4号轴承落地支承，轴承均为椭圆轴承。

（1）振动情况。机组进行A级检修后首次启动，转速升到500r/min，轴系振动正常。转速停留在1000r/min时暖机，约10min后，2X轴振动由65μm缓慢爬升，3min后爬升到114μm。由于2X轴振爬升比较快，采用降低转速措施，但振动没有回落趋势，而是继续上升，而后突增到300μm以上，其他轴瓦处轴振动也有所增大（这样的处理方式违反有关反事故措施，一定要在专业人员指导下，慎重进行），转速迅速降到盘车转速，进行盘车，偏心值偏大为140μm，2X轴振动变化趋势见图5-12。2X轴振动整个过程中，振动分量都以工频为主。盘车时，2X轴振动缓慢下降，偏心值也是下降趋势，经过一天多的时间盘车，偏心值比启动前大30μm，为60μm，偏心值没有再降的趋势。

（2）原因分析。

1）振动以工频为主，转速稳定，振动缓慢爬升，振动应该是动静摩擦引起。虽然2X轴振动有突增过程，其他

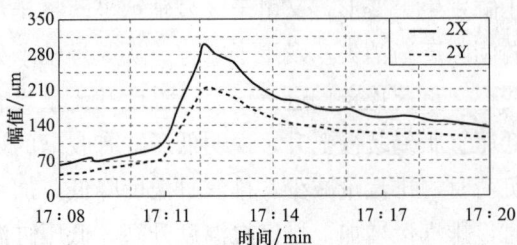

图5-12　1000r/min暖机时2X轴振动变化趋势图

轴瓦处轴振动也有所增大，但也应该是摩擦振动引起的 2X 轴振动发散，传递给其他轴瓦处轴振动增加，而不是有围带或叶片脱落，更不是汽流或轴承自激振动。

2）振动缓慢爬升时，2 号轴瓦处轴颈轨迹见图 5-13，从图中可看出，轴颈轨迹呈椭圆形、封闭状，但多处存在锯齿状尖角，有轻微动静摩擦。1000r/min 暖机整个时间段，3 号轴瓦处轴颈轨迹见图 5-14，从图中可看出，轴颈轨迹呈椭圆形、封闭状，轨迹光滑、无毛刺及尖角，说明 3 号轴瓦处转子运行正常。2、3 号轴瓦相邻，3 号轴瓦处转子运行正常，1 号轴瓦处轴振动变化不明显，说明引起 2X 轴振动的动静摩擦源应是靠近中压转子处的叶顶或轴端汽封。

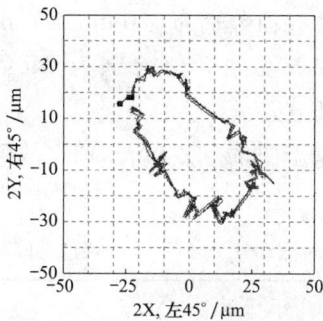

图 5-13 2 号轴瓦处轴颈轨迹　　　　　图 5-14 3 号轴瓦处轴颈轨迹

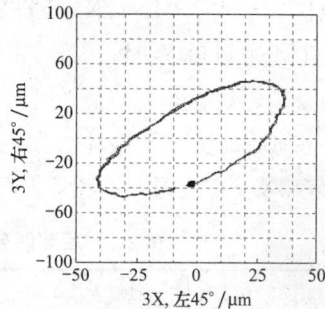

3）机组检修期间对高中压间过桥汽封将原来的蜂窝汽封改为刷式汽封（10 圈），通流部分及轴端径向间隙按制造厂规定的下限值调整，4 号和 5 号轴承油挡更换为浮动环接触式油挡。在 1000r/min 暖机时，由于高压缸疏水不畅，高压下缸部分保温未完工，高压缸上下缸温差逐渐增大，最大时为 90℃（严重违反有关事故措施应停机的规定！）远大于设计 35℃ 的要求，高压缸上下内缸温差偏大，会使汽缸发生变形。汽缸变形、径向动静间隙小及刷式汽封，这些不利因素都会增加转子动静摩擦的概率。

（3）处理措施。

1）全部完成高压缸下缸保温未完成部分，再次启动时，精心调整启动参数，特别是高压缸上下缸温差控制在 20° 以内。

2）转子偏心值比原始值大 $30\mu m$，转子存在弯曲。按照"二十五项重点要求"要求，偏心值大于上次启动的 $20\mu m$ 是不允许启动的，但是经过长时间盘车后偏心值难以回到原始值，决定升速到 300r/min 左右观察振动情况，然后再做决定是否继续升速。

3）在某转速停留时，控制振动爬升值不超过 $30\mu m$，否则降低转速，振动平稳后再升速（一定要在专业人员指导下，慎重进行），通过临界转速升速率由 300r/min 改为 500r/min，经过 4 次升降转速，机组达到额定转速并且振动平稳，带负荷阶段，多个负荷段，2 号轴瓦处轴振不稳定，有爬升趋势。因此在增加负荷时，采用增加 20～30MW 负荷时停留一段时间，观察振动变化情况，如振动爬升值超过 $20\mu m$，将负荷降回 10～20MW，振动平稳后再增加负荷。负荷增增减减，经过一天多的时间运行，机组带满负荷后振动稳定。

二、动叶片脱落故障

1. 800MW 湿冷机组高压转子第 2 级叶片脱落怎样诊断?

某电厂 2 号机组为 800MW 超临界,一次中间再热、单轴、五缸六排汽凝汽式汽轮机。机组轴系由高压转子,中压转子,1、2、3 号低压转子,发电机转子和励磁机转子组成,其高压缸为回流式结构,调节级位于高压转子中部。各转子之间为刚性连接,共有 14 个支承轴承及 1 个推力轴承,轴系总长度为 59.5m,为国内最长轴系。

(1) 事件经过。9 月 10 日,机组正常运行时,无任何操作,汽轮机高压转子振动突然增大。工作转速时,1X/2X,1Y/2Y 轴振动通频值分别为 350μm/294μm,164μm/159μm;机组降速过临界时,1X/2X,1Y/2Y 轴振动通频值分别为 245μm/164μm,396μm/303μm;停机盘车时,偏心值、盘车电流正常。

故障状态前后高压转子振动数据对比、变化情况见表 5-2 和表 5-3;故障前后高压转子 1X/1Y,2X/2Y 波德图见图 5-15~图 5-22。

表 5-2		定速时各轴承处轴相对振动			(位移峰峰值,μm)
转速(r/min)	振动分量	1X	1Y	2X	2Y
3000 启动	通频	161	55.9	72.0	79.4
	工频	151/254	47.8/290	60.3/175 (355)	60.6/71
3000 停机	通频	350	164	294	159
	工频	342/274	143/295	279/233 (53)	137/124
变化量	工频	206/288	95/298	252/245 (65)	111/150

注 1X 与 2X 安装方向相差 180°,1Y 与 2Y 安装同向。

表 5-3		过临界时各轴承处轴相对振动			(位移峰峰值,μm)
转速(r/min)	振动分量	1X	1Y	2X	2Y
1640 启动	通频	72.0	62	40.6	68.8
	工频	63.5/246	47.8/309	20.9/115 (295)	55.9/335
1640 停机	通频	245	396	164	303
	工频	216/25	397/77	137/196 (16)	290/77
变化量	工频	268/34	428/82	135/205 (41)	307/87

注 1X 与 2X 安装方向相差 180°,1Y 与 2Y 安装同向。

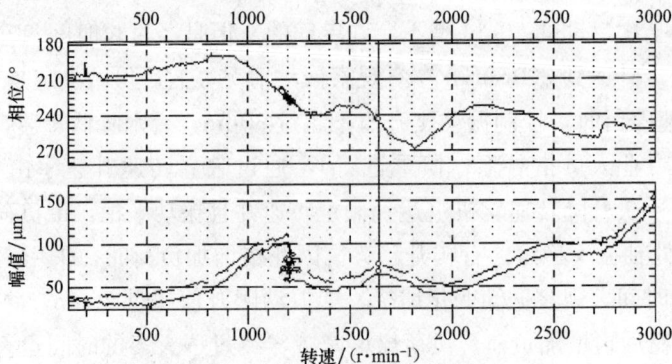

图 5-15 正常运行时 1X 波德图

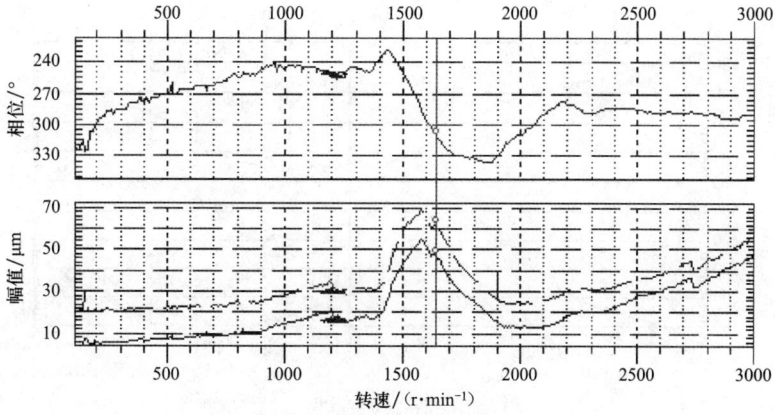

图 5-16　正常运行时 1Y 波德图

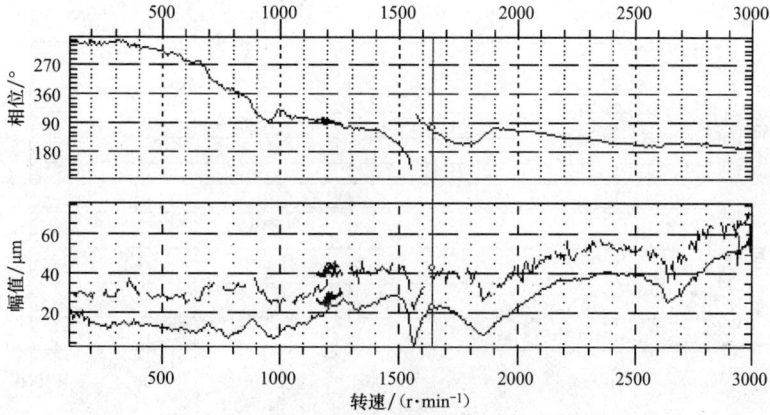

图 5-17　正常运行时 2X 波德图

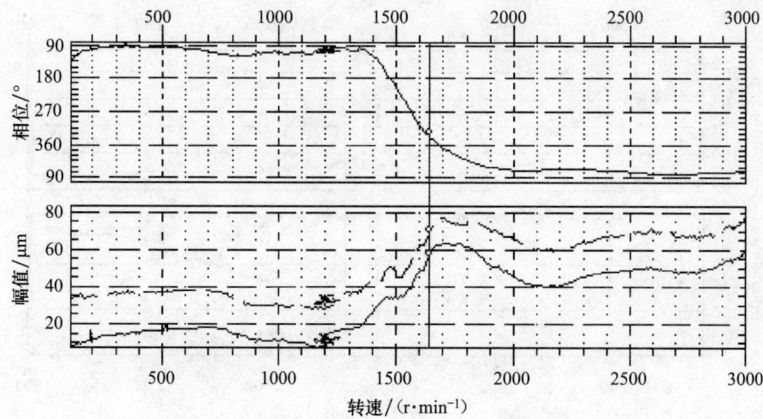

图 5-18　正常运行时 2Y 波德图

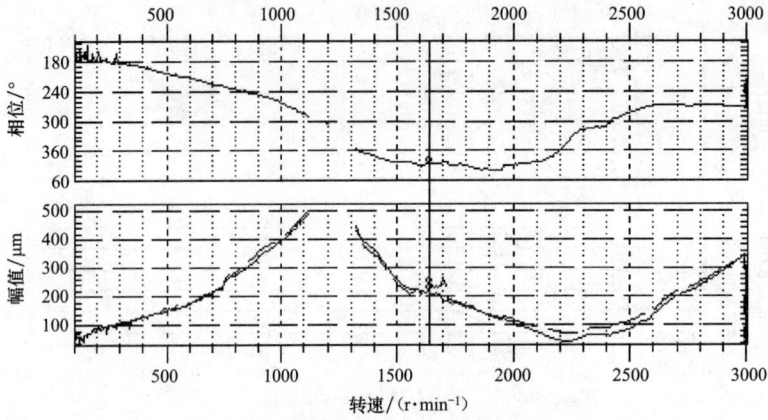

图 5-19　故障时 1X 波德图

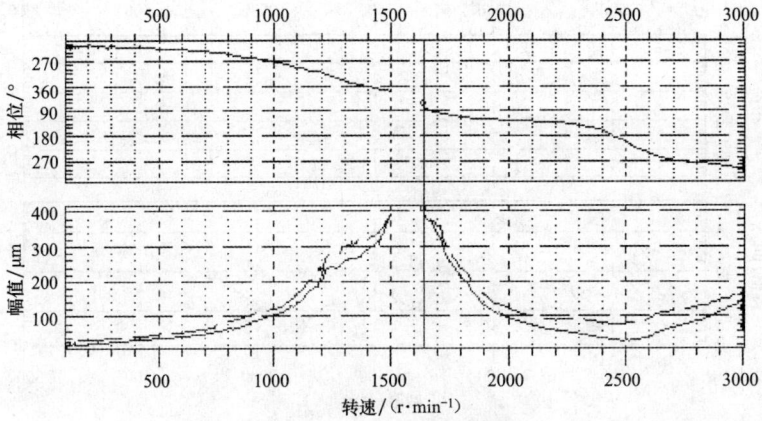

图 5-20　故障时 1Y 波德图

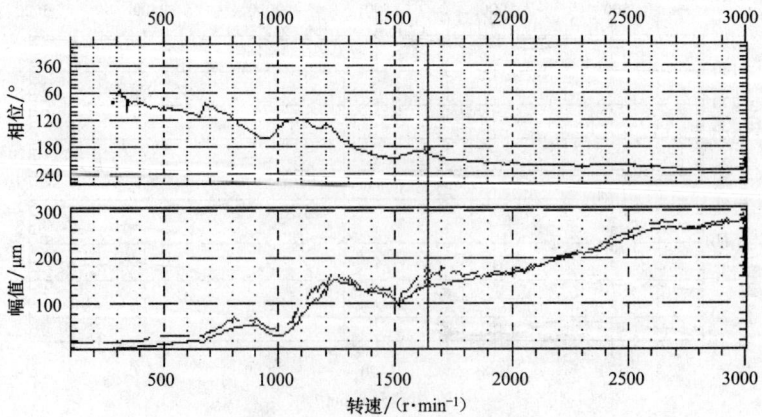

图 5-21　故障时 2X 波德图

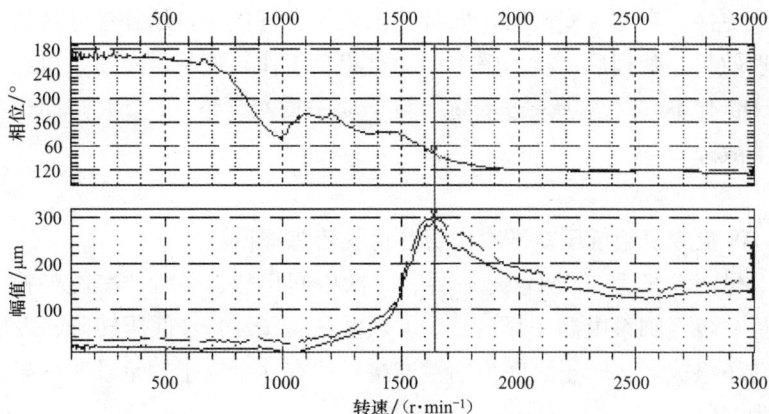

图 5-22 故障时 2Y 波德图

(2) 原因分析。高压转子轴振动变化幅度最大，远远大于正常运行时的振动波动值，中压、低压和发电机转子轴振动变化幅度相对要小。高压转子振动以工频为主，没有低频成分，属于普通强迫振动，可以排除汽流及轴承自激。

负荷及运行参数稳定，转子运动轨迹相对稳定，上下缸温差、轴封供汽温度都在正常范围内，没有波动，缸体及轴封套不可能突然变形，轴振动大跳机前除 1X 轴振略大外，整个轴系其余轴振都很小，转子激振力小，从内、外部条件来看，转子发生摩擦振动的可能性很小。

轴振动大跳机后，高压转子振动较跳机前有较大变化，高压转子轴振变化量相位接近反相。随转速降低，高压转子轴振迅速下降，过临界时，高压转子振动呈现很大峰值，变化量比较大。从以上数据分析表明，高压转子存在质量不平衡，并且不平衡量变化一阶大于二阶，靠近高压转子中部有叶片脱落的可能性最大。

(3) 揭缸检查。揭开高压缸检查发现高压第 2 级叶片断裂，断裂情况：高压第 2 级叶片断裂 2 片，断口位于 T 形叶根下部凸肩处（见图 5-23）；围带脱落 5 组，损伤 3 组。叶片拆除后，发现 1 只锁叶片和 1 只动叶片叶根存在贯穿性裂纹，锁叶片销钉也发现裂纹，销钉孔有部分损伤。

(4) 叶片断裂原因。通过对叶片断口形貌观察、金属材料性能分析、叶片静频率测试和安装工艺分析，证明机组高压转子第 2 级叶片断裂的主要原因是叶片安装紧力不足，叶根之间不能紧密接触，叶身振动下传至叶根，导致叶片因振动疲劳产生断裂。

(5) 处理方案。根据叶片损伤情况及原安装工艺不当，决定现场

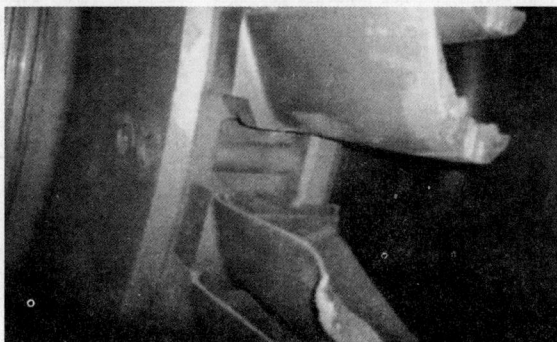

图 5-23 断裂叶片位置

进行叶片整级更换。在叶片安装时，保持叶根之间良好接触，增加锁叶片的安装紧力。

（6）处理效果。处理后，机组整个启动过程、工作转速及带负荷，机组振动量值与掉叶片前相比变化不大（现场未进行高压转子动平衡）。经过1个大修期运行，再没有发生叶片脱落故障。

2. 600MW空冷机组低压转子次末级叶片脱落怎样诊断？

某电厂2号汽轮机为600MW超临界、一次中间再热、单轴、三缸四排汽直接空冷凝汽式汽轮机。机组轴系由高中压转子、1号低压转子、2号低压转子、发电机转子和励磁集电环转子组成，各转子之间为刚性连接，共有9个支承轴承及1个推力轴承，轴系总长度约为38m。

（1）事件经过。机组负荷562MW，机组运行稳定，主蒸汽压力及温度分别为21.9MPa/562.9℃，再热蒸汽压力及温度分别为2.0MPa/562.7℃，排汽压力27.4kPa。高压胀差5.24mm，低压缸胀差23.06mm。高压轴封漏汽温度298.6℃，低压轴封供汽温度152.8℃，轴封供汽母管压力29.7kPa。主机润滑油压及油温分别为0.24MPa/41℃。1X方向轴振动最大为103μm，其次9X方向轴振动为82.2μm，其他轴承处X/Y方向轴振动均小于70μm。运行系统及参数都正常。

19:48，运行中2个低压转子轴振动突然增大，低压B缸6号轴承处X方向轴振动首先达到跳机值，机组跳闸，负荷到零、主汽门关闭、调速汽门关闭、各段抽汽止回门关闭、机组转速下降，机组跳机前后的轴振动值见表5-4和表5-5，低压转子Ⅱ的轴振动惰走曲线见图5-24和图5-25。经检查，ETS系统显示首出为"大轴相对振动大"，电气保护显示为"逆功率保护动作"。停机时进行了破坏真空，转子惰走时间较以前明显缩短。考虑真空影响，转子惰走时间比正常值有所减少，并且盘车时能听到金属摩擦声。

表 5-4 　　　　　　　带负荷时各轴承处轴相对振动 　　　　　（位移峰峰值，μm）

负荷(MW)	振动分量	3X	3Y	4X	4Y	5X	5Y	6X	6Y
562 正常	通频	45	38	23	12	55	40	18	22
	工频	32/160	29/238	5/24	3/224	41/184	31/246	5/349	8/357
562 跳机	通频	110	103	140	95	310	230	329	198
	工频	106/236	95/294	129/10	86/68	299/305	223/25	321/171	187/252
变化量	工频	103/25	73/313	124/9	88/67	322/311	247/30	325/170	189/250

表 5-5 　　　　　　　过临界时各轴承处轴相对振动 　　　　　（位移峰峰值，μm）

转速(r/min)	振动分量	3X	3Y	4X	4Y	5X	5Y	6X	6Y
1560 正常	通频	60	47	38	45	16	13	26	17
	工频	51/15	42/93	27/313	32/42	8/88	10/107	21/316	13/22
1556 跳机	通频	68	69	82	25	267	224	231	177
	工频	61/56	66/135	81/238	15/329	263/217	211/284	225/192	169/253
变化量	工频	40/112	45/174	78/219	31/24	268/218	211/285	237/188	177/250

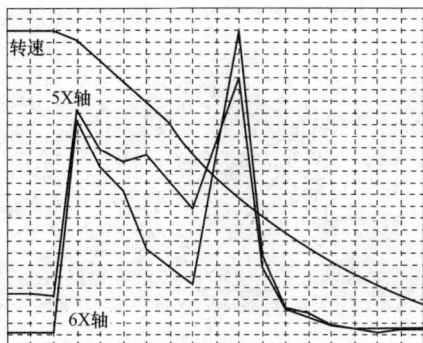

图 5-24 5X/6X 轴振惰走曲线

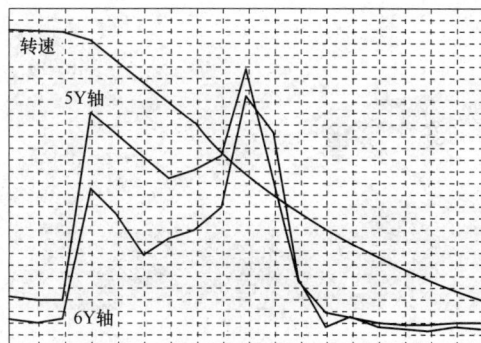

图 5-25 5Y/6Y 轴振惰走曲线

(2) 振动原因分析。低压转子轴振动变化幅度最大，远远大于正常运行时的振动值，高中压和发电机转子轴振动变化幅度相对要小。低压转子振动以工频为主，没有低频成分，属于普通强迫振动，可以排除轴承自激。

高中压和发电机转子振动比低压转子小，且以工频为主，没有低频成分，高中压转子没有发生汽流激振，低压转子本身不能发生汽流激振，所以说低压转子振动源不是来源于汽流激振，也不是高中压转子或发电机转子振动波及。

负荷及运行参数稳定，转子运动轨迹相对稳定，上下缸温差、轴封供汽温度都在正常范围内，没有波动，缸体及轴封套不可能突然变形，跳机前整个轴系轴振都很小，转子激振力小，从内、外部条件来看，转子发生摩擦振动的可能性很小。

跳机后，低压转子Ⅰ、Ⅱ的振动较跳机前都有变化，低压转子Ⅱ比Ⅰ振动变化量大，低压转子Ⅱ的轴振变化量相位接近反相。随转速降低，低压转子轴振迅速下降，过临界时，低压转子Ⅰ的振动变化量不大，低压转子Ⅱ的变化量比较大。

从以上数据分析，低压转子Ⅱ存在质量不平衡，并且不平衡量变化二阶大于一阶，说明靠近轴端部有叶片脱落的可能性最大，跳机时低压转子Ⅰ的振动变大是受低压转子Ⅱ影响所致。

(3) 揭缸检查。8天后，将B低压外缸及内缸揭开进行检查，发现低压转子Ⅱ正向次末级叶片有1片齐根断裂，碎裂残片夹在末级隔板静叶中，探出部分对次末级叶片刮磨，造成次末级叶片几乎都被打伤，完好叶片不足10片。靠近脱落叶片的附近3片叶片损伤变形严重，附近有1片叶片根部有较大裂痕。末级叶片也有不同程度的刮伤，有16片末级叶片的司太立合金防水蚀层被伤翘起。隔板套受到甩出叶片的冲击，被击破较深痕迹，低压转子Ⅱ反向次末级有2片叶片根部有较大裂痕，叶片损坏照片见图 5-26、图 5-27。对A低压缸也进行了揭缸检查，叶片全部完好。

(4) 叶片断裂原因分析。通过对损坏叶片进行外观、断口宏观形貌、体式显微形貌、化学成分、金相组织、常温拉伸性能、布氏硬度及洛氏硬度试验等项目检验，开裂的2个叶片断口均属于疲劳断裂，起裂部位及裂纹走向基本一致，裂纹源处外表面未见明显的加工刀痕及表面腐蚀坑，断口表面亦未见明显的材料缺陷。叶片开裂原因是叶根该部位疲劳强度不足，叶根结构上设计不合理以及制造厂对供热时低压缸排汽量减少使

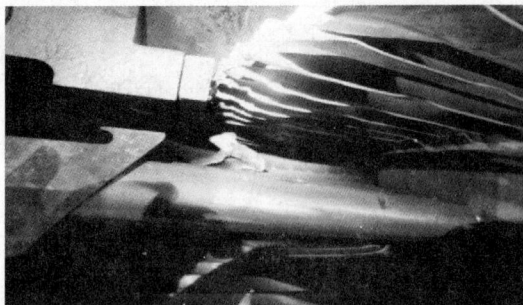

图 5-26　断裂的叶片夹在末级隔板静叶中

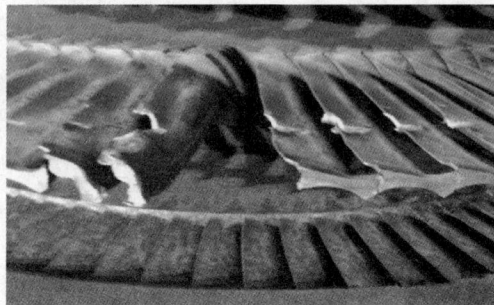

图 5-27　断裂的叶片区域相邻叶片损伤

叶根部位疲劳强度下降等因素考虑不周所致。

（5）处理方案。因电厂和设备厂家均无足够数量次末级叶片对受损叶片进行替换，为了尽快恢复设备运行，解除供热压力，确定 2 号机低压转子缺级运行，具体措施如下。

1）对损伤严重的低压转子Ⅱ正向次末级叶片全部拆除。留有 100mm 高叶片，保护叶根。

2）对有裂纹的低压转子Ⅱ反向 2 片次末级叶片全部更换新叶片。

3）对 B 缸下隔板进行检查。对上隔板被击伤破损部位打磨，保持光滑过度，暂不进行修复。

4）因末级叶片破损的司太立合金防水蚀层在现场无法修复，暂不做深度处理，为避免运行中脱落对叶片造成伤害，将翘起的合金层去除，进行轻微打磨。

5）进行轴向推力核算，运行负荷限制在 80％额定负荷以内。

6）待具备条件后，返制造厂对低压转子的次末级叶片全部进行更换。

7）应考虑改用有安全使用业绩的长叶片，避免再使用故障叶片导致断叶片事故频发。

（6）临时处理后启动。临时处理后，机组整个冲动过程、工作转速及带负荷，机组振动量值与掉叶片前相比略有增加（在 $100\mu m$ 以内），由于时间关系未进行现场动平衡试验。带 80％额定负荷时，推力瓦温升高 4℃，串轴略有增加。

3. 600MW 空冷机组低压转子次末级叶片脱落怎样诊断？

某电厂 1 号汽轮机为 600MW 亚临界、一次中间再热、单轴、三缸四排汽直接空冷凝汽式汽轮机。机组轴系由高中压转子、低压转子、发电机转子和励磁集电环转子组成，各转子之间为刚性连接，共有 9 个支承轴承及 1 个推力轴承，轴系总长度约为 46.5m，机组轴系简图（见图 5-28）。末级叶片和次末级长度分别为 680mm 和 352mm。

（1）事件经过。2011 年 9 月 30 日，1 号机组稳定运行，负荷为 369MW，运行系统及参数都正常。12：29，汽轮机 4、5、6、7 号轴承处轴相对振动发生突变，除 6 号轴承振动变大外，其他轴振变小，而后轴振动稳定在变化后的振动值，经过近 8 个月的运行轴振动变化不大，具体数据（见表 5-6），6X/6Y 轴振变化前后振动曲线（见

图 5-29），2012年 6 月 1 日，停机小修。

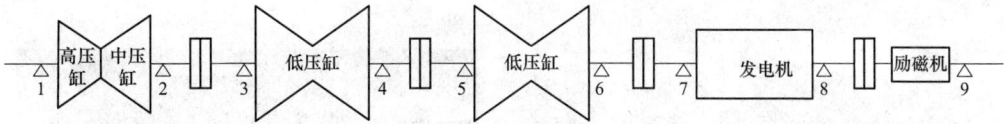

图 5-28　600MW 机组轴系简图

表 5-6			带负荷时各轴承处轴相对振动							（位移峰峰值，μm）
时间	负荷	振动分量	4X	4Y	5X	5Y	6X	6Y	7X	7Y
2011 年 9 月	369MW 正常	通频	62	50	71	70	32	31	61	70
2011 年 9 月	369MW 异常	通频	50	40	22	25	98	91	36	35
2012 年 5 月	400MW 异常后	通频	52	47	23	28	97	82	49	49
2011 年 9 月	变化量	通频	12↓	10↓	49↓	45↓	66↑	60↑	30↓	35↓
2011 年 9 月	变化率	通频	20％	20％	69％	64％	206％	194％	49％	50％

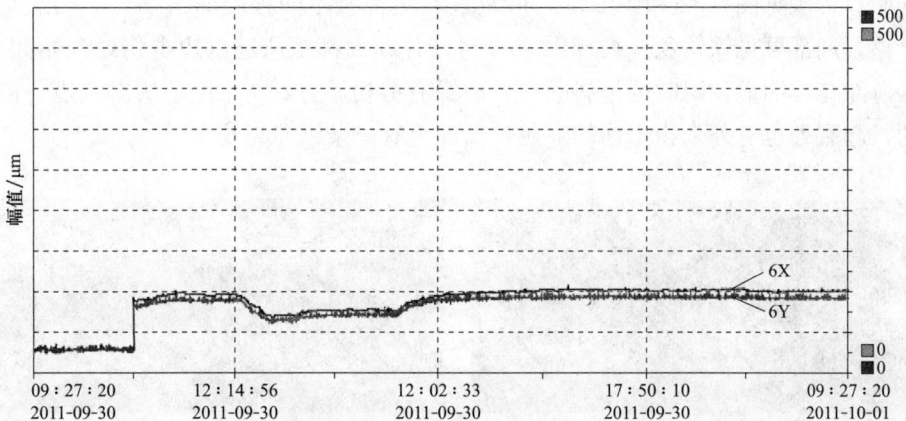

图 5-29　6X/6Y 轴振动变化前后曲线

（2）振动原因分析。振动变化后，轴振动变化率最大的是 B 低压缸后轴承处的 6X/6Y 增加 200％左右，其次是 B 低压缸前轴承处的 5X/5Y 和发电机前轴承处的 7X/7Y 分别减少 65％、50％左右，A 低压缸后轴承处的 4X/4Y 轴略有变化，减少 20％左右。

振动是突变的，振动变化后轴系稳定在一个新的状态，说明 B 低压转子存在围带或部分叶片断裂的可能性。从低压转子的振动响应推算，粗略估算不平衡量应该在 600g 左右，不会太大。4、5、7 号轴承处轴振动减小的原因应该是新的不平衡量与原始不平衡量反向，相当于对原始不平衡进行了平衡。

（3）揭缸检查。2012 年 6 月 1 日，1 号机组停机进行小修，6 月 6 日具备停盘车条件对 A、B 低压缸解体检查，低压 A 缸转子叶片未发现异常，低压 B 缸转子发现次末级反向叶片有 4 片顶部断裂，其中相邻 3 片（见图 5-30），与其接近对面的 1 片

（见图 5-31），断裂处距叶顶最长的 1 片为 170mm，最短的 1 片为 20mm，该级许多叶片进汽边都有不同程度的击伤；次末级正向叶片有 1 片出现裂纹，整圈叶顶损坏。

图 5-30　反向 3 片叶片损坏情况

图 5-31　对面的 1 片叶片损坏情况

（4）叶片断裂原因分析。

1）断口分析。

a. 断口宏观分析。对损坏的 4 片叶片进行编号，分别为 1、2、3 号及 4 号，4 片叶片宏观断口形貌见图 5-32 和图 5-33，叶片进汽边都有不同程度的击伤，断面氧化锈蚀比较严重，局部可见铁锈色。1、2 号和 3 号叶片断面都是从进汽边击伤处开始起裂的，扩展区海滩花样明显，瞬断区呈斜断口，边缘有剪切唇。4 号叶片是从出汽边一侧开始起裂的，起裂处也有外来物击伤的痕迹，断面上有一条纵向裂纹。

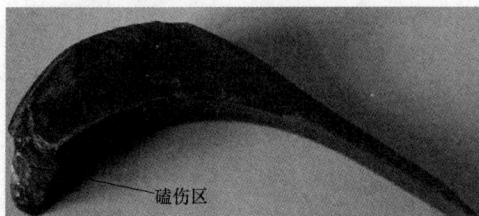

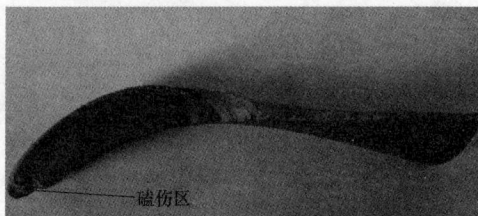

图 5-32　1、2 号叶片断口形貌

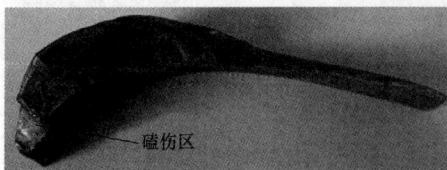

图 5-33　3、4 号叶片断口形貌

b. 断口微观分析。在 SUPRA™55 扫描电子显微镜下观察叶片断面微观形貌，用 QUANTAX200 能谱分析仪对断面进行 X-ray 微区成分分析，1、2、4 号叶片裂纹源区的微观形貌见图 5-34～图 5-36，断面氧化严重，有一层覆盖物，叶片上覆盖物主要为 O 元素和 Si 元素。

图 5-34　1 号叶片微观形貌

图 5-35　2 号叶片微观形貌

从断口分析来看，反向 1、2 号叶片的进汽边和 4 号叶片的出汽边都有异物打击带来的机械损伤，裂纹全部起始于机械损伤处，逐渐扩展至断裂。

2）材质分析。在 1 号和 4 号叶片上分别取样，检验化学成分、力学性能和金相组织，从对叶片的材质分析结果来看，损坏叶片材质的检测结果全部符合技术条件要求。

（5）处理方案。根据低压 B 缸转子次末级叶片损坏程度，决定返回制造厂进行叶片

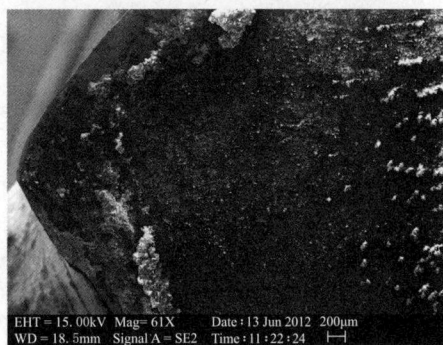

图 5-36　4 号叶片微观形貌

更换（应该考虑改用有安全使用业绩的长叶片，避免再使用故障叶片导致断叶片事故频发）。

4. 330MW 湿冷机组中压末级叶片脱落怎样诊断？

某电厂 1 号汽轮机为 330MW 亚临界、一次中间再热、单轴、双缸双排汽、双抽供热凝汽式汽轮机。机组轴系由高中压转子、低压转子和发电机转子组成，各转子之间为刚性连接，共有 6 个支承轴承及 1 个推力轴承。工业抽汽从中压转子次末级抽出，采暖抽汽从中压转子末级抽出。

（1）事件经过。12 月 17 日，机组进行新投产首次启动，汽轮机转速升到 1237r/min 时，由于 1X/1Y 轴振分别为 $178\mu m$，$166\mu m$，有爬升趋势，决定进行降速暖机（一定要在专业人员指导下，慎重进行），振动没有好转，停机盘车。经过 17h 盘车后，偏心等参数都在正常范围内，进行第 2 次启动，转速升到 1438r/min，1X/1Y 轴振分别为 230、$158\mu m$，主控打闸停机，汽轮机进行闷缸。再经过 4h 后，偏心值接近初始值，其他参数都在正常范围内，进行第 3 次启动，机组升到 3000r/min，机组轴系振动正常，通过临界转速区域时，1X 轴振动最大为 $112\mu m$。转速达 3000r/min 定速，经过 15min 后，汽轮机因 1~4 号轴承座处 X、Y 向轴振动突然增大跳闸（跳闸值为 $254\mu m$），跳闸后振动没有立即下降而是继续上升，后随转速降低而降低，机组跳机前后的轴振动值见

表 5-7 和表 5-8。经检查，ETS 跳闸，首出记录为振动大跳闸，SOE 记录为 1 号轴承座处双方向轴振动大跳闸。待偏心、上下缸温差等参数都恢复在正常范围后，再次启动，高中转子振动大过不了临界转速。

表 5-7　　　　　　　　　3000r/min 时各轴承处轴相对振动　　　　（位移峰峰值，μm）

转速 (r/min)	振动分量	1X	1Y	2X	2Y	3X	3Y	4X	4Y
3000 正常	通频	89	42	86	47	61	49	127	118
	工频	73/172	28/257	70/330	30/101	54.7/298	36/113	115/176	116/310
3000 跳机	通频	401	431	315	442	331	280	250	208
	工频	375/50	380/126	252/254	400/321	252/292	260/135	240/112	200/10
变化量	工频	418/41	399/123	245/238	423/319	197/280	227/138	216/83	174/45

表 5-8　　　　　　　　　　过临界时各轴承处轴相对振动　　　　（位移峰峰值，μm）

转速 (r/min)	振动分量	1X	1Y	2X	2Y	3X	3Y	4X	4Y
1621 正常	通频	112	102	67	66	24.2	39.	37	54
	工频	99/177	90/253	54/169	57/237	15/132	32/214	24/128	41/295
1623 跳机	通频	335	256	112	104	77	109	90	101
	工频	285/357	243/77	96/311	92/6	71/241	105/322	80/202	96/301
变化量	工频	384/357	332/76	142/315	135/25	67/229	119/327	76/219	56/316

（2）振动原因分析。3000r/min 时，振动突然增大，振动分量以工频振动为主，没有低频成分，排除汽流及轴承自激影响；降速惰走时，高中压转子过临界振动相位较启动时相差 180°。汽轮机整个轴系振动发生变化，其中高中转子振动变化量最大，低压转子受高中压转子振动波及，振动故障应发生在高中转子上。

跳机后，检查发现低压缸导汽管蝶阀前垫片泄漏，并且中压排汽温度异常偏高。在从 2450r/min 至 2900r/min 升速过程中，转速上升缓慢，与逻辑默认 300r/min 升速率不相符，虽然低压蝶阀机械限位最小为 8°，实际蝶阀开度不足，导致中压排汽温度异常偏高。

转子叶片脱落或动静摩擦是引起振动大跳机的主要原因。该两种原因存在争议，一种观点认为，由于中压排汽温度异常偏高，导致汽缸变形、汽封处摩擦导致振动异常，再加前 2 次高中压转子发生过严重摩擦，又由于该机是新投产机组，机组存在动静摩擦比转子叶片脱落造成的质量不平衡可能性要大。另一种观点认为，中压排汽温度异常偏高，导致汽缸不均匀变形、摩擦很可能同时发生在径向和轴向，强烈的摩擦导致叶片温度急剧升高、断裂，振动具有突发性，振动量值大，降速时振动回落迅速，过临界时振动相位发生 180°的变化，转子叶片脱落造成的质量不平衡在先，机组发生摩擦在后。

最终决定再次进行启动。在升速时，不同转速下停留一定时间，高中压转子振动没有爬升现象，随着转速上升，振动增大，接近高中压转子临界时，1X/1Y 轴振动达到跳机值，机组跳机，跳机后振动没有迅速回落，主要原因是此时发生了摩擦振动。振动值以工频为主，接近临界时的振动和相位较第3次启动都有了很大变化，与第3次惰走时振动相位接近，排除了摩擦振动的可能性，不平衡量变化二阶大于一阶，判断为高中压转子一侧有叶片脱落而存在质量不平衡〔10多年前某电厂600MW机组新机投产试运期间因误关再热器冷段造成高压缸闷缸，高压末5级叶片因摩擦鼓风产生的高温而损坏；在此以前，京能某热电厂4号机组（超高压一次中间再热热电联产汽轮机）新机投产试运期间，因误关中低压缸导汽管蝶阀导致中压缸闷缸，多处管道垫片泄漏，幸未造成叶片损坏。这个厂的机组新机投产时就断叶片，和上述两台机组闷缸导致断叶片和管道垫片泄漏的情况类似〕。

（3）揭缸检查。汽轮机组中压末级有一片锁紧叶片脱落。锁紧叶片由2根φ10的销钉固定，销钉断裂而导致锁紧叶片飞出，现场勘查结果，销钉从叶轮与叶根结合面处剪切断裂，其中高压侧为平齐的剪切断口见图5-37，低压侧为剪切加拉断断口见图5-38，从断口形貌判断，断裂顺序应是高压侧先剪断后发生低压侧剪切加拉断的。

图5-37 高压侧断口形貌

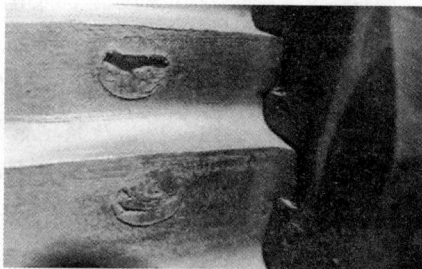

图5-38 低压侧断口形貌

（4）处理方案。现场更换叶片后（未进行转子动平衡试验），再次启动机组振动全部在正常值。

5. 200MW湿冷机组低压转子反向第2级叶片脱落怎样诊断？

某电厂1号汽轮机为200MW超高压、冲动式、一次中间再热、三缸双排汽、双抽、凝汽式汽轮机。机组轴系由高压转子、中压转子、低压转子、发电机转子和励磁机转子组成，各转子之间为刚性连接，共有9个支承轴承及1个推力轴承。汽轮机通流部分共32级，高压部分为一个单列调节级和11个压力级；中压部分为10个压力级；低压部分为双分流对称布置，共计2×5级。汽轮机共设有8段非调整抽汽，分别在9、12、15、17、20、22、23/28、25/30级后抽出，其中三段抽汽为工业抽汽，六段抽汽为采暖抽汽。

（1）事件经过。3月4日机组跳机前电负荷140MW，蒸发量600t/h，主蒸汽压力、温度为12.9MPa/534℃，再热蒸汽温度524℃，润滑油压124kPa，润滑油温39℃，真空-96.2kPa，低压蝶阀开度9%，六抽调整门开度42%，振动及其他参数均正常。4：18，机组各瓦振动突然增大，增长幅度最大的为5瓦，振动值达94.6μm（具体数据见表5-9），就地实测5瓦振动为110μm。运行立即采取了减负荷措施，将锅炉蒸发量减至

440t/h，减负荷过程中，除 5 瓦外，其余各瓦振动值略有所下降。4:26，5 瓦振动值超过 $100\mu m$，振动保护动作，机组跳机，跳机后，5 瓦振动值达 $125\mu m$（该机振动最大显示值为 $125\mu m$），随转速降低，振动有所回落，但过临界转速时，4、5 瓦振动又依次升高至 $125\mu m$。

表 5-9				带负荷时各轴承处轴相对振动			(位移峰峰值，μm)
转速	振动分量	1 瓦	2 瓦	3 瓦	4 瓦	5 瓦	6 瓦	7 瓦
140MW 正常	通频	16.0	9.7	28.4	20.1	43.0	23.0	18.1
140MW 异常	通频	33.6	43.5	41.6	29.3	94.6	26.7	27.3
变化量	通频	17.6↑	33.8↑	13.2↑	9.2↑	51.6↑	3.7↑	9.2↑

惰走时间与以前相比变化不大，4:46，转子静止投入盘车运行，盘车电流 33A，电流没有摆动现象，与以往投盘车时电流相同，没有变化。

(2) 振动原因分析。由于机组未安装 TDM 系统，无法对机组振动的信息进行分析，所以给跳机原因的分析带来一定难度。从机组各瓦振动的变化趋势分析，机组的振动是突然增大的。机组在负荷及其他参数稳定正常运行时，没有任何操作，由于转动部件脱落、动静碰磨、汽流激振及轴瓦自激振动等多种原因都可引起机组振动突然增大。轴瓦自激振动是由于轴瓦的承载发生变化，引起轴瓦的稳定性变差，振动的特征频谱中含有低频分量，振动量值的增大是低频分量的出现引起的。轴瓦自激振动跟轴瓦稳定性相关，往往发生在机组运行初期或检修后轴瓦的载荷发生了变化时，从机组以往的运行资料分析，轴瓦稳定性很好，可以排除轴瓦自激振动。汽流激振往往发生在大功率机组的高压转子上，振动具有突发性，且有较好的再现性，改变负荷振动消失，可排除汽流激振引起的振动。动静碰磨时振动的增大是渐进的过程，在转速一定时，振动量值不稳定，停机后测量大轴晃动比原始值明显增加，因此也可以排除动静碰磨引起的振动。从机组的振动特征来看，叶片脱落引起机组振动突然增大，掉下的叶片在随后卡在静叶上，与动叶产生了碰磨，从而造成了各瓦振动的进一步增大，引起机组跳机。转动部件脱落是引起机组振动增大的主要原因，脱落的部位是低压转子动叶片可能性最大。

(3) 揭缸检查。经检查发现，低压转子第 29 级（反向第 2 级）有 1 片叶片脱落，其位置在叶片根部上部销钉孔处断裂，该级其他动叶片有不同程度的刮伤，多组围带脱落，脱落的叶片卡在下级静叶上，见图 5-39～图 5-42。

(4) 金属试验分析。本级叶片材质为 2Cr13，2Cr13 钢属马氏体不锈钢，具有较高的韧性、冷变形性能，较好的热强性能和耐腐蚀性能，特别是其减振性很好。①通过对断裂断口宏观检查，叶片叶根断裂机理属于疲劳断裂，从断口形貌上判断，叶片是在轴向振动应力作用下引发的疲劳开裂；②通过对叶片材料进行化学成分分析，叶片材质化学成分不完全符合 2Cr13 钢标准要求（其中含有元素 Mo，而 2Cr13 钢不含有 Mo 元素）；③虽然断裂叶片材质机械性能合格，但与未断裂叶片相比，断裂叶片冲击韧

图 5-39　断裂叶片位置

图 5-40　叶根断口形貌

图 5-41　叶片围带脱落

图 5-42　其他受损叶片

性（40J）远低于未断裂叶片冲击韧性（72J），断裂叶片材质韧性偏低会加速其疲劳开裂过程。

（5）叶片受力分析。叶片断裂位置位于叶片根部上部销钉孔处，此处为叶根强度校核截面，静应力最大。该截面在叶根强度校核时仅进行静强度校核，静强度校核时考虑离心拉应力和汽流弯应力。断裂叶根断口最终拉断区仅占整个截面积的 1/8 左右，表明叶根静强度设计裕量足够。该叶根断口为疲劳断裂，即在叶根的最大静应力截面上又叠加了一个动应力。

在投产 3 年后，对该级叶片切向 A_0 型振动频率测试表明，该级叶片频率为 363～386Hz，叶片切向 A_0 型振动频率大于 350Hz，为不调频叶片。频率分散率为 6.14%，小于 8.00%，频率分散率在合格范围内，但偏大。

通过叶片受力分析，造成此次叶片断裂的原因是材料韧性低，疲劳强度低，销钉孔有应力集中，同时由于叶片安装质量不好，叶根之间不能紧密接触，不能起到完全止振的作用，造成叶身振动下传至叶根，在叶根最大静应力截面上再叠加一个动应力，随着运行时间的增加，必然在该截面上造成叶片的疲劳断裂。

（6）处理方案。因电厂和设备厂家均无足够数量叶片对受损叶片进行替换，为了尽快恢复设备运行，解除供热压力，确定低压转子 29 级缺 6 片叶片运行。

1）缺少的 6 片叶片为，脱落叶片 1 片，损伤叶片 2 片，为保持转子平衡，拆除对面完好叶片 3 片。为保护叶根，采取拆除的叶片留有 20mm 高叶片，对脱落的叶片安装假叶根。

2）对损坏的围带进行了更换，对被击伤破损的动、静叶片部位打磨，保持光滑过度。

3）待具备条件后，返制造厂对低压转子 29 级叶片全部进行更新。

4）在叶片回装过程中，严格控制叶片安装质量。必须做到相邻叶根间的接触面积大于 75%（特别是上、下部分），相邻两叶根间用 0.03mm 塞尺检查塞不进，以确保重新安装后叶片安全运行。

（7）临时处理后启动。临时处理后，机组整个启动过程、工作转速及带负荷，机组振动量值与掉叶片前相比变化不大（没有进行动平衡工作），串轴、推力瓦温等参数都在正常运行范围内。经过 56 天运行后转入大修，停机前一切参数正常。

三、转子弯曲故障

1. 600MW 湿冷机组发电机转子热弯曲怎样诊断？

某电厂 1 号汽轮机为 600MW 超临界机组，发电机为三相同步发电机，采用水氢氢冷却方式。额定参数为定子电压 20kV，定子电流 19245A，功率因数 0.9，转子电流 4145A，转子电压 407V。发电机一阶临界转速为 740r/min，二阶临界转速为 2044r/min。发电机两端支承轴承为落地式，编号为 7、8 号。

（1）振动现象。机组投产后，一直存在发电机不稳定振动问题。并网前发电机振动不大，随有功、无功负荷增加，发电机振动逐渐增大；减少负荷后，过一段时间振动有所回落。在高负荷运行时 8X 方向轴振最大为 128.3μm，振动频率以工频为主。高负荷与并网时相比 8X 方向轴振有 70μm 变化量，高负荷变动时相比 8X 方向轴振有 30μm 变化量。并网前后发电机轴相对振动通频值见表 5-10。

表 5-10　　　　　并网前后发电机轴相对振动通频值　　　（位移峰峰值，μm）

负荷（MW）	7X	7Y	8X	8Y	备注
0	46.3	53.5	60.1	55.9	并网前
160	99.6	55.5	100.3	80.6	
600	125.6	63.7	128.3	81.4	

（2）振动试验。

1）有功负荷变化试验。保持无功负荷及其他参数不变，进行增减有功负荷试验，观察发电机轴振变化情况。负荷从 450MW 快速增加到 580MW，稳定 45min 后，又快速降到 450MW。试验时发电机轴振有 25μm 的变化量，相位基本不变。加负荷时振动增加，减负荷后振动有所回降。

2）无功负荷变化试验。保持有功负荷及其他参数不变，进行增减无功负荷试验，观察发电机轴振变化情况，振动工频值试验数据见表 5-11。试验负荷点为 3 个，分别是 80、120、160Mvar，每个负荷点稳定 60min。在该项试验时，无功的改变是通过改变转子电流大小实现。

表 5-11　　　　　　　　无功负荷变化发电机轴相对振动　　　　（位移峰峰值，$\mu m \angle °$）

时间	负荷（MW）	无功（Mvar）	7X	7Y	8X	8Y
9：30	580	80	99.6∠289	55.5∠122	100.3∠312	80.6∠136
10：30	580	120	118.2∠302	61.8∠118	112.4∠299	58.0∠109
11：30	575	160	123.4∠273	58.9∠120	131.0∠305	96.7∠130

3）氢气温度变化试验。保持有功负荷及其他参数不变，特别是转子电流不变，进行改变发电机氢气温度试验，观察发电机轴振变化情况。将氢气温度从 42℃ 降至 35℃，稳定 30min 后逐渐升到 42℃，试验期间负荷及转子电流稳定，发电机振动变化不大。

4）润滑油温变化试验。保持有功负荷及其他参数不变，特别是转子电流不变，进行改变发电机轴承进油温度试验，观察发电机轴振变化情况。将轴承进油温度从 40℃ 提升到 48℃，稳定 10min 后逐渐降回 40℃，试验期间负荷及转子电流稳定，发电机振动变化不大。

5）发电机转子匝间短路试验。机组启机时，对转子进行了交流阻抗、功率损耗重复脉冲检测法（RSO）试验及在发电机额定转速空载时，进行了空载特性试验。试验数据表明：①交流阻抗与转速呈反比关系；②在 1000r/min 以上时，功率损耗基本不变；③RSO 测量到的两个波形几乎相同；④空载工况时，定子电压达到额定值，转子电流接近设计值。以上试验说明发电机转子线圈匝间存在短路故障的可能性很小。

6）机组每次停机时，发电机振动都比启动时大，特别是过临界时。再次启动与上次启动比较，发电机振动变化不大，振动规律具有重复性。

（3）试验分析。在无功负荷不变，改变有功负荷试验时，发电机振动有 $25\mu m$ 的变化量。在该项试验时，有功负荷变化时，励磁系统会自动地调节励磁电流大小，即转子电流的大小也会改变。有功负荷变化，振动变化影响因素不但与转子电流有关，还与其他因素有关。

在有功负荷不变，改变无功负荷试验时，发电机前后轴承 X 向的 7、8 号轴承处的轴振有 39、$34\mu m$ 变化量，振动变化影响因素只与转子电流有关。

通过试验排除了氢气温度、润滑油温及转子匝间短路对振动的影响。综合对比分析，可以发现发电机的振动实质上只与转子电流的大小有关。以工频为主的振动与转子电流有关，意味发电机转子存在热弯曲，从每次停机时发电机振动都比启机时大，也验证了发电机转子运行中发生了热弯曲。通常引起发电机转子热弯曲的主要原因有：①转子材质问题；②转子线圈匝间短路；③转子线圈膨胀受阻；④冷却系统故障。

从振动特点、历史和试验数据来判断，带负荷过程中发电机振动增大的主要原因是转子材质存在缺陷引起热态不平衡。

（4）处理方法及结果。采用高速动平衡的手段补偿热不平衡对发电机振动的影响，达到改善发电机转子振动目的。工作转速及带负荷过程中，发电机前后轴承工频振动基本是同相分量，表现为三阶振型。由于发电机本体加重需要充排氢，费时费力，平衡三阶振动不一定理想，决定在低发对轮及发励对轮加一组质量，受发励对轮加重位置限制，制作了特殊平衡块。试加重 1 次，调整 1 次，调整后的低发对轮加重为 1100g/239°，发励对轮加重为 650g/273°。

平衡后发电机振动在工作转速时，8X 方向轴振最大 $55.3\mu m$，在加负荷中及稳定运行时，8X 方向轴振最大为 $83.2\mu m$，经过一周的运行，振动稳定。

2. 600MW 空冷机组高中压转子热弯曲怎样诊断？

某电厂 1 号汽轮机为 600MW 超临界、一次中间再热、单轴、三缸四排汽直接空冷凝汽式汽轮机。汽轮机由一个高中压合缸和两个双流的低压缸组成，高中压合缸有利于高压通流胀差的减小，从而缩短启动时间。汽轮机通流部分采用全三维设计体系，通流级数为 40 级。轴系由高中压转子、1 号低压转子、2 号低压转子、发电机转子和励磁集电环转子组成，各转子之间为刚性连接，共有 9 个支承轴承及 1 个推力轴承，汽轮机总长度约为 26.2m。

（1）振动情况。

1）振动特点。随着运行时间的增加，高中压转子临界转速下的振动值逐渐增大，工作转速下的振动值也有增大的趋势，振动的增大是逐步发展的，没有出现运行中振动突变的情况，停机时过临界振动比启动时增大明显。振动频率成分主要为工频振动，在机组带负荷运行时，随着负荷和其他运行参数的变化有一定幅度波动，但总体比较平稳，在临界转速下表现出明显的共振响应，是典型的普通强迫振动。高中压转子经过现场动平衡后，启机时能够顺利通过临界转速，但至下一次停机时过临界振动值又明显增大。停机时，高中压转子偏心偏大，但经过长时间盘车后，转子偏心值有所减小，但不能回到原始状态。

2）发展趋势。机组投产时，高中压转子过临界及工作转速时轴振动处于良好状态，随着机组运行时间的增长，高中压转子过临界振动逐渐增大。在约 1 年的运行过程中，1X/1Y 方向轴振动高于 $254\mu m$（跳机值），2X/2Y 方向轴振动高于 $230\mu m$，振动数据见表 5-12，轴振波德图见图 5-43 及图 5-44。现场动平衡后，又经过 1 年多的时间运行后，1X/1Y 轴振动增长过快，且 1Y 方向轴振动已接近跳机值。

表 5-12		启停时各轴承处轴相对振动					（位移峰峰值，μm）
日期	升/降速	转速（r/min）	1X	1Y	2X	2Y	备注
2011.12.13	↑	1600	20	8	15	30	首次启动
2012.12.14	↑	1628	134	163	142	137	
2012.12.31	↓	1664	230	262	150	139	
2013.03.01	↑	1668	107	149	125	126	
2013.04.08	↑	1626	245	282	239	231	
2013.04.28	↑	1639	79	95	80	77	第 1 次平衡后
2014.09.12	↓	1680	199	233	95	96	
2014.10.06	↓	1642	82	100	85	80	第 2 次平衡后

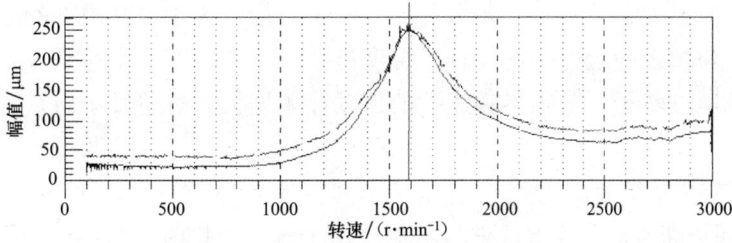

图 5-43 平衡前停机时 1X 轴振波德图

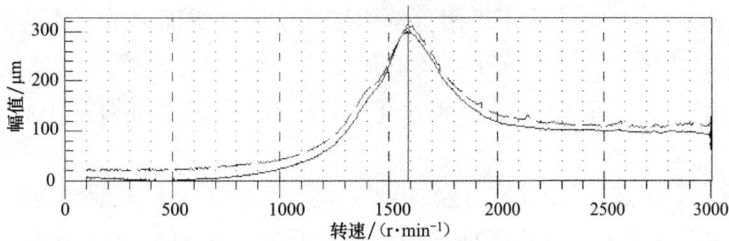

图 5-44 平衡前停机时 1Y 轴振波德图

（2）原因分析。机组过临界振动大主要原因有以下几个方面。

1）转子存在一阶质量不平衡。由于转子加工制造过程中或是检修时更换的转动部件存在原始质量不平衡，以及转子存在永久弯曲等原因，对机组一阶振动响应敏感。

2）材质缺陷。转子材质不均匀，转子受热后膨胀不均匀，导致热弯曲，转子有残余应力，制造阶段"时效"时间不够，转子残余内应力过大、分布不均匀，转子受热后应力释放，导致转子热弯曲。

3）动静摩擦。机组运行中，转子与汽缸等静止部件易发生摩擦，摩擦振动是机组振动常见故障之一。当发生动静摩擦时，接触处温度升高，转子径向存在温差，发生转子热弯曲。

4）汽缸上下温差。机组在启、停过程中，由于汽缸上下温差大，可使汽缸产生向上拱起或向下挠曲的变形，汽缸弯曲使前后端轴封和隔板汽封的径向间隙减小甚至消失，而造成动静部分摩擦，导致转子热弯曲。

5）转子与水（汽）接触。在启动时，主、再热蒸汽、轴封供汽带水以及本体及管道疏水不畅；在停机时，凝汽器、高压加热器、除氧器等容器水位偏高此时抽汽止回门不严，水或汽进入汽轮机，都会使转子局部遭到冷却，转子径向产生偏差，转子产生热弯曲。

6）转子存在轴向不对称漏汽。转子单侧漏汽或两侧漏汽不对称时，使转子冷却或加热不均，造成转子径向不对称温差，导致转子热弯曲。

机组自投产以来，高中压转子上没有检修作业，也没有发生过汽缸进水或严重的动静碰磨之类的重大事故。通过对机组历次启停机相关参数、运行状态及振动数据进行比对，高中压转子过临界转速的振动逐渐变大是高中压转子材质存在缺陷、组织不均匀，残余内应力过大、分布不均匀引起的。转子弯曲量大小与其内部的残余内应力释放过程有关，与机组的运行时间及转子温度有关。当转子弯曲量达到一定程度后，会造成启、停机通过转子一阶临界转速时的振动显著增大，有些转子由热弯曲变成了永久弯曲。

（3）处理方法及结果。

1）采取现场高速动平衡方法进行消振。由于机组停机时，高中压转子过临界振动过大，决定采用高中压转子加重方法补偿转子弯曲量，从而解决机组过临界振动大的问题。

a. 加重面确定。平衡一阶不平衡可选用转子中间加重面加重，为避免引起二、三阶不平衡，特别是高压小轴无支承，易存在三阶不平衡，因此本次加重面选为 3 个面，分别是转子的高压端面、中间面及中压端面，该 3 个面加重半径分别为 670、1080、910mm。

b. 试加重位置确定。每次降速过临界时，高中压转子两端的轴振动相位比较稳定，具有良好的重复性，且高中压转子两端的轴振动同相（见表 5-12）。平衡一阶振动的机械滞后角取 90°，计算试加重角度。

表 5-13　　　　　　　一阶动平衡前后各轴承处轴相对振动　　（位移峰峰值，$\mu m \angle°$）

转速（r/min）	升/降速	1X	1Y	2X	2Y	备注
1668	↑	105∠68	139∠160	123∠51	121∠139	
3000	↑	119∠185	113∠280	49∠104	52∠158	平衡前（工频值）
1626	↓	239∠79	261∠178	153∠68	152∠158	
1639	↑	67∠53	86∠173	76∠114	36∠187	平衡后（工频值）
3000	↑	72∠162	79∠260	36∠115	37∠187	

c. 试加质量确定。根据转子质量、加重半径及升降速的一阶临界振动值，兼顾工作转速的振动值，采用模态平衡法，进行 3 个加重面的加重配置。高压转子端面 22、23 号孔分别加重 195g，合成质量为 387g/189°；高中压转子中间面 21、22 号和 24 号孔分别加重 170、180g 和 170g，合成质量为 493g/186°；中压转子端面 22 号和 23 号孔分别加重 198g 和 192g，合成质量为 387g/189°。

2）平衡效果。利用停机机会，降速时测量高中压转子过临界振动值，采用模态平衡法和影响系数法计算配质量，在高中压转子的高压端面、中间面及中压端面三个平面同时配重。经过一次试加重后，在过临界及工作转速时，高中压转子轴振动较上次启动有明显下降（见表 5-12），但经 1 年半的运行，1X/1Y 轴振又接近跳机值，2X/2Y 轴振变化不大（见表 5-13）。

（4）再次进行现场高速动平衡。利用 2014 年 9 月的数据，高中压转子进行了第二次动平衡，计算加重角度与上次相同，加重方法与上次相同，三个面同时加重，两侧分别加重 200g，中间加重 280g。平衡后启动时，过临界振动最大为 100μm，工作转速时，振动与以前相比没有变化。

3. 600MW 湿冷机组高中压转子热弯曲怎样诊断？

某电厂一台 600MW 超临界、一次中间再热、单轴、三缸四排汽凝汽反动式汽轮机。汽轮机有一个单流的高中压缸和两个双流的低压缸组成，通流级数为 44 级，高中压合缸且为双层缸结构，低压缸为三层缸。轴系由高中压转子、1 号低压转子、2 号低压转子、发电机转子和励磁集电环转子组成，各转子之间为刚性连接，共有 9 个支承轴承及 1 个推力轴承，汽轮机总长度约为 27.2m。

(1) 振动情况。机组 2008 年 12 月投产。首次启动时，高中压转子过临界及工作转速时轴振动处于良好状态，但随着机组运行时间的增长，高中压转子过临界振动在启停机过程中逐次增大，特别是在停机时。在约 17 个月运行后的一次停机惰走时，高中压转子过临界振动 1 号轴承处 X/Y 向轴振动分别为 $314\mu m/305\mu m$，高于 $254\mu m$ 跳机值，2 号轴承处 X/Y 向轴振动分别为 $245\mu m/252\mu m$（见表 5-14），停机时 1、2 号轴承处 X/Y 向轴振波德图（见图 5-45～图 5-48），2008 年 12 月首次启动到 2010 年 5 月停机期间，高中压转子启停过临界的振动变化趋势图（见图 5-49、图 5-50）。高中压转子偏心，停机时大于启动时，经过长时间盘车后，转子偏心值有所减小，但不能回到原始状态。

表 5-14　　　　　　　　启停时高中压转子轴相对振动　　　　　（位移峰峰值，μm）

日期	升/降速	转速（r/min）	1X	1Y	2X	2Y	备注
2008.12.01	↑	1525	36	32	43	46	首次启动
2008.12.10	↓	1542	81	75	86	82	
2009.08.16	↑	1600	57	60	70	72	
2009.09.18	↓	1578	151	153	149	150	
2010.03.13	↑	1576	246	244	230	236	
2010.05.09	↓	1590	314	305	245	252	

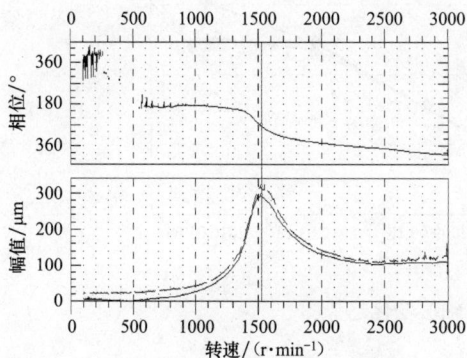

图 5-45　1X 轴振波德图

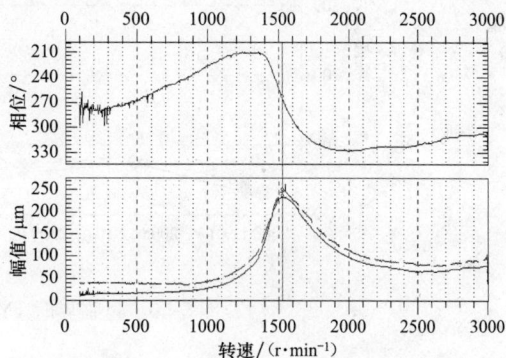

图 5-46　2X 轴振波德图

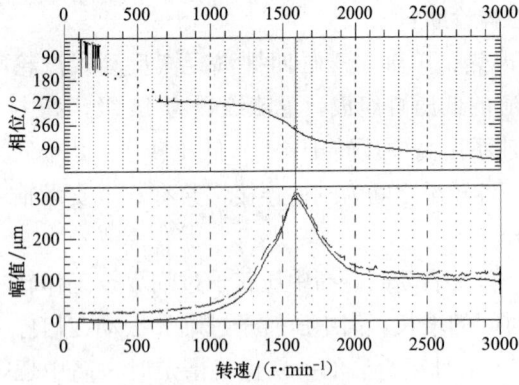

图 5-47　1Y 轴振波德图

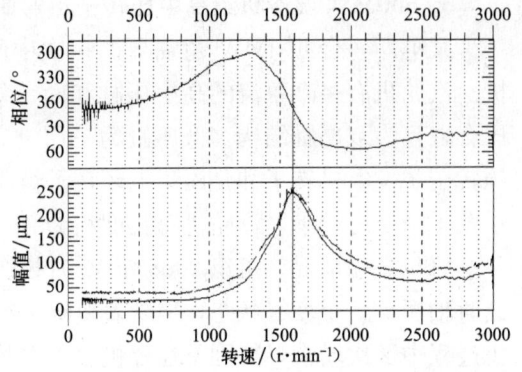

图 5-48　2Y 轴振波德图

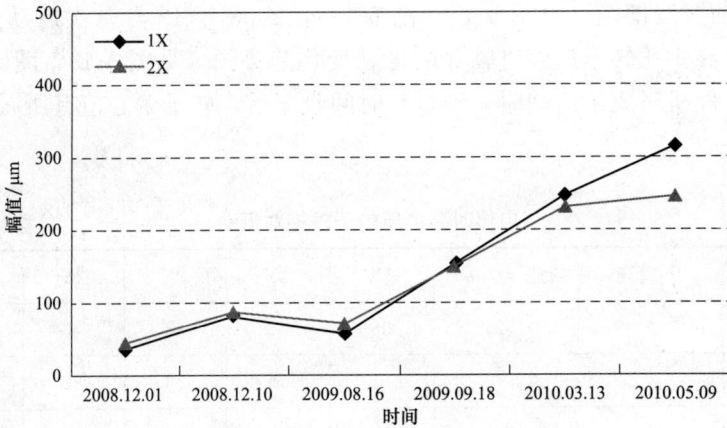

图 5-49　过临界时 1X/2X 轴振变化趋势图

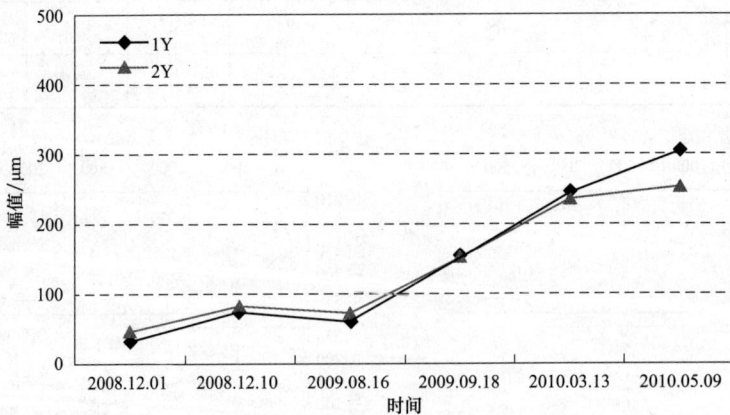

图 5-50　过临界时 1Y/2Y 轴振变化趋势图

（2）原因分析。1、2 瓦处轴振动的频率成分主要为工频，在机组带负荷运行时，随着负荷和其他运行参数的变化有一定幅度波动，但总体平稳。在临界转速下表现出明显的共振响应，是典型的普通强迫振动。

机组自投产以来，运行参数正常，未进行揭缸检修。通过对机组历次启停机相关参数、运行状态及振动数据进行比对，高中压转子过临界转速的振动逐渐变大是高中压转子材质存在缺陷、组织不均匀，残余内应力过大、分布不均匀引起的。转子材质不均匀，转子受热后膨胀不均匀，导致转子热弯曲；转子有残余应力，制造阶段"时效"时间不够，转子残余内应力过大，转子受热后应力释放，导致转子热弯曲。有些转子由热弯曲变成了永久弯曲，目前看来，这种弯曲趋势还在继续。

（3）处理方法及结果。

1）采取现场高速动平衡方法进行消振。由于机组停机时，高中压转子过临界振动过大，影响机组安全运行。决定现场高速动平衡，在高中压转子上加重补偿转子弯曲量，从而解决机组过临界振动大的问题。

根据转子质量、加重半径及升降速的一阶临界振动值，兼顾工作转速的振动值，采用模态平衡法，进行 3 个加重面的加重配置。高压转子端面两个孔分别加重，合成质量为 580g/311°；高中压转子中间面三个孔分别加重，合成质量为 870g/304°；中压转子端面两个孔分别加重，合成质量为 580g/311°。由于时间关系，仅进行一次加重，平衡后高中压转子启动过临界 2Y 振动最大为 122μm（见表 5-15）。

表 5-15　　　　　　　　启停时高中压转子轴相对振动　　　　（位移峰峰值，μm）

日期	升/降速	转速（r/min）	1X	1Y	2X	2Y	备注
2010.08.01	↑	1535	86	97	101	122	第1次平衡后
2011.07.10	↓	1574	124	149	121	124	
2012.01.07	↑	1589	127	131	122	139	
2012.03.18	↓	1610	160	188	129	141	
2012.03.28	↑	1600	95	102	112	125	第2次平衡后
2012.09.26	↓	1605	135	158	142	159	
2013.04.26	↑	1598	215	233	149	170	
2013.05.09	↓	1586	346	233	210	270	

2）高中压转子返厂车削处理。加重后高中压转子过临界振动在可接受范围内，但经过一段时间运行，振动又逐渐增大，而后又进行了一次平衡，平衡后当时振动有所好转，经过几次启停后，振动发展到不可接受范围内，由于加重面平衡块已满，现场无法再配重，只好返厂处理。返厂后进行了弯曲测量，高中压转子返厂对各级围带、各处汽封、各处对轮圆周、主油泵两侧油封环和主油泵前后短轴等弯曲高点部位进行了车削。在制造厂对高中压转子进行了高速动平衡，动平衡值达到了"出厂"标准，转子回现场启动后，高中压转子过临界轴振值在 50μm 以内，工作转速及带负荷轴振值在 80μm 以内。

4. 300MW 湿冷机组高中压转子热弯曲怎样诊断？

某电厂一台 300MW 亚临界、一次中间再热、高中压合缸、单轴、双排汽、双抽可调整凝汽式汽轮机。高中压通流结构为冲动式，低压通流结构为反动式（大型冲动式汽轮机都是如此，低压级均有一定反动度，末级动叶的反动度甚至高达70%以上），通流级数为27级，高中压合缸且为双层缸结构，通流部分轴向间隙大、径向间隙小，具有良好的热负荷适应性。轴系由高中压转子、低压转子、发电机转子和励磁集电环转子组成，各转子之间为刚性连接，共有7个支承轴承及1个推力轴承，汽轮机总长度约为18.6m。

（1）振动情况。2010年12月22日，机组进行投产后的首次启动，一次启动达到工作转速3000r/min。高中转子过临界时轴振在80μm内，工作转速时2Y向轴振最大为97μm。高中压转子过临界振动值在启停机过程中逐次增大，初期增大缓慢、后期增大速率加快，在约14个月运行后的一次停机惰走时，高中压转子过临界振动1号轴承处X向轴振动为203.6μm（见表5-16）。停机时偏心较启动时增加很多，虽然经过长时间盘车，偏心值也不能回到原始值。

表5-16　　　　　　　　　　启停时高中压转子轴相对振动　　　　　　（位移峰峰值，μm）

日期	升/降速	转速（r/min）	1X	1Y	2X	2Y	备注
2010.12.22	↑	1560	77.9	61.8	77.9	74.0	首次启动
2010.12.22	↑	3000	31.3	26.5	81.6	97.0	
2011.01.23	↓	1565	124.5	98.6	79.5	69.4	
2011.04.01	↑	1558	70.0	44.4	42.3	33.4	
2011.12.30	↓	1562	191.7	102.4	118.1	75.8	
2012.03.09	↑	1554	160.9	69.9	85.9	57.9	
2012.03.29	↓	1553	203.6	108.6	115.0	81.1	
2012.04.28	↑	1540	62.3	27.8	46.7	26.5	动平衡后
2013.09.22	↓	1548	95.3	86.2	77.7	70.7	

（2）原因分析。1、2瓦处轴振动的频率成分主要为工频，在临界转速下表现出明显的共振响应，同一方向的轴振动相位接近，是典型的普通强迫振动。

机组每次启停都是严格按照操作规程要求控制参数，如启动前的大轴晃度、上下缸温差、胀差、膨胀及进汽参数等。机组自投产以来，运行参数正常，没有发生汽缸进水、严重摩擦能使转子发生弯轴的事故，也未进行揭缸检修。高中压转子过临界转速的振动是逐渐变大不是跳跃式增加。综合分析，高中压转子过临界振动大是由高中压转子材质存在缺陷、组织不均匀，残余内应力过大、分布不均匀引起的。

（3）动平衡处理及效果。机组启停机时，高中压转子过临界振动逐次增大，在2012年3月，一次停机时1X向轴振达203.6μm，虽然振动值在跳机值内，但由于振动值增大快速，为抑制振动快速发展，决定现场高速动平衡。

根据转子质量、加重半径及升降速的一阶临界振动值，兼顾工作转速的振动值，采用模态平衡法，进行3个加重面的加重配置。利用停机时实施加重，高压转子端面1个孔加重为225g/324°；高中压转子中间面1个孔加重为293g/324°；中压转子端面1个孔加重为225g/324°。仅进行一次加重，平衡后高中压转子启动过临界1X振动最大为62.3μm。高中压转子过临界振动值平衡后较平衡前增长缓慢。

四、转子中心不对中故障

1. 600MW 湿冷机组低发对轮不对中怎样诊断？

某电厂一台 600MW 超临界、一次中间再热、单轴、三缸四排汽凝汽反动式汽轮机。轴系由 1 根高中压转子、2 根低压转子、1 根发电机转子组成，汽轮发电机共有 9 个支承轴承及 1 个推力轴承，其中汽轮机转子用可倾瓦轴承支承。高中压转子和 1 号低压转子之间装有刚性的法兰联轴器，1、2 号低压转子通过中间轴刚性连接，2 号低压转子和发电机转子通过联轴器刚性连接。

（1）振动情况。机组检修前振动处于良好水平，检修后首次启动，过临界转子振动不大，但转速达 3000r/min 时，2 根低压转子的轴振动都比修前大，其中 4Y 轴振高达 164μm。振动成分主要是 1 倍频，3 瓦和 4 瓦处的轴振动 X、Y 方向相位分别接近反相，4 瓦和 5 瓦处的轴振动 X、Y 方向相位分别接近同相，5 瓦和 6 瓦处的轴振动 X、Y 方向相位分别接近反相，振动数据见表 5-17。

表 5-17　　　　　　　　　　　修后首次启动振动数据　　　　　　　　（位移峰峰值，μm）

转速（r/min）	分量	3X	3Y	4X	4Y	5X	5Y	6X	6Y
3000	通频	115	138	116	164	147	113	99.3	90
	工频	109/80	110/185	98.7/276	141/25	121/338	107/84	66.6/176	60/303

（2）检修情况。机组检修中未做影响转子质量平衡的检修工作，轴系的中心调整严格按照制造厂提供的标准执行。检修后的对轮晃度、瓢偏都控制在标准范围内，对轮的圆差和面差接近设计值（见表 5-18），检修前后的轴瓦扬度变化不大（见表 5-19）。

表 5-18　　　　　　　　　　　　检修后对轮中心　　　　　　　　　　　　（mm）

	圆	面
中低对轮	中压转子低 0.285（标准 0.30），向右偏 0.02	下张口 0.131（标准 0.127），右张口 0.001
1、2 号对轮	1 号低压转子低 0.16（标准 0.15），向左偏 0.003	下张口 0.208（标准 0.203），右张口 0.018
低发对轮	2 号低压转子高 0.14（标准 0.127），向右偏 0.005	下张口 0.125（标准 0.127），右张口 0.01

表 5-19　　　　　　　　　　　检修前后轴瓦扬度　　　　　　　　　　　（mm）

修前轴瓦扬度						
	1 瓦	2 瓦	3 瓦	4 瓦	5 瓦	6 瓦
联对轮	1.18	0.75	0.66	0.17	0.11	−0.19
解对轮	1.11	0.88	0.66	0.21	0.13	−0.21
半缸	1.15	0.92	0.65	0.25	0.13	−0.22
修后轴瓦扬度						
	1 瓦	2 瓦	3 瓦	4 瓦	5 瓦	6 瓦
联对轮	0.94	0.66	0.65	0.19	0.12	−0.20
解对轮	0.89	0.76	0.65	0.21	0.13	−0.21
半缸	0.97	0.81	0.67	0.26	0.13	−0.23

（3）振动原因分析。检修时，转子上没有做影响转子质量平衡的检修工作，检修工艺严格执行检修标准，按照制造厂要求调整轴系中心，按理说修后的机组振动应该好于修前，事实恰恰相反。低压转子轴振动的主要成分是工频，属于稳定的强迫振动，从检修及振动数据方面来看，可以排除转子本体上存在质量不平衡、排除动静摩擦及转子弯曲，虽然检修数据中的对轮中心正常，但也不能排除运行中对轮中心存在问题。在后来对轮加重时，复查低低对轮组合晃度为 $90\mu m$，比修后时的 $30\mu m$ 大了 $60\mu m$。由于时间关系未复查对轮连接前自由状态下的晃度（单跳），从对轮的组合晃度的变化，可以佐证低低对轮存在不对中问题。对轮中心不对中可能会使转子承受额外的激振力，也有可能改变轴承动力特性从而使转子振动增大。

（4）第一阶段平衡情况。复查对轮中心，需要一定时间，现场机组并网时间急迫，只好用平衡手段改善振动。第 1 次加重是在 1 号低压转子末级叶轮上加一组反对称质量，加重后启动效果不明显。根据 1 号低压转子振动响应，对 1 号低压转子加重角度进行了调整，加质量不变。因 2 根低压转子响应特性接近，2 号低压转子借用 1 号低压转子影响系数，计算 2 号低压转子加质量，进行了第 2 次组合加重，即 1、2 号低压转子末级叶轮分别加一组反对称质量，加重后启动振动没有改善，振动数据见表 5-20，第 2 次加重后 4X、5X 升速过程的波德图见图 5-51 和图 5-52。

表 5-20　　　　　第一阶段 3000r/min 平衡振动数据　　　　　（位移峰峰值，μm）

轴振	3X	3Y	4X	4Y	5X	5Y	6X	6Y	备注
通频	115	138	116	164	147	113	99	90	首次启动
第 1 次加重：3 瓦侧加重 450g/202°，4 瓦侧加重 450g/22°									
通频	102	98.2	118	149	158	167	52	45	第 1 次加重后
第 2 次加重：3 瓦侧加重 450g/270°，4 瓦侧加重 450g/90°；5 瓦侧加重 456g/135°，6 瓦侧加重 456g/315°									
通频	119	117	135	161	118	132	66	58	第 2 次加重后

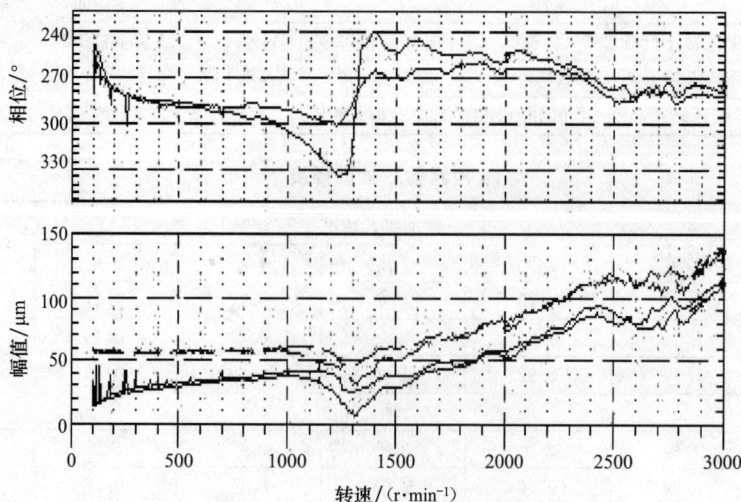

图 5-51　4X 升速过程的波德图

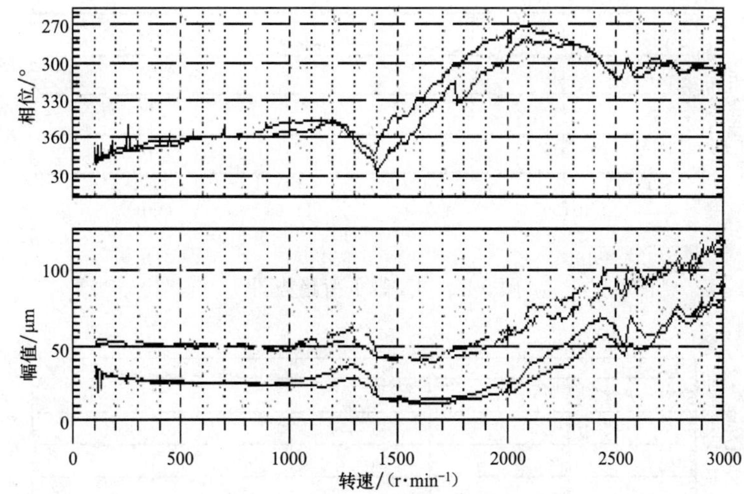

图 5-52 5X升速过程的波德图

（5）第二阶段平衡情况。根据检修情况，低压转子发生不平衡的可能性很小，不平衡量应该出在对轮连接上，由于4瓦和5瓦在1、2号低压转子对轮两侧，振动相位接近同相，4瓦和5瓦相邻，因此加重方案首选的是在4瓦和5瓦对轮之间加重。但是该处对轮结构比较特殊，对轮连接销子两侧拧紧螺帽后，还要在螺帽外侧装挡风板，在对轮销子上没有合适位置加重。电厂不同意在对轮加重，因此选择在低压转子本体上加重方案。从第1次和第2次加重后机组的振动响应证明，低压转子本体加重对振动没有改善。因此尝试在4瓦和5瓦对轮之间加重。第2次2根低压转子的加重量全部取下，临时将4瓦侧270°对轮的连接销子两侧螺帽各车掉460g（相当于在对轮90°方向加重920g），去重后3000r/min时低压转子振动全部在70μm以内。

为防止连接强度不足，换下去重的两个螺帽，特制了两个螺帽，长度与正常螺帽相同，外圆加大，比正常螺帽重460g，替换掉90°方向对轮销上的螺帽。再次启动工作转速及满负荷的数据见表5-21，3X、4X和5X轴振动在带负荷过程的趋势图见图5-53～图5-55。

表 5-21　　　　　　　　　第二阶段平衡后振动数据　　　　　　　　（位移峰峰值，μm）

负荷（MW）	3X	3Y	4X	4Y	5X	5Y	6X	6Y
0	64.7	67.3	49.8	69.1	35.6	53.9	52.2	45.5
596	68.9	72.4	40.1	59.2	50.7	56.9	35.9	28.5

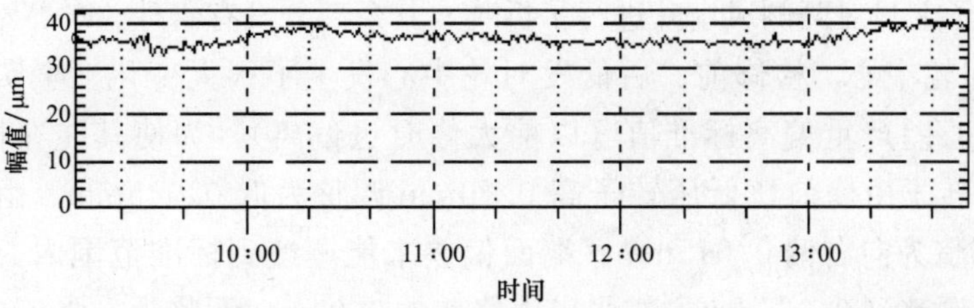

图 5-53　3X带负荷趋势图

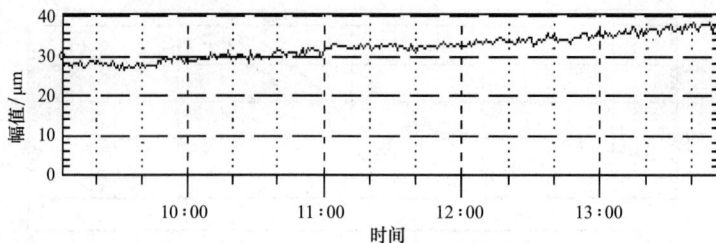

图 5-54　4X 带负荷趋势图

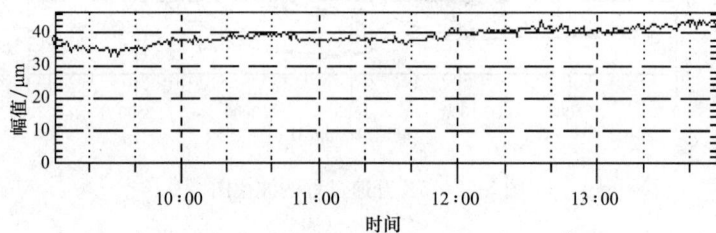

图 5-55　5X 带负荷趋势图

2. 200MW 湿冷机组低发对轮不对中怎样诊断?

某电厂一台 200MW 超高压、一次中间再热、单轴、两缸、双排汽、双抽、凝汽供热式汽轮机,发电机的额定容量、电压和电流分别为 235MVA、18kV 和 7547.1A,冷却方式为空气冷却,型号为 WX23Z—109LLT。发电机一阶临界转速为 860r/min,二阶临界转速为 2298r/min,汽轮机及发电机转子支承轴承均为落地式轴瓦。

机组检修前振动处于良好水平,检修后启动转速为 2000r/min 时,汽轮机转子轴振和瓦振都小于 $50\mu m$,而发电机转子的 5、6 瓦振动大,5 瓦垂直振动达 $82\mu m$,机组跳机(振动保护为单瓦达到 $80\mu m$ 机组跳机),发电机转子无法通过二阶临界转速。在排除低发对轮装配工艺不当及摩擦因素后,机组也未能达到 2200r/min,通过 3 次动平衡后,发电机转子过二阶临界时瓦振小于 $20\mu m$,工作转速时瓦振小于 $30\mu m$,机组顺利带满负荷。

(1) 检修情况。

1) 发电机转子。发电机解体抽转子,对各部吹灰、擦拭、清理和检查,对转子本体、护环、中心环及风扇叶进行探伤。检修中只发现定子铁心有 11 处局部过热,其余部分正常,转子上只对两侧风扇叶进行了拆装,其余部分没有修理。

2) 低发对轮中心。检修前、后低发对轮中心发生了很大变化。全实缸状态,修前低发对轮圆心差严重偏离标准值(以前大修时也偏离),为使其能在标准范围内,修后把发电机转子由修前比低压转子高 0.20mm 调整为低 0.045mm,由修前向左偏 0.175mm,调整为向右偏 0.015mm;端面偏差未能调整到标准范围内,下张口由修前的 0.10mm 调整到 0.065mm,左张口由修前的 0.04mm 调整为右张口 0.05mm,见表 5-22。

表 5-22　　　　　　　　　　　　检修前、后低发对轮中心　　　　　　　　　　　　（mm）

		圆	面
半实缸	解体前	发电机转子高 0.115，向左偏 0.175	下张口 0.07，左张口 0.03
	修后	发电机转子低 0.05，向右偏 0.005	下张口 0.07，右张口 0.05
全实缸	解体前	发电机转子高 0.20，向左偏 0.175	下张口 0.10，左张口 0.04
	修后	发电机转子低 0.045，向右偏 0.015	下张口 0.065，右张口 0.05
标准		圆心差≤0.025	端面偏差（张口）≤0.03

3）低发对轮组合晃度及同心度。低发对轮低压侧对轮组合晃度修前 2～8 点最大为 $50\mu m$，修后 1～7 点最大为 $70\mu m$；电机侧对轮组合晃度修前 5～11 点最大为 $80\mu m$，修后 4～10 点最大为 $90\mu m$。低发对轮同心度修前 5～11 点最大为 $70\mu m$，修后 1～7 点最大为 $150\mu m$。低发对轮低压及电机侧单跳最大为 $50\mu m$，组合后低压侧变化不大，而电机侧变化大，低发对轮组合晃度及同心度修后超过标准要求的 $30\mu m$，见表 5-23。

表 5-23　　　　　　　　　　　低发对轮组合晃度及同心度　　　　　　　　　　（×0.01mm）

	解体前						修后					
测点	1～7	2～8	3～9	4～10	5～11	6～12	1～7	2～8	3～9	4～10	5～11	6～12
低压侧	−2	−5	−4	−2	−1	−2	−7	−6	−2	2	3	6
电机侧	3	0	−2	−6	−8	−8	8	5	0	−9	−7	−6
同心度	−5	−5	−2	4	7	6	−15	−11	−2	11	10	12

4）低发对轮连接。低发对轮采用锥形套液力螺栓连接，在拆装时，需要使用专用的拉伸装置对螺杠拉长，以控制螺杠伸长量，目的是装配时实现螺栓、锥形套和对轮三者无间隙配合，限制螺杆应力开释；拆卸时更好地释放拉应力，减少螺帽承受的压力，实现螺栓、锥形套和对轮三者的分离。低发对轮螺栓检修拆装时，没有使用专业工具，由于机组振动，后来用专业工具重新进行了装配。

（2）振动情况。9 月 26 日，机组进行大修后首次启动，转速升至 2000r/min 时，5 瓦垂直振动达到 $82\mu m$，机组跳机（振动保护为单瓦达到 $80\mu m$ 机组跳机），而后对 5 瓦振动保护跳机值进行了调整，跳机值放大到 $100\mu m$（进行了严格审批手续和相应的技术保障措施），又进行了 1 次启动，结果和首次同样，5 瓦振动大跳机，未能达到 2200r/min。机组转速在 2200r/min 时，振动有以下特征。

1）两次启动振动具有很好的重复性，5、6 瓦振动以工频为主，振动高点相位相差接近 $180°$。

2）5、6 瓦 X 方向轴振远远大于 Y 方向，5Y、6Y 轴振通频与工频相差比较大，频谱丰富。

3）5 瓦振动大于 5 瓦 Y 向轴振，6 瓦 Y 向轴振与 6 瓦振动接近。

4）5 瓦的顶轴油压表读数与修前相比波动特别大。

5）该转速接近发电机转子二阶。

（3）第一阶段消振。鉴于该机修前振动良好，修后未能一次冲转达到工作转速，为此对修后的怀疑点进行了复查。

1）复查发电机风扇。检修时对发电机风扇进行了拆装，如果回装错位，有可能产生质量不平衡，因此，揭开发电机两端上端盖，复查发电机风扇安装情况，经过多方确认安装正常。

2）复查低发对轮连接。低发对轮螺栓连接紧力差别大，随着转速升高，振动增大，为此复查低发对轮螺栓连接紧力情况，发现连接螺栓螺母松紧不一，该连接螺栓为锥形套液力螺栓，拆装没有按照要求工艺施工，再次请专业人员，按照要求工艺进行了重新安装。

3）复查5、6瓦间隙。对5、6瓦上瓦进行了解体检查，5瓦左下、6瓦右下油挡有轻微磨痕，左右及顶部间隙正常。

4）复查低发对轮晃度。低发对轮组合晃度电机侧最大为 $88\mu m$，与修后测量值相当且高点值位置相对应。

（4）第二阶段消振。该厂共有3台机组，全部担负城市供热任务，此时机组已进入供热期，1号机组在检修，仅2号机组带"病"运行（锅炉水冷壁漏泄），因此3号机组尽快投运至关重要，复查转子中心需要几天时间，本次暂不进行转子中心复查。9月30日进行再次启动，振动没有多大改观，转速为 2220r/min 时，5瓦振动达 $95.9\mu m$，见表5-24，手动打闸停机（振动保护调整到 $100\mu m$），升速时5、6瓦振动波德图见图5-56。

表5-24 第一阶段消振后启动振动数据 （位移峰峰值，μm）

转速 (r/min)	分量	4X	4Y	5X	5Y	6X	6Y	4瓦⊥	5瓦⊥	6瓦⊥
2220	通频	116	41.3	117	46.8	269	56.5	58.5	95.9	55.4
	工频	102/73	32.2./16	96.2/6	22.6/25	268/169	29.4/195	55.6/271	88.6/166	49.1/340

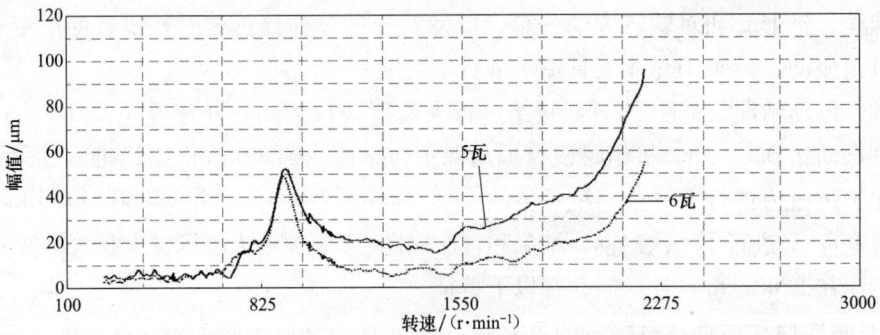

图5-56 平衡前5、6瓦振动波德图

1）振动原因分析。机组修前振动不大，修后未做影响转子质量平衡的检修工作（排除发电机转子拆装风扇影响），修后启动，转速达 2220r/min 时，发电机转子振动大，打闸停机。振动属于稳定的普通强迫振动，发电机转子存在二阶质量不平衡，但可以排除转子一阶不平衡和电磁力的影响，不能排除的是低发对轮高差、同心度及晃度的影响，几种因素耦合在一起，引起发电机转子振动。

a. 对转子振型影响。低发对轮高差的变化，对轴瓦载荷、转子支承状态都有影响，可改变轴瓦振动模态特性，使转子振型发生变化。大修前后低发对轮高差发生的变化，有可能改变了转子振型，破坏了转子原有的平衡，引起了发电机转子振动。

b. 对转子激振力影响。低发对轮同心度及组合晃度修后比修前大，会使转子承受额外的激振力，引起了发电机转子振动，通常振动频谱以 1X、2X 为主，也可能产生更高频率的振动谐波分量。平衡前 2220r/min 时，5Y 轴振动谐波分量丰富，2X 振动分量大于 1X，5Y 轴振动频谱图见图 5-57；平衡后转速达 2220r/min 时，5Y 轴振动以 1X 为主，其余轴振动谐波分量没有，5Y 轴振动频谱图见图 5-58。

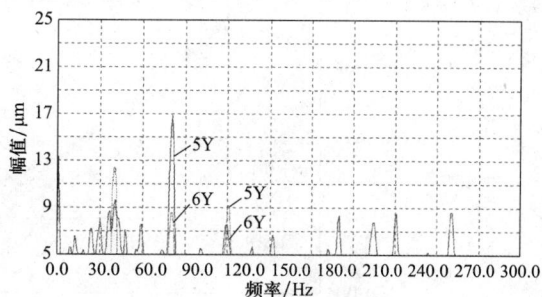

图 5-57 平衡前 5Y 轴振动频谱图（2220r/min）

c. 对 X、Y 方向轴振动影响。低发对轮圆心差的改变，不仅会直接改变动静间隙，而且也会改变转子轴心的位置，轴心位置改变，使轴瓦油膜刚度差别大，从而使 X、Y 轴振动出现偏差。发电机转子径向刚度不对称，也可使 X、Y 轴振动出现偏差。由于修前发电机转子 X、Y 方向轴振动没有较大的偏差，修后出现的较大轴振动偏差与低发对轮圆心差变化大有关，启动过程中，5 瓦轴心位置平衡前极不稳定，

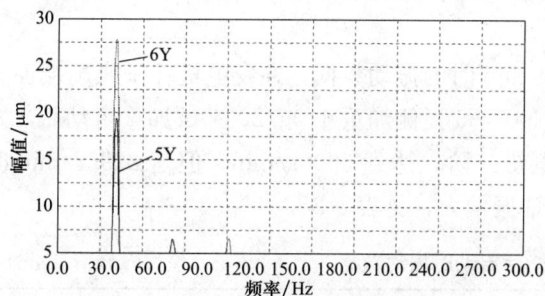

图 5-58 平衡后 5Y 轴振动频谱图（2220r/min）

见图 5-59，平衡后轴心位置稳定，见图 5-60。

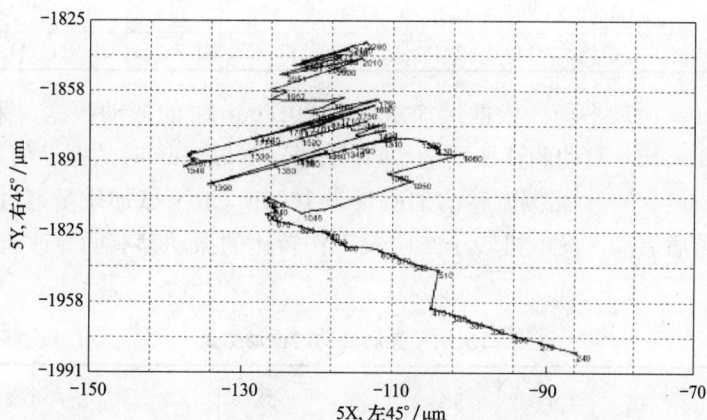

图 5-59 平衡前 5 瓦轴心位置图（2220r/min）

d. 对轴瓦载荷影响。修前发电机转子高于低压转子，修后发电机转子低于低压转子，低发对轮连接后会使 5 瓦载荷减小，6 瓦载荷加重。低发对轮端面下张口修后比修前略有减小，对轮连接后对 5 瓦载荷影响不大。修后发电机转子低于低压转子会使 5 瓦载荷减小，使轴系支持刚度发生改变，修后的 5 瓦振动大于 5 瓦 Y 向轴振以及油膜压力

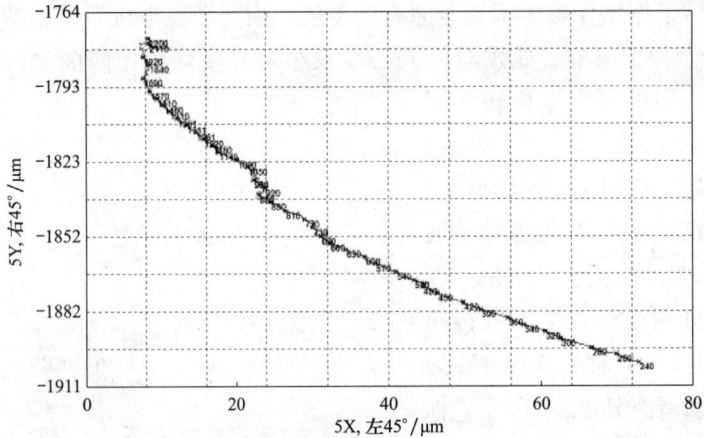

图 5-60　平衡后 5 瓦轴心位置图（2220r/min）

波动大都与 5 瓦载荷轻有关，6 瓦 Y 向轴振与 6 瓦振动接近与 6 瓦载荷重有关。

2）平衡过程。

a. 2200r/min 时动平衡。依据 2220r/min 时的振动数据，在发电机转子风扇端面处试加 1 组反对称质量，5 瓦侧加重 410g/200°，6 瓦侧加重 410g/20°。试加重启动后，发电机转子振动有明显改善，顺利通过发电机二阶，达到 3000r/min，但是 2290r/min 时 6X 轴振偏大，工作转速时 6 瓦的瓦振和轴振偏大，见表 5-25。

表 5-25　　　　　　　　　　　第一次动平衡后启动时振动数据　　　　　　（位移峰峰值，μm）

转速 (r/min)	分量	4X	4Y	5X	5Y	6X	6Y	4 瓦⊥	5 瓦⊥	6 瓦⊥
2290	通频	99.2	44.2	80.8	49.5	220	110	46.7	57.3	31.8
	工频	87.7/87	33.1/178	59.8/26	25.4/53	218/186	81.4/223	46.0/308	56.0/161	28.5/338
3000	通频	58.4	29.1	67.0	47.4	199	103	4.02	46.0	66.7
	工频	33.3/47	12.1/140	50.1/154	34.8/211	178/23	91.7/271	2.21/171	41.7/194	68.1/49

b. 3000r/min 时动平衡。依据试加重后 2220r/min 时的振动数据，采用影响系数法，计算出 2200r/min 时的调整加质量，同时根据 3000r/min 时的振动值和相位，估算工作转速的加质量。5、6 瓦侧调整的加质量为 1000g（取下试加质量），加重位置与第一次相同。加重后启动，发电机转子二阶及工作转速的振动都有明显改善，接带负荷，见表 5-26。

表 5-26　　　　　　　　　　　第二次动平衡后启动时振动数据　　　　　　（位移峰峰值，μm）

转速 (r/min)	分量	4X	4Y	5X	5Y	6X	6Y	4 瓦⊥	5 瓦⊥	6 瓦⊥
2330	通频	79.1	36.4	50.4	31.7	157	72.9	24.2	40.4	24.9
	工频	64.6/61	26.1/164	25.9/50	6.87/48	147/200	52.6/249	22.6/304	40.2/206	23.5/26
3000	通频	53.2	29.9	67.4	39.8	175	98.6	4.37	33.7	61.9
	工频	31.3/63	12.0/141	50.7/155	28.8/218	157/233	86.4/285	2.07/146	28.1/187	60.0/64

c. 带负荷时动平衡。依据试加重后的 2220、3000r/min 及带负荷时振动数据，采用

影响系数法，计算出调整质量，优化后的加质量为 5 瓦侧加重 1700g/220°，6 瓦侧加重 1700g/40°（第 2 次加质量全部取下）。发电机转子只有风扇端面能加重，加重位置为螺孔，平衡螺栓最重 40g，平衡螺栓不能满足计算的加质量，为此用白钢加工了两块 1700g 的扇形加重块，利用风扇端面上的螺孔每侧用 3 个螺栓固定。加重后启动，整个轴系振动良好，发电机转子通过二阶时 5、6 瓦振动都在 $20\mu m$ 以内，并网前 5、6 瓦振动都在 $25\mu m$ 以内，带负荷后 5 瓦振动稳定，随发电机无功增加，6 瓦振动增大，最后稳定在 $45\mu m$，见表 5-27，升速时 5、6 瓦振动波德图见图 5-61。

表 5-27		第三次动平衡后启动时振动数							（位移峰峰值，μm）	
转速 (r/min)	分量	4X	4Y	5X	5Y	6X	6Y	4 瓦⊥	5 瓦⊥	6 瓦⊥
2360	通频	83.2	45.1	56.9	38.3	30.4	45.4	8.92	17.7	11.9
	工频	67.5/33	28.5/138	41.0/221	19.9/303	7.83/347	27.5/344	7.38/193	15.1/37	8.89/168
3000	通频	68.3	36.0	46.2	26.5	90.1	62.2	5.66	16.5	25.0
	工频	54.6/61	18.3/144	30.9/137	10.9/235	70.6/216	38.4/278	2.93/276	7.48/129	24.6/63

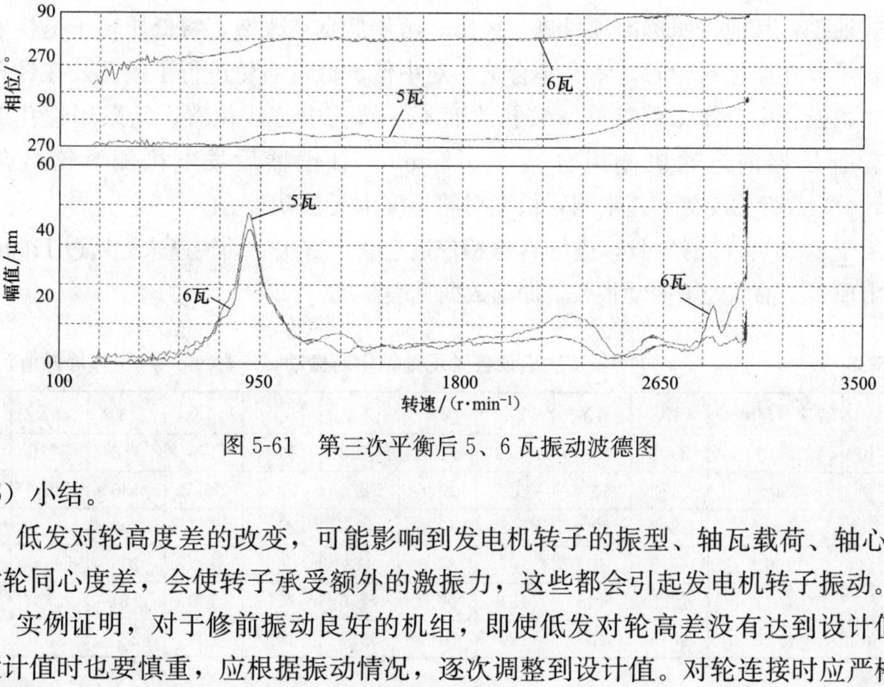

图 5-61　第三次平衡后 5、6 瓦振动波德图

（5）小结。

1）低发对轮高度差的改变，可能影响到发电机转子的振型、轴瓦载荷、轴心位置；低发对轮同心度差，会使转子承受额外的激振力，这些都会引起发电机转子振动。

2）实例证明，对于修前振动良好的机组，即使低发对轮高差没有达到设计值，调整到设计值时也要慎重，应根据振动情况，逐次调整到设计值。对轮连接时应严格控制圆差和面差，对于超差的对轮，应处理到设计值内。

3）采暖结束后，应该停机调整对轮同心度，重新动平衡。

（6）后续。供暖期结束后，机组备用期间，对机组中心重新进行了调整，如低发对轮高差恢复到修前状态，拿掉上次动平衡时发电机的加重。修后启动一次转速达到 3000r/min，通过发电机二阶临界转速时，发电机轴振动在 $130\mu m$ 内，工作转速时，最大的轴振动是发电机的 6X 方向为 $115\mu m$，通过一次动平衡后，轴系轴振动全部在 $80\mu m$ 内，瓦振在 $25\mu m$ 内。

3. 135MW 湿冷机组低发对轮销孔偏斜怎样诊断？

某电厂一台 135MW 超高压、一次中间再热、双缸、单轴、双分流、双抽、凝汽式汽轮机。轴系由高中压转子、低压转子、发电机转子及集电环小轴组成，中低对轮采用刚性靠背轮连接，低发对轮采用半挠性联轴器连接。高中压、低压转子的支承为三支点结构，1、2、3 号及 4 号轴承均为椭圆轴承，发电机后轴承为圆筒轴承，轴承均为落地支承。机组轴系简图见图 5-62。

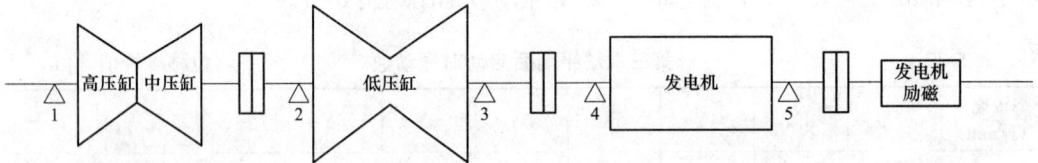

图 5-62　135MW 机组轴系简图

（1）振动现象。机组于 2013 年 9 月进行 A 级检修。期间对汽轮机进行综合升级改造，主要工作为机组改为低真空供暖，高中压间过桥汽封将原来的蜂窝汽封改为刷式汽封（10 圈），通流部分及轴端径向间隙按下限值调整，4 号和 5 号轴承油挡更换为浮动环接触式油挡，其他按照标准项目进行检修。由于低真空改造，将低压转子更换了一根新供热转子。在连接对轮时，销孔不合适，对中低、低发对轮进行了铰孔。在铰孔中低发对轮时，铰孔中心线未保持好（铰孔改变不了螺孔中心线位置，须采用镗孔工艺），低发对轮补偿器前汽轮机侧组合晃度 0.20mm，补偿器后发电机侧对轮组合晃度 0.09mm。受工期及铰孔工艺限制，低发对轮晃度大无法调整。

机组于 2013 年 11 月 1 日，进行 A 级检修后启动，首次启动转速未能超过 1160r/min，启动中出现多个轴承处轴振动很大，振动数据见表 5-28。

表 5-28　　　　　第 1 次启动各轴承处轴相对振动　　　　（位移峰峰值，μm）

时间	转速 (r/min)	1X	1Y	2X	2Y	3X	3Y	4X	4Y	5X	5Y
0：53：10	500↑	83.8	79.7	59.3	35.3	57.8	112	176	186	22.6	42.2
0：54：14	820↑	74.3	90.3	73.5	30.6	58.9	209	96.7	130	267	258
0：55：38	1140↑	68.6	99.6	108	33.6	107	257	177	200	90.9	49.3
0：55：44	1160↑	69.5	102	107	37.8	113	269	183	205	93.6	51.6
0：59：57	820↓	70.5	118	131	97.7	72.6	271	120	174	286	305
1：04：06	500↓	90.6	107	129	102	69.9	148	206	222	24.6	52.5

（2）机组动平衡过程。

1）3 号轴承处对轮加重。通过振动数据分析，3 号和 4 号轴承处轴振动以工频为主，属于强迫振动。根据 3 号和 4 号轴承处对轮晃度情况，说明该对轮存在质量不平衡。

依据 1300r/min 转速的振动数据，根据启停的幅频曲线，推算更高转速的振动特征，参照对轮晃度高点，在靠近 3 号轴承处对轮试加重 860g/45°。

11 月 3 日进行加重后的第一次启动。转速 1000r/min 时，由于 2X 轴振爬升比较快，存在摩擦，被迫降到盘车转速，进行盘车。同比 1000r/min 时振动数据，3 号处轴振动量值较加重前有所降低，4 号轴承处轴振动量值变化不明显。依据加重后 1000r/min 振动数据，对 3 号轴承处对轮加重进行调整，去掉试加质量，在靠近 3 号轴承处对轮重新加重 930g/135°。

11 月 4 日进行加重后的第二次启动。启动前，调整高压内缸上下缸温差为 15℃，减小了转子动静摩擦条件。转速达到 1400r/min 时，1X/1Y、2X/2Y，3Y 及 4X/4Y 轴振比较大，特别是 2X/2Y、3Y 及 4X/4Y 超出可接受范围，2X 轴振动大于跳机值跳闸停机。同转速时，3 号处轴振动量值较加重前大幅度降低，4 号轴承处轴振动量值变化不明显，振动数据见表 5-29，2 号和 3 号轴承处 Y 方向轴振升速的波特曲线见图 5-63 和图 5-64。

表 5-29　　　　　　　　　3 号对轮加重后各轴承处轴相对振动　　　（位移峰峰值，μm）

时间	转速（r/min）	1X	1Y	2X	2Y	3X	3Y	4X	4Y	5X	5Y
17：08：35	500↑	63.4	71.2	51.9	43.1	40.9	82.4	159	169	18.3	42.3
17：11：52	1000↑	62.2	81.7	105	77.0	39.1	137	168	201	57.1	60.1
17：12：59	1400↑	163	158	284	205	71.0	234	239	263	114	72.6
17：15：37	1000↓	97.6	138	188	142	42.1	173	190	228	63.3	67.6
17：21：36	500↓	105	127	136	116	36.6	107	199	213	20.8	52.2

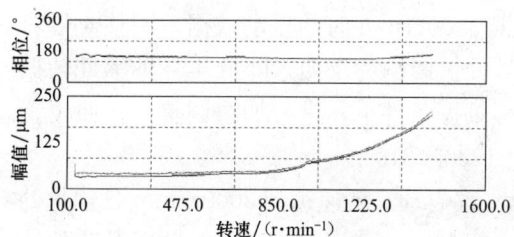

图 5-63　2 号轴承 Y 方向轴振升速的波特曲线　　　图 5-64　3 号轴承 Y 方向轴振升速的波特曲线

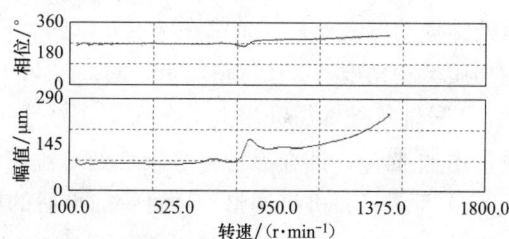

2）低压转子对称加重。1400r/min 转速靠近高中压转子临界，接近低压转子临界。由于高中压、低压转子的支承为三支点结构，所以高中压及低压转子临界对 2 号轴承都有所反应。若高中压及低压转子存在一阶质量不平衡，会使 1、2、3 号轴承处轴振动大，但可能性最大的是低压转子存在一阶质量不平衡，使 2、3 号轴承处轴振动大，当 2 号轴承处轴振动大时，引起摩擦，诱发了 1 号轴承处轴振大。3、4 号轴承处对轮加重，对降低 3 号轴承处轴振动效果明显，对 4 号轴承处轴振动效果不明显，从振动特征来看，4 号轴承处存在摩擦。

依据 1400r/min 时的振动数据，对一阶不平衡及摩擦引起的振动进行分离，推算加质量和角度。对于一、二阶不能完全正交的转子，在进行一阶平衡时要考虑对二阶的影响，由于该机组没有达到额定转速，为了一阶平衡不影响二阶，对一阶加质量有所保留。低压转子两侧同相加重，2 号和 3 号轴承处加质量及角度均是 700g/180°。对 4 号轴承浮动油挡进行检查，发现油挡有磨痕，轴已磨出亮光。为了排除浮动油挡对振动的影响，把原有的铜齿油挡换回。

11月5日，进行机组启动。高中压及低压转子过临界时，1、2、3号轴承处轴振动都在 $90\mu m$ 以内。转速达到 2800r/min 时，1、2、3、5号轴承处轴振动都在 $100\mu m$ 以内，4号轴承处轴振动偏大，4Y 轴振动 $256\mu m$ 大于跳机值跳闸停机，振动数据见表 5-30。

表 5-30　　　　　　　低压转子对称加重后各轴承处轴相对振动　　　　（位移峰峰值，μm）

时间	转速（r/min）	1X	1Y	2X	2Y	3X	3Y	4X	4Y	5X	5Y
7：05：15	500↑	59.1	62.3	37.7	25.2	45.4	74.6	134	151	18.3	39.0
7：06：28	1000↑	58.3	62.6	62.5	28.1	38.0	76.3	138	166	56.6	55.8
7：07：42	1645↑	101	74.5	57.0	58.4	41.9	48.3	168	129	121	103
7：08：40	1821↑	40.4	58.5	80.8	74.2	54.9	86.5	98.0	115	110	75.8
7：10：41	2800↑	68.6	69.8	93.6	72.5	24.0	72.6	248	256	94.6	83.3

3）4号轴承处对轮加重。在 2800r/min 时，4号轴承处轴振动偏大，轴振动以工频为主，属于强迫振动。在铰孔中，低发对轮铰孔中心线未保持好，使低发对轮个别销孔处于斜孔，是引起该振动的主要原因。

依据 2800r/min 时的振动数据，考虑到低发对轮个别销孔是斜孔，在额定转速时，应以力偶形式影响3号和4号轴承处轴振。根据在靠近3号轴承处对轮加重情况，推算在靠近4号轴承处对轮加重 860g/310°。

11月7日，进行4号对轮加重后的第一次启动。转速达到 3000r/min 时，除4号轴承处轴振动偏大外，其余都在 $70\mu m$ 以内。依据 3000r/min 时的振动数据，调整4号对轮加质量和角度。4号对轮加重，对3号与4号轴振影响为反向，降低4号轴承处轴振动，3号轴承处轴振动增大。在均衡3号与4号轴振条件下，进行加重调整。在原位置质量增加 840g，即在靠近4号轴承处对轮加重 1700g/310°。

11月8日，进行调整4号对轮加重后的第二次启动。转速达到 3000r/min 各轴承处轴振动均在 $120\mu m$ 以内，振动数据见表 5-31，2号和3号轴承处Y方向轴振升速的波得曲线见图 5-65 和图 5-66。由于机组供热需要，平衡工作结束。

表 5-31　　　　　　　4号对轮加重后轴承处轴相对振动　　　　（位移峰峰值，μm）

时间	转速（r/min）	1X	1Y	2X	2Y	3X	3Y	4X	4Y	5X	5Y
9：46：26	1000↑	51.2	63.0	48.8	32.4	43.6	113	155	194	52.7	62.1
10：50：39	3000↑	62.1	49.2	88.5	56.8	71.5	108	116	120	53.1	45.9
	116MW（负荷）	59.4	55.1	64.2	32.1	76.6	88.1	122	110	42.3	46.2

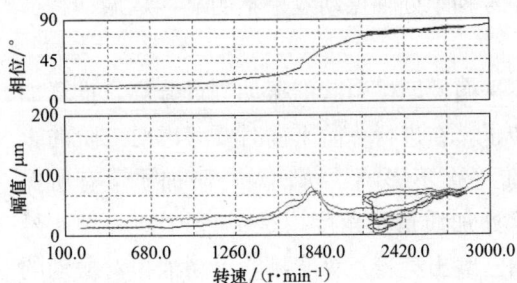

图 5-65　2号轴承 Y 方向轴振升速的波得曲线　　图 5-66　3号轴承 Y 方向轴振升速的波得曲线

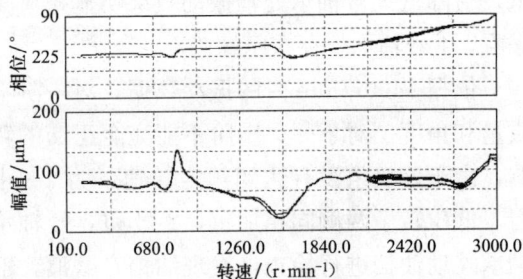

（3）小结。

1）平衡合格的单转子，连成轴系后，由于连接工艺不良（振型的变化），也可能出现新的不平衡，可通过现场动平衡技术进行消除。

2）对由于对轮晃度大引起的轴振动，应改进检修工艺，使对轮晃度达到检修质量标准要求，以降低过大的轴振动，作为应急措施，可采用现场动平衡技术进行补偿。当对轮个别销孔出现斜孔时，激振力是以力偶形式作用在两侧轴承上，在动平衡时，应反向加重。

五、转子汽流激振及轴承自激振动

1. 1000MW 湿冷机组高压转子汽流激振怎样诊断？

某电厂一台 1000MW 超超临界、一次中间再热、单轴、四缸四排汽、双背压凝汽器式汽轮机。汽轮机由一个单流高压缸、一个双流中压缸及两个双流低压缸依次串联组成，转子为逆时针旋转。高压缸呈反向布置，通流部分由一个双流调节级与 8 个单流压力级组成。高压和中压转子均由 2 套可倾瓦轴承支承，可倾瓦为 6 瓦块结构，上下对称布置。汽轮机为综合阀序、复合配汽方式，采用定-滑-定（30%～95% 负荷段滑压）复合滑压运行方式。汽轮机轴系结构示意图见图 5-67。

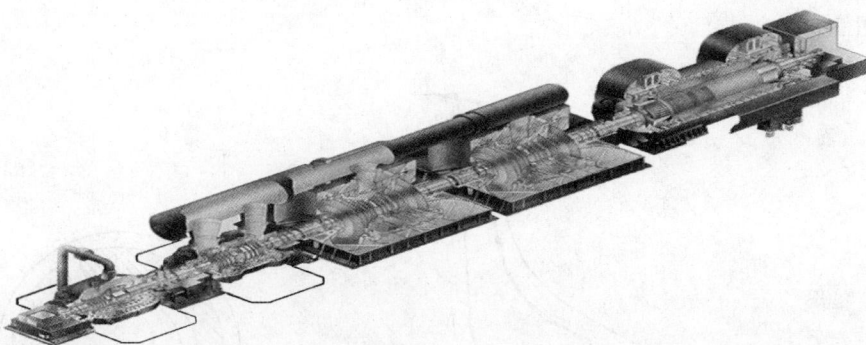

图 5-67　1000MW 超超临界汽轮机轴系结构示意图

（1）振动特征。

1）当负荷升至 850WM 左右时，高压调节阀综合指令为 87% 左右，Ⅳ号阀门开度关小到 10% 左右，此时高压转子的 1、2 号轴承处的轴振动开始出现波动。

2）当负荷升至 920MW 左右时，高压调节阀综合指令为 90% 左右，Ⅳ号阀门全部关闭，振动发散，超过 125μm 报警值。降负荷后振动值迅速收敛，负荷降到 850WM 以下时，振动回到原来状态。

3）负荷升到 850MW 以上时振动变大，降负荷后振动减小，振动与负荷有对应关系，且有良好的再现性。负荷从 850WM 升到 920MW 时，1、2 号轴承处轴振动增加幅度大（见表 5-32），3、4 号轴承处轴振动增加幅度较小，其余处轴振动均无明显变化。

表 5-32　　　　　　增加负荷时高压转子轴承处轴相对振动　　　（位移峰峰值，μm）

负荷 （MW）	Ⅰ阀开度 （%）	Ⅱ阀开度 （%）	Ⅲ阀开度 （%）	Ⅳ阀开度 （%）	1X	1Y	2X	2Y
850	60	42	42	10	34	63	60	42
920	100	100	100	8	140	210	150	180
振动变化量（%）					312	233	150	331

4）振动发散时，Ⅰ、Ⅱ、Ⅲ号阀开启，Ⅳ号阀关闭，高压转子位于左下方。

5）振动波动及发散时，油膜压力正常，轴承未有异音，改变轴承润滑油温对振动没有影响。

6）振动稳定时，振动频率以工频为主；振动波动及发散时，振动频率主要以 25～28Hz 低频分量为主，工频振动略有增加。

（2）原因分析。

1）高压调节阀调节方式。该机为综合阀序、复合配汽方式，有 4 个高压调节阀参与调节，Ⅰ、Ⅳ号为大阀，对应的喷嘴数为 34 个，Ⅱ、Ⅲ号为小阀，对应的喷嘴数为 24 个。在 30% 负荷以下，机组定压运行，采用节流调节；在 30% 负荷以上，机组滑压运行，采用喷嘴调节。当综合指令在 50% 以上时，逐渐关小Ⅳ号阀门，直到综合指令为 90% 时，Ⅳ号阀门全部关闭。当综合指令在 90% 以上时，Ⅳ号阀门又重新开启。高压调节阀开度与综合指令关系曲线，即设计配汽曲线见图 5-68，高压调节阀对应喷嘴示意图见图 5-69。

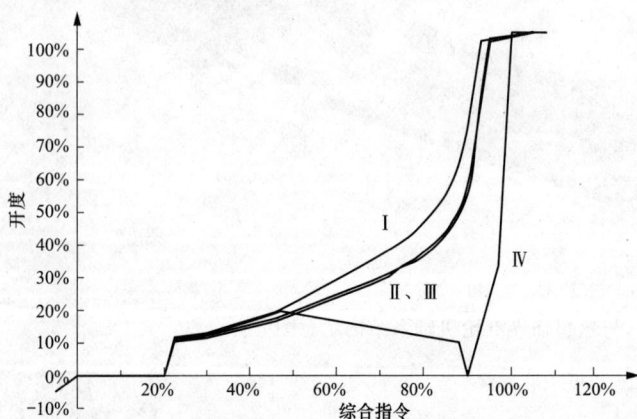

图 5-68　机组设计配汽曲线　　　　图 5-69　高压调节阀对应喷嘴示意图

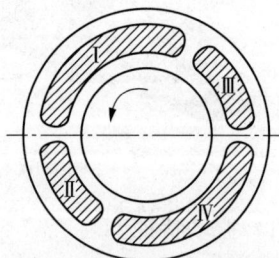

2）高压转子受力情况及轴心位置。Ⅰ号阀开启时，转子受到蒸汽的作用力使转子向左下方移动，Ⅱ号阀开启时，转子受到蒸汽的作用力使转子向右下方移动，Ⅲ号阀开启时，转子受到蒸汽的作用力使转子向左上方移动，Ⅳ号阀开启时，转子受到蒸汽的作用力使转子向右上方移动。在振动未发散前，Ⅳ号阀是逐渐关小的，当关小到 10% 时，已出现了低频振动，全部关闭时，低频分量剧增，振动已发散。此时，Ⅱ、Ⅲ号阀由于开度相同，对应的喷嘴数相同，转子受到蒸汽的作用力反向，近似互相抵消，Ⅰ、Ⅱ、Ⅲ号的 3 个阀开启时，转子受到蒸汽的综合作用力，使高压转子向左下方移动。

3）振动原因。采用喷嘴调节的汽轮机因部分进汽，蒸汽除了在转子叶轮上产生力矩使转子旋转外，还有一个作用于转子中心的静态蒸汽力。该力使支承轴承载荷及转子在汽缸中的径向位置发生变化，易使转子失稳。当动叶顶部沿周向的径向汽封间隙不均匀时，使蒸汽漏汽量不同，进而引发转子所受的圆周切向力不对称；转子端部轴封因径向间隙不均匀，进而产生一个促使转子涡动的合力，这些都会使转子产生自激振动。

由于该机组振动有如下特征：①振动存在 25Hz 的大量低频分量，工频振动不大；②振动与负荷良好的对应关系，再现性好；③油膜压力正常，轴承未有异音，改变轴承润滑油温对振动没有影响。因此，判断振动为自激振动，并且是汽流激振而不是轴承自激。

（3）第一阶段消振措施及结果。现场消除或缓解汽流激振的简便方法是调整高压调节阀顺序，寻找合适的配汽方式。由于转子在右上方时，低频分量很少，因此在升负荷时，尝试Ⅰ号阀与Ⅳ号阀开启顺序对调的配汽方式，尽可能使转子向右上方移动。在 850MW 以上的高负荷阶段，Ⅳ号阀开度远远大于Ⅰ号阀开度，转子位于右上方，振动低频分量很小，汽流激振基本消除，在满负荷 1000MW 时，高压转子 2X 轴振最大为 68μm。在 850MW 负荷以下时，由于Ⅰ号阀有一定的开度，转子相对靠左下方，高压转子振动虽然没有发散，都在 90μm 内，但存在一定量的低频。图 5-70 和图 5-71 分别是 700MW 负荷时 1X 及 2X 的振动频谱图，从图中可知，1X 通频值为 73.1μm 而工频和低频分量各占一半，2X 通频值为 64.4μm 而工频和低频分量也各占一半。

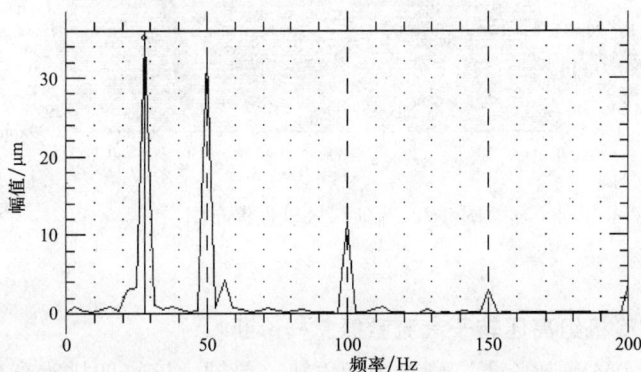

图 5-70　700MW 负荷时 1X 振动频谱图

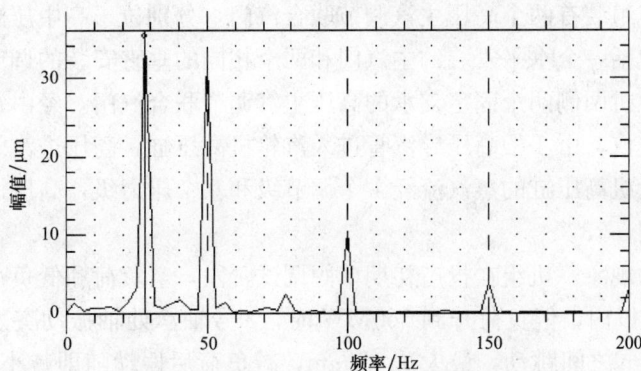

图 5-71　700MW 负荷时 2X 振动频谱图

（4）第二阶段消振措施及结果。利用机组检修机会对高压缸及轴承进行解体检查，检查发现：

1）高压外缸定位销膨胀间隙偏大。实测值 0.65mm 而设计要求值为 0.10～0.18mm，导致高压缸向右偏斜、使汽封径向间隙不均匀。

2）叶顶汽封、轴端汽封左右偏差大。实测叶顶汽封和轴端汽封右侧比左侧平均大 0.54mm 和 0.45mm。

3）2 号轴承可倾瓦块背弧球面支点磨损严重，原设计的球面点接触已变为平面接触，使瓦块的自位能力下降，轴承稳定性降低。

上述问题在运行中都会诱发汽流激振，因此在机组检修中，对发现的问题进行了相应处理。修后机组配汽方式恢复为设计方式，在任何负荷段都未出现低频振动分量，修后 2X 轴振动瀑布图见图 5-72，消除了汽流激振问题。由此可见，该汽流激振主要因汽封等间隙超标和可倾瓦块存在缺陷所致，高压调节汽门开启顺序仅是诱发因素。

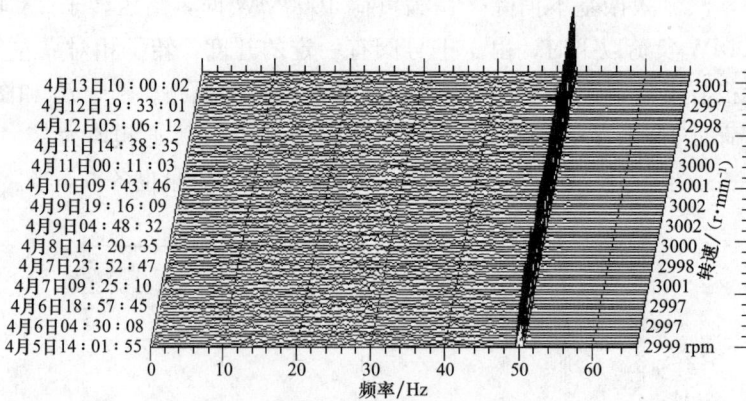

图 5-72　修后 2X 轴振瀑布图

2. 600MW 空冷机组高压转子汽流激振怎样诊断？

某电厂一台 600MW 超临界、一次中间再热、单轴、三缸四排汽直接空冷凝汽式汽轮机。汽轮机由 1 根高中压转子，2 根低压转子组成，高中压转子两端均由 4 瓦块可倾瓦式轴承支承。机组装有两个高压主汽调节联合汽门，分别位于高中压缸两侧，每个主汽调节联合汽门包括一个水平安装的主汽门和两个相同的垂直安装的调节汽门；新蒸汽从下部进入置于该机两侧两个固定支承的高压主汽调节联合汽门，经由每侧各两个调节汽门调节汽轮机进汽，由 4 根高压导汽管进入汽轮机高压缸，高压进汽管为上、下汽缸各两根。进入汽轮机高压缸的蒸汽流经 1 个调节级和 9 个压力级，高压调节汽门设计配汽方式示意图见图 5-73。

（1）机组振动现象。机组在投产初期单阀调试阶段，空负荷和低负荷时，高中压转子轴振动在 65μm 以内，但负荷升到 560MW 时，2 号轴承处轴振动突发性波动，振动量值在 100～150μm 之间跳动，最大达 170μm，减负荷后振动随即减小，稳定在 70μm 左右。改变运行参数，提高轴承润滑油温，尝试几次都无法带到 600MW 满负荷，振动具有重复性。征得制造厂同意，短时间内将单阀切换到顺序阀运行方式进行试验，2 号轴承处轴振动有所好转，振动量值在 $70\sim110\mu m$ 之间跳动，最大达 $146\mu m$。高负荷时 2 号轴承瓦温 62℃，比 1 号和 3 号轴承瓦温低 10℃。

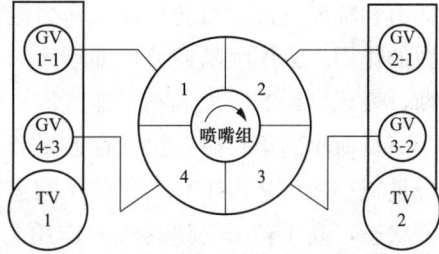

图 5-73 高压调节阀设计配汽方式示意图

　　（2）原因分析。单阀运行，560MW 负荷以下时，振动通频值与工频值接近，振动以工频为主；560MW 负荷以上时，2X 和 2Y 方向轴振动出现半频分量，轴振动瀑布图见 5-74、图 5-75，幅值有 $70\mu m$ 左右。2 号轴承是承载轴承，但瓦温比 1、3 号轴承低，说明 2 号轴承负载轻，轴承动力特性可能发生变化，影响轴承稳定性。从振动特征以及运行情况来分析，判断为高压转子产生了汽流自激振动。

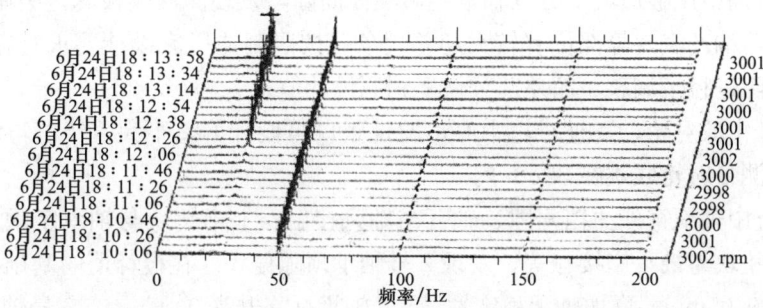

图 5-74 2X 轴振动瀑布图

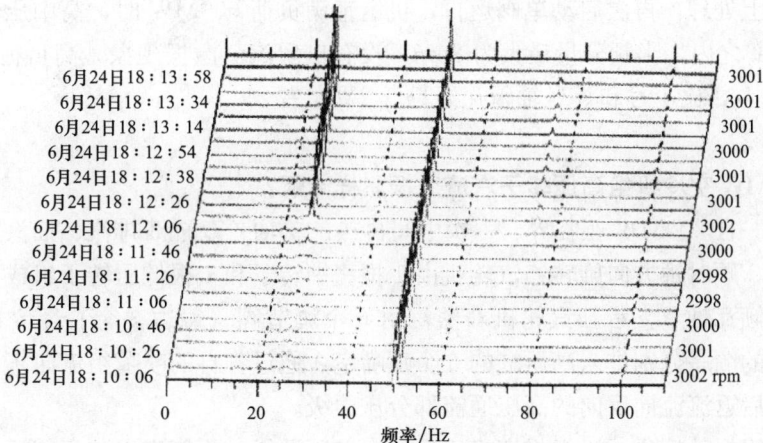

图 5-75 2Y 轴振动瀑布图

　　蒸汽在调节级中流动时，对调节级动叶片产生汽流力的作用，这个汽流力可分解为沿圆周方向的切向力、沿半径方向的径向力和沿转轴方向的轴向力。其中切向汽流力在叶轮上产生力偶而使转子旋转，同时产生一个通过转轴中心的力；轴向汽流力使转子产生轴向推力，并且对转轴产生一个翻转力矩；径向汽流力一般很小，其影响可以忽略不计。采用节流调节，即单阀运行时，调节级均匀进汽，切向汽流力所产生的通过转轴中心的力和轴向汽流力对转轴的翻转力矩均匀的分布于整个圆周，能够自平衡，不对外表现力的作用。采用喷嘴调节，即顺序阀运行时，但当调节级部分进汽时，它们不能够自平衡，表现出调节级配汽不平衡汽流力的作用，在机组的各轴承处产生附加载荷。

高负荷单阀运行时，振动存在半频的低频振动分量，高负荷顺序阀运行时，振动半频分量减小。这是由于高负荷顺序阀运行时，GV4 开度很小，GV1、GV2 及 GV3 处于全开状态，高压转子受到蒸汽的作用力，使转子向右下移动，油膜厚度减小，刚度增加，轴承稳定性增加。高负荷单阀运行时，理论上蒸汽对转子力能自平衡，转子不发生横向位移，但转子可能处于不稳定位置，是否会失稳，还取决于轴承动力特性、叶顶间隙及轴封间隙等其他因素。

（3）处理措施及结果。机组处于投产初期，需要单阀运行至少半年以上，由于振动原因机组不能单阀满负荷运行，决定揭高中压缸、解中低对轮及翻瓦复查安装数据。

1）复查高中压缸通流部分及轴端左右径向间隙，发现高压隔板套，中压1、2号隔板套及中压后端部汽封等部位有较大超差现象。按照制造厂家设计要求对高中压缸内、外部径向间隙进行了调整，超差部分恢复到原设计值。

2）解开中低对轮，复查对轮中心，发现张口与设计偏差不大，错位与设计值偏差较大，解前测量对轮联跳在 $30\mu m$ 内。

3）复查中轴承箱外油挡间隙、轴瓦与轴颈接触、上半垫块与轴承座紧力、轴瓦中分面间隙、垫块与轴承座接触等，发现2号轴承顶隙偏大。在设计值的基础上将2号轴承顶隙下调 0.05mm，增加轴承稳定性。1号轴承标高升高 0.07mm，3号轴承标高降低 0.09mm，相当于增加了2号轴承负载。

经过以上处理，再次启动单阀运行，机组带满负荷 600MW 时，高中压转子轴振动全部在 $72\mu m$ 之内，半频分量最大为 $8\mu m$，没有出现汽流激振现象。高负荷时，2号轴承为 70℃ 左右，比 1 号和 3 号轴承瓦温只低 2℃ 左右。

3. 300MW 空冷机组高压转子汽流激振怎样诊断？

某电厂一台 300MW 亚临界、一次中间再热、单轴、双缸双排汽、抽汽直接空冷凝汽式汽轮机，顺时钟方向旋转。汽轮机由 1 根高中转子和 1 根低压转子组成，高中压转子由 2 套可倾瓦轴承支承。汽轮机新蒸汽由 6 个调节阀（每边 3 个）经 6 根高压导汽管，按一定的顺序分别进入高压缸的 6 个喷嘴室，通过各自的喷嘴组流向正向的冲动式调节级，然后返流流向反向的高压通流部分压力级。

（1）机组振动现象。机组投产半年后一直单阀运行，不能实现顺序阀运行方式。在不同负荷下将单阀运行方式切换到顺序阀时，高中压转子的1、2号轴承处 X 向的轴振动由原来的 $100\mu m$ 突增到 $200\mu m$ 以上，切回到单阀后振动回到原来状态。振动频谱表明，顺序阀运行时 1X、2X 轴振动有 26Hz 左右的低频分量，幅值有 $80\mu m$ 左右。

（2）原因分析。机组启停过临界时，高中压转子振动在 $70\mu m$ 内；定速及带负荷时，振动变化不大在 $100\mu m$ 左右；单阀运行时，1X 和 2X 轴振动以工频为主，工频值分别为 $92\mu m/145°$ 和 $102\mu m/310°$ 左右，相位接近反相。比对多次启停及带负荷相对应的工况，振动量值与相位变化不大，有很好的再现性，机组存在稳定的质量不平衡。

280MW 负荷时，单阀切换到顺序阀，高压转子 1X 轴振动达 216μm，存在 26Hz 左右的低频振动分量，振动频率约为工作转速的一半，属于半频。切换时，1 号轴承处轴颈中心位置向左上方分别移动了 100μm 和 90μm，2 号轴承处轴颈向左上方分别移动了 60μm 和 40μm。切回到单阀后，振动回到原来状态，转子中心也回到原来位置。高压调节阀切换前后 1、2 号轴承处轴颈位置图，见图 5-76、图 5-77。

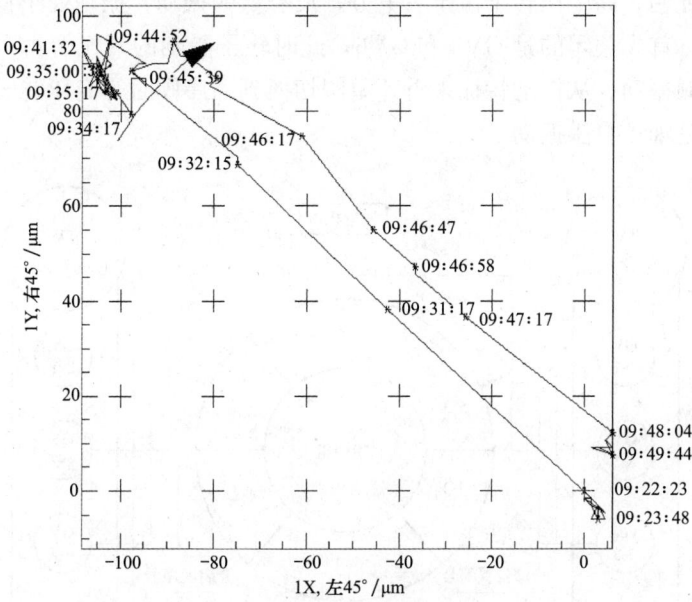

图 5-76　阀切换时 1 号轴承处轴颈位置

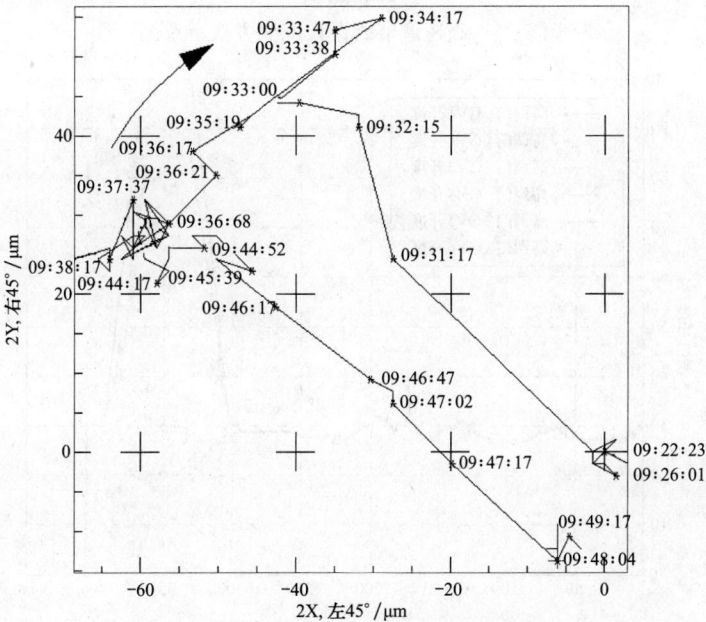

图 5-77　阀切换时 2 号轴承处轴颈位置

在 230MW 负荷时，单阀切换到顺序阀，高压转子轴振动现象同 280MW 相同，但振动总体要小 40μm 左右，此时高中压转子位置比 280MW 负荷时低。

高压调节阀设计的配汽方式见图 5-78。在单阀切换顺序阀时，阀门关闭顺序是 GV3—GV6—GV5—GV4，切回单阀时顺序相反。在 280MW 负荷时，单阀切换顺序阀，逐步关小 GV3、GV6，开启 GV1＋GV2、GV4 及略开 GV5，阀门开度见图 5-79。GV3 与 GV6 对应的喷嘴室处于汽缸上部及右上部，蒸汽作用于转子的力使转子向右下方移动，试验证明，高中压转子位于右下方，没有低频振动，振动处于良好状态。在单阀切顺序阀时，首先关闭的是 GV3 和 GV6，此时转子受到的蒸汽合力，使转子偏左上方，产生了低频振动。从振动特征来看，单阀切换到顺序阀时，高压转子产生了汽流自激振动，而不是轴承自激振动。

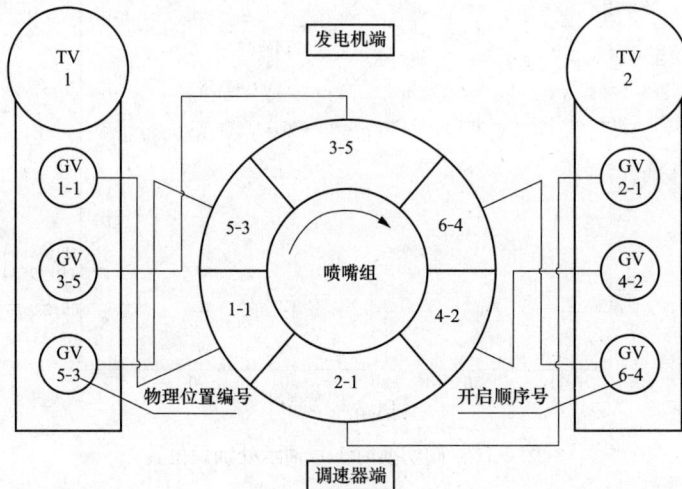

图 5-78　高压调节阀设计配汽方式示意图

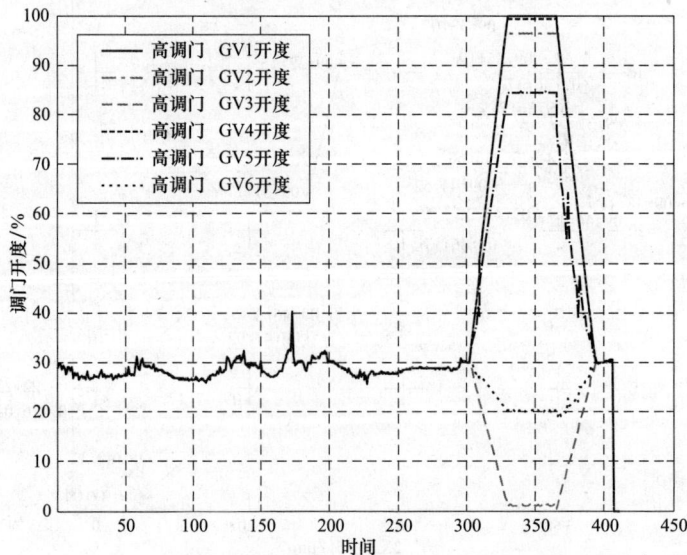

图 5-79　280MW 单阀切顺序阀阀门开度

（3）处理措施及结果。

1）常规检查。停机时进行了常规项目检查，重点对 1、2 号轴承进行了翻瓦检查，检查一切正常。回装时对 1、2 号轴承的瓦顶紧力增加了 0.05mm。

2）机组进行高速动平衡。停机时根据历史数据在高中压转子端部施加了一组反对称质量，即高压转子端部加重 320g/265°，中压转子端部加重 320g/85°。启动后高中压转子振动在 83μm 内，比平衡前振动降低了 20μm 左右。

3）改变高压调节阀切换顺序。在 200MW 负荷时进行单阀切换顺序阀，高中压转子振动由 80μm 左右升到 150μm，存在 60μm 左右的半频。由于 GV5 对应的喷嘴室处于汽缸左上部，蒸汽作用于转子的力使转子向右上方移动，为此对 GV6 与 GV5 关闭顺序进行了对换。在单阀切换顺序阀时，阀门关闭顺序为 GV3—GV5—GV6—GV4，这样在切顺序阀时，减少了转子上浮量，有利于抑制低频振动。通过改变高压调节阀切换阀顺序后，振动明显好转，高压转子振动在 100μm 内，还有不到 20μm 的半频分量。

4）要想获得更好的振动水平，高压转子还要进行精细的动平衡，必要时增加 1 号轴承负载，揭缸时对轴端汽封、叶顶汽封及隔板汽封进行复查，并调整均匀。

4. 325MW 湿冷机组发电机轴承自激振动怎样诊断？

某国外电厂一台 325MW 亚临界 60Hz 汽轮发电机组是由我国出口该国的首台机组。机组整个轴系由高中压转子、低压转子和发电机转子组成，其中高中压转子、低压转子各由 2 套可倾瓦轴承支承，发电机转子由 2 套圆筒瓦轴承支承，汽轮发电机支承轴承依次编号为 1～6 号。发电机转子设计一、二阶临界转速分别为 1144r/min 和 3198r/min。

（1）机组振动现象。

2012 年 12 月 05 日 16 时，汽轮机首次冲转。19 时定速 3600r/min，参数及系统运行正常，振动良好。21 时 08 分，5、6 号轴承处轴振动突然增大，机组跳机，5Y 轴振动最大升至 470μm。

2012 年 12 月 7 日 09 时 30 分，汽轮机再次冲转。定速后，4 号轴承温度偏高，96℃ 左右。发电机 5、6 号轴承处轴振动虽小，但 5 号轴振动不稳定，在 20～50μm 之间来回波动，随着时间的推移，5 号轴振动值波动幅度逐渐增加。就地检查 5 号轴承顶轴油压力表波动幅度大，随后将润滑油温由 40℃ 升高至 45℃，振动没有改善。定速后经过 2 小时 38 分运行，5、6 号轴承处轴振动同上次一样，振动突然增大，机组跳机，5Y 最大升至 500μm，机组无法并网运行。

（2）振动原因分析。通过汽轮机 TDM 系统查阅的 5X/5Y 和 6X/6Y 轴振动频谱图（见图 5-80～图 5-83）。跳机时，发电机轴承处轴振工频振动很小，最大没超过 30μm，振动主要分量是 15Hz 左右的低频分量，5X、5Y 分别为 161.1μm、429.8μm，6X、6Y 分别为 374.3μm、78.4μm。通过升降速的波德图查得发电机一阶临界转速为 900r/min 左右，而 15Hz 低频正好对应于发电机一阶临界转速。

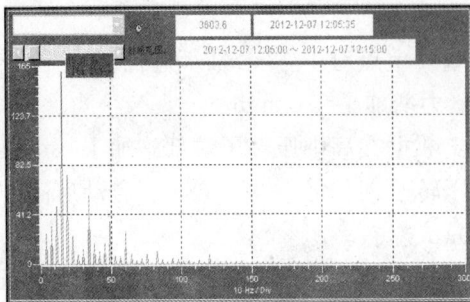

图 5-80　5X 轴振动频谱图

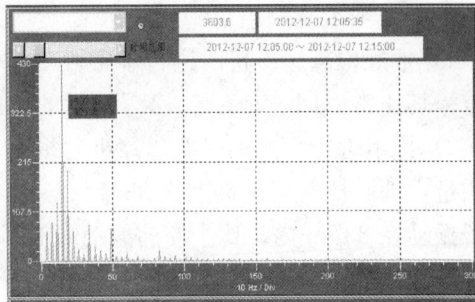

图 5-81　5Y 轴振动频谱图

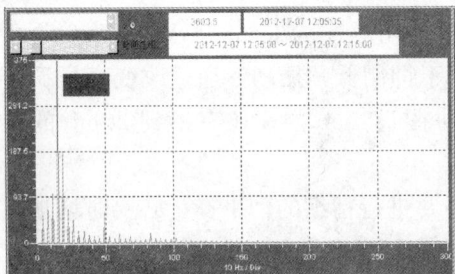

图 5-82　6X 轴振动频谱图

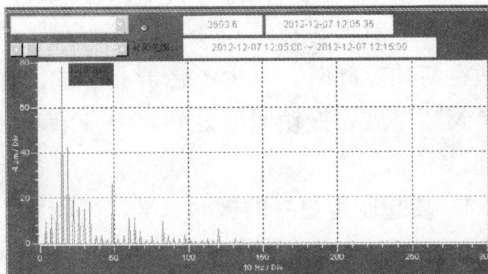

图 5-83　6Y 轴振动频谱图

振动发生在空负荷阶段，汽轮机振动不大，而是发电机振动大；低频振动频率与发电机一阶临界转速相吻合；振动突增前，5 号轴承轴振波动不稳定，5 号轴承顶轴压力表波动，说明 5 号轴承油膜压力不稳定。从以上特征来看，发电机轴承发生了油膜振荡。

（3）第一阶段处理措施及结果。经过 7 天的冷却，汽轮机调节级金属温度已降至 150℃以下，停止润滑、密封油系统及盘车运行。对 4、5、6 号轴承进行翻瓦检修。经检查，轴承顶隙、侧隙和紧力正常；轴颈与轴瓦接触均匀；轴承座与垫块接触面积超过 75%。各轴承上半完好，下轴承有不同程度磨痕，磨痕应是振动大后所致。

1）调整 4 号轴承标高。额定转速时，4 号轴承温度偏高，轴承负载偏重，将 4 号轴承标高降低 0.10mm，减轻了 4 号轴承负载，同时增加了 5 号轴承负载，增加了 5 号轴承稳定性，有利于抑制油膜振荡的发生。

2）调整 5 号和 6 号轴承顶隙。将 5 号、6 号轴承中分面去掉 0.08mm，减小轴承顶隙相当于增大了轴承的偏心率，有利于轴颈在轴承中的稳定性。

3）处理后启动。2013 年 1 月 4 日，机组再次启动。定速及空负荷运行时，轴系振动良好，发电机轴承处轴振动没有低频成分。在机组首次并网接带 45MW 负荷 2h 后，发电机轴承处的 5Y 和 6X 轴振动突增，5Y、6X 轴振动通频值最大达到 214μm 和 172μm，振动成分主要是 15Hz 低频分量，工频变化不大。

（4）第二阶段处理措施及结果。经过第一阶段处理，发电机轴承的低频振动分量，虽然定速和空负荷时全部消除，但是带负荷阶段还存在。为了进一步消除低频振动分量，进行了如下处理：①继续车削 5、6 号轴承中分面，使发电机 5、6 号轴承顶部间隙再减小约 0.10mm（此项措施应该是主要的，早年国产 200MW 机组的发电机出现油膜振荡，就是将三油楔瓦更换成椭圆瓦解决的，椭圆瓦适用于高速重载。若能再加大该发电机 5、6 号轴的侧隙，使之成为真正意义上的椭圆瓦，抑制油膜振荡的效果可能会更好）；②解开低发对轮，复查对轮晃度为 0.11mm，远远大于标准的 0.02mm，将低发对轮晃度调整到标准值；③测量发现 5、6 号轴承上瓦与压盖间有 0.03mm 的间隙，按照厂家要求，应有 0.03mm 的紧力，将两个轴承的上瓦块与压盖调整有 0.03mm 的紧力。

2013 年 1 月 28 日，经过上述调整后再次启动，定速、空负荷及带负荷均未出低频分量，各个阶段发电机轴承处轴振动全部在 70μm 之内。

六、轴承及轴承座故障

1. 800MW 湿冷机组励磁机轴承球面接触差、间隙超标怎样诊断?

某电厂一台 800MW 超临界、一次中间再热、单轴、五缸六排汽凝汽式汽轮机。机组轴系由 1 根高压转子、1 根中压转子、3 根低压转子、1 根发电机转子和 1 根励磁机转子组成，共有 14 个支承轴承及 1 个推力轴承，其中 13、14 号轴承支承励磁机转子，其形式为球形自调整轴承。

（1）振动情况。机组 A 级检修后，3000r/min 空负荷下，13、14 号轴承垂直、水平方向振动良好，带负荷后，振动逐渐增大。经过半年运行 13、14 号轴承水平方向振动最大值分别达到 4.8mm/s 和 5.7mm/s，经过一年多运行 14 号轴承水平方向振动呈明显增大趋势，最大值达 6.8mm/s，为此限负荷运行。在近次升负荷过程中，13 号轴承瓦温由 66℃突升至 70.8℃，水平振动由 4.4mm/s 升至 4.8mm/s，后经过降负荷和调整润滑油温等，振动有所下降，但瓦温没有明显下降；1 天后 13 号轴承瓦温由 71.3℃突升至 78.2℃，水平振动由 4.4mm/s 升至 5.1mm/s，最大时为 5.4mm/s。需要说明的是在 13、14 号轴承振动变化时，该处的轴振动变化不大。鉴于 13 号轴承瓦温的升高，再加上制造厂规定："轴承振动在 4.5～7.1mm/s 之间不宜长时间运行，超过 7.1mm/s 应停机处理"，决定停机处理。

（2）原因分析。

1）13、14 号轴承振动变化大，轴振动变化不大，可以排除转子激振力对其影响，该振动是受轴承本身故障影响。

2）从 13、14 号轴承水平、垂直振动频谱可知，振动频谱丰富（频谱数据见表 5-33，频谱图见图 5-84 和图 5-85），特别是 14 号轴承水平方向通频振动很大，但工频振动不大，有丰富的高次频率。

表 5-33			13、14 号轴承水平方向振动频谱数据							（振速 mm/s）
负荷（MW）	轴承	振动方向	通频	1X	2X	3X	4X	5X	6X	7X
600	13 号	水平	4.79	3.04	2.03		2.03	1.01	1.11	
		垂直	2.96	1.29	0.92	0.73	1.41			0.32
	14 号	水平	6.78	2.95	1.21	0.71	2.86	1.75	3.23	
		垂直	3.13	1.48	1.23		0.56		0.42	1.01

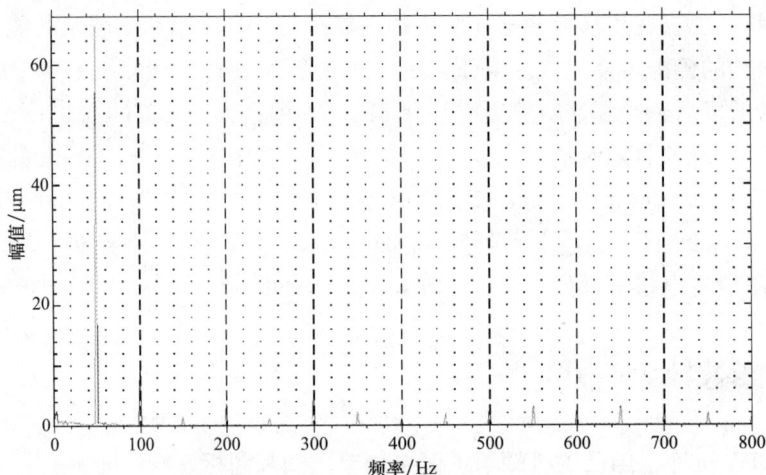

图 5-84　13 号轴承水平振动频谱图

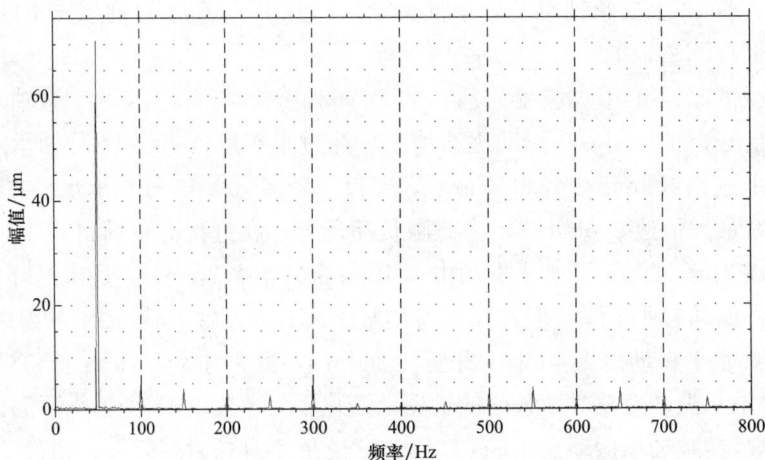

图 5-85　14 号轴承水平振动频谱图

3）通常轴承高频振动分量，来源于转子轴振过大或轴承检修不当。13、14 号轴承处轴振不大，排除转子轴振影响，应是轴瓦紧力不足或轴瓦接触不好，使轴承系统的自振频率下降，产生高频振动分量。

4）从测量轴承座差别振动来看，13、14 号轴承基座与台板垂直方向有 3.5mm/s 左右的差别，而查阅历史数据只有 1mm/s 左右，台板自身振动不大，说明 13、14 号轴承基座与台板接触情况比以前变差，易使轴承刚度降低，引起轴承振动放大。

5）从 13 号轴承瓦温和水平振动突然上升情况来看，13 号轴承的自位性能不好，球面接触不太好，可能存在接触硬点，在升降负荷过程中轴承自位不良，引起瓦温升高、轴承振动。

（3）处理情况。机组 C 修期间对 13、14 号轴承进行了解体检修，检查发现轴承下瓦球面接触较差；轴承上瓦球面间隙均达到 0.20mm；13 号轴承瓦口左侧间隙达

0.38mm，解体检查数据见表 5-34。球面和瓦口间隙严重超标以及下瓦球面接触差，应是轴承变形、磨损导致。

表 5-34　　　　　　　　　　**13、14 号轴承解体检查数据**　　　　　　　（mm）

项目	13 号轴承	14 号轴承	标准值
瓦口间隙（左侧）	0.38	0.30	0.23～0.30
瓦口间隙（右侧）	0.30	0.25	
瓦顶间隙	0.59	0.60	0.45～0.60
轴瓦球面间隙	0.20	0.20	0.018～0.11

检修中对轴承下瓦球面进行研磨，消除硬点。采取磨床磨轴承上瓦盖结合面的方式将上瓦球面间隙调整至标准范围内。修后 13、14 号轴承球面间隙分别为 0.10、0.09mm，13、14 号轴承实物图见图 5-86。13、14 号轴承基座与台板接触情况比以前变差，因处理时间长，本次未对二次灌浆处理，仅采取加垫、拧紧地脚螺栓，轴承下瓦球面研磨。

图 5-86　13、14 号轴承实物图

机组 C 修后启动，满负荷时 13、14 号轴承振动最大值分别为 2.4、3.7mm/s，振动指标在合格范围内。

2. 350MW 湿冷机组低压轴承磨损怎样诊断？

某电厂一台 350MW 亚临界、一次中间再热、单轴、双缸双排汽凝汽反动式汽轮机。轴系由 1 根高中压转子、1 根低压转子、1 根发电机转子组成，汽轮机侧共有 4 个支承轴承及 1 个推力轴承，支承轴承为 4 瓦块可倾瓦，这种轴承座具有稳定性好、自动对中能力强的优点，支承轴承座均为落地式。

（1）振动现象。

2010 年 4 月 29 日 16 时，低压转子的轴振动逐渐爬升，瓦振增加幅度不大，5 月 6 日，3、4 号轴承处 X、Y 向轴振动都有个峰值，其中 3Y、4Y 方向轴振动最大，分别为 103、98μm，而后所有振动回落，回落后的振动稳定，但没有回到变化前的数值，轴振有 20～30μm 增幅，4 号轴承瓦振有 5μm 增幅，振动变化前后的数据见表 5-35。

表 5-35　　　　　　　　　　　**振动变化前后数据**　　　　　　　（位移峰峰值，μm）

时间	振动分量	1X	1Y	2X	2Y	3X	3Y	4X	4Y	3 瓦	4 瓦
4 月 27 日	通频	57	58	43	43	46	57	49	66	19	25
5 月 6 日	通频	50	49	50	51	64	103	71	98	21	34
变化量		7↓	9↓	7↑	8↑	18↑	46↑	22↑	32↑	2↑	9↑

5 月 7 日 13 时，在负荷及运行参数稳定时，低压转子 4 号轴承瓦振由 30μm 逐渐爬

升到$58\mu m$，经过1h后振动稳定在$56\mu m$左右，除4号轴承瓦振有变化外其他轴承的瓦振变化都不大，汽轮机转子的轴振动变化也不大，轴振及瓦振的振动变化趋势见图5-87。4号轴承瓦振变大后，进行了改变负荷及轴承润滑油温试验，振动没有随之变化。

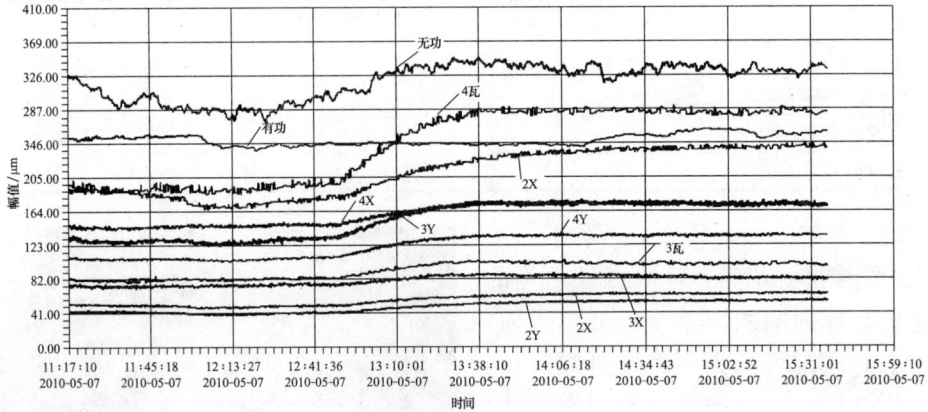

图5-87 振动变化趋势图

（2）原因分析。4月29日始，低压转子轴振动有个爬升过程，到5月7日达到最大，而后振动有所回落，改变负荷对振动影响不大。由于现场提供的数据不全面，给振动原因分析带来困难，依据振动现象，初步判断，低压转子动静间有摩擦，当动静接触时，振动增大，脱离时，振动回落，不可能是转子上叶片或拱形围带有松脱、掉落。低压缸进排汽温度、轴封供汽温度等运行参数变化不大，没有系统操作，运行工况稳定，怎么会发生摩擦呢，给人们带来疑惑，摩擦原因难觅。运行中转子中心位置会有变化的，如果位置发生较大变化，并且使转子与叶顶或轴端汽封等部件有局部接触，就会导致动静摩擦，从而发生振动。在5月7日，低压转子轴振变化不大，而4号轴承瓦振动增大，4号轴承油膜压力下降2MPa，轴承金属温度升高了4℃，说明4号轴承发生了故障。后来经运行人员回忆，在4月29日低压转子振动增大时，4号轴承就地的顶轴油压力表（反映的是油膜压力）指针摆动比较大。反过来看，4月29日4号轴承已有了故障，该故障改变了轴承工作特性并使转子位置降低，位置的改变，导致转子发生了动静摩擦，使低压转子振动增加，当间隙磨大后，动静摩擦消失，振动回落。后来4号轴承故障进一步恶化，油膜压力降低、瓦温升高，说明该轴承承载能力下降，使油膜厚度减薄，油膜吸收转子能量减弱，同样转子激振力时，轴承瓦振增加。同时油膜刚度增加，使轴承稳定性增加，有利于转子稳定。也就是说，4号轴承故障恶化后，对低压转子振动影响不大，而对轴承瓦振动影响较大。该机型低压缸轴承支承刚度低，4瓦承载大，轴振变化不敏感，发生碾瓦后，油膜形成不好，总体减薄，刚度增大，振动下传，瓦振增大。

（3）处理情况。4号轴承瓦振稳定一段时间后，有继续爬升迹象，决定停机检查。3、4号轴承进行了翻下瓦检查，3号轴承一切正常，4号轴承发现了如下问题：发现下瓦出现贯穿下瓦顶轴油池的磨损沟痕（见图5-88），同时对应的轴颈上亦出现磨损，宽度14mm，最深处约1.5mm（见图5-89）。怀疑为油管道中有焊渣脱落（行业反事故措施要求顶轴油泵出口到轴瓦间的油管道上要装设高压滤网。禁止使用叶片式顶轴油泵），随油流进入轴承与轴颈之间的间隙，将轴承乌金面及轴颈划伤，划伤后，轴承润滑油泄油量大，油膜压力由此降低，轴承金属温度升高。对下瓦顶轴油池的磨损沟痕处钨金进行补焊刮研，轴颈上的磨损沟痕采用激光补焊后打磨光滑。经过对 4 号轴承及轴颈的修复，再次启动后，振动都在正常值内。

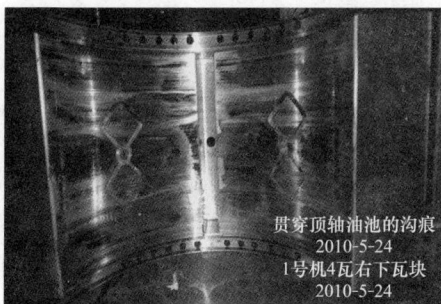

图 5-88　4 号轴承下瓦磨损情况　　　　图 5-89　4 号轴承处轴颈磨损情况

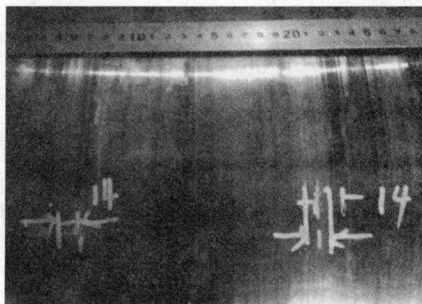

3. 12MW 湿冷机组轴承座台板与基础接触差怎样诊断？

某电厂一台 12MW 次高压、单缸单抽汽，冲动式汽轮机。机组轴系由 1 根汽轮机转子、1 根发电机转子组成，转子间采用刚性联轴器连接，有 4 个支承轴承及 1 个推力轴承。

（1）振动情况。机组修前发电机转子振动大，3X、4X 轴振都在 $260\mu m$ 左右，2 瓦垂直振动在 $75\mu m$ 左右，检修期间，发电机转子在制造厂进行了高速动平衡。检修后定速 3000r/min 时，轴振及瓦振略好于修前，3X、4X 轴振大于 $125\mu m$，2、3 瓦垂直振动大于 $50\mu m$，振动以工频为主，数据见表 5-36。在 3000r/min 停留时，2 瓦轴振不变，但瓦垂直振动有上涨趋势，2 瓦水平振动约为 $80\mu m$，轴向振动约为 $115\mu m$，因此决定停机处理。

表 5-36　　　　　　　　　　3000r/min 时轴振及瓦振数据

	转速	通频	1×	2×	0.5×
2X. μm. p-p	3000	83.8	80.3∠256	7.37∠35	0.347∠160
2Y. μm. p-p	3000	59.7	54.0∠69	8.26∠165	0.174∠269
3X. μm. p-p	3000	222	222∠103	14.2∠4	0.699∠256
3Y. μm. p-p	3000	121	114∠232	20.8∠151	0.124∠52
4X. μm. p-p	3000	183	176∠303	11.2∠332	1.47∠262
4Y. μm. p-p	3000	97.2	93.1∠49	9.71∠109	0.923∠7
2 瓦垂直. μm. p-p	3000	69.5	68.1∠123	5.45∠291	4.80∠266
3 瓦垂直. μm. p-p	3000	44.1	37.8∠100	6.27∠133	3.40∠263
4 瓦垂直. μm. p-p	3000	56.2	55.6∠261	1.71∠230	4.29∠92

（2）原因分析。发电机转子振动以工频为主，工作转速时振动稳定，属于稳定强迫振动，存在质量不平衡，但发电机转子已经进行过高速动平衡，发电机转子本身不应该

存在质量不平衡。经检修人员告知，机侧对轮存在缺陷，晃度为 0.11mm，瓢偏为 0.14mm，没有处理就进行了连接，发电机转子振动应是对轮不对中引起。3、4 瓦振动大应是发电机转子轴振动大引起；2 瓦瓦振与轴振接近，特别是 3000r/min 时，2 瓦轴振动不变情况下，瓦垂直振动有上涨趋势，说明 2 瓦存在动刚度不足问题，但该次 3000r/min 停留时间较短，没来得及进行轴承座差别振动试验。

（3）第一阶段处理。

1）为了早日并网发电，决定采用动平衡手段消除发电机转子振动，2 瓦振动根据动平衡后的情况再进行分析处理。动平衡进行了 2 次，第一次在发电机转子两侧试加一组反对称质量，3 瓦、4 瓦侧分别加重 80g/43°、80g/223°，启动后轴振动有所降低，但不理想。根据第一次加重结果，计算出调整质量，拿掉上次试加质量，进行了第二次动平衡，重新在 3 瓦侧加重 99g/80°，4 瓦侧加重 99g/260°，第二次动平衡后发电机转子振动大大改善，满负荷 12.2MW 时振动数据见表 5-37。

表 5-37 第二次动平衡后满负荷时振动数据

	转速	通频	1×	2×	0.5×
2X. μm. p-p	3000	72.7	70.4∠271	5.17∠326	0.619∠75
2Y. μm. p-p	3000	58.1	53.9∠54	5.11∠122	0.0707∠207
3X. μm. p-p	3000	131	129∠90	10.6∠337	0.258∠298
3Y. μm. p-p	3000	80.2	72.4∠217	12.3∠147	0.105∠313
4X. μm. p-p	3000	89.7	82.8∠291	8.65∠309	0.637∠292
4Y. μm. p-p	3000	54.5	49.8∠41	6.75∠95	0.570∠345
2 瓦垂直. μm. p-p	3000	66.7	45.5∠320	10.3∠295	3.59∠80
3 瓦垂直. μm. p-p	3000	50.8	48.0∠141	6.66∠307	1.48∠285
4 瓦垂直. μm. p-p	3000	21.6	20.7∠291	0.543∠328	2.14∠91

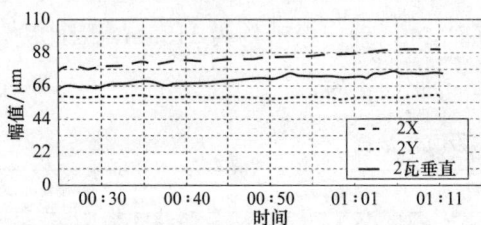

图 5-90 2 瓦垂直振动上升趋势图

2）带满负荷后，运行参数稳定，膨胀正常。随运行时间加长，2 瓦振动逐渐上升，逼近 80μm，上升趋势图见图 5-90。对 2 瓦轴承座地脚螺栓进行了紧力复查，发现面对机头，前左、后右地脚螺栓螺母紧力不够，还能够旋转大约 30°的角度。对 2 瓦地脚螺栓全部紧一遍后，2 瓦瓦振下降约 10μm。

3）在满负荷时，对 2 瓦轴承座进行了差别振动试验，进行轴承座的 4 个角左右垂直方向进行了振动测量，测点布置示意图见图 5-91，振动数据见表 5-38。

从测量数据来看，轴承座左右振动有 30～40μm 差别，台板与基础振动有 30～60μm 差别，轴承座与台板振动有 10μm 左右差别，轴承座上下结合面

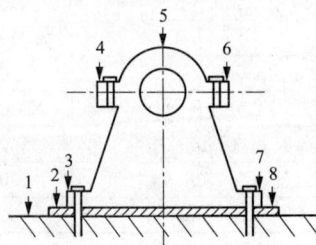

图 5-91 轴承座差别振动测点位置图

处振动差别不大。台板与基础有很大振动差别，说明轴承座左侧台板和基础、右后侧台板与基础接触不好，导致 2 瓦振动大。经检查台板与基础二次灌浆结合处，灌浆层有分离缝隙，且有油迹。说明轴承座的渗油浸入二次灌浆层，使其强度降低，振动作用下造成二次灌浆层松裂分离。而二次灌浆层与台板的分离使振动进一步加剧。

表 5-38　　　　　　　　　　2 瓦轴承座垂直方向差别振动数据　　　　　　（位移峰峰值，μm）

测点	振动分量	前左	前右	后左	后右
1 基础	通频	5.02			
2（台板）	通频	49.7	8.32	38.0	66.3
	工频	47.9/313	6.07/343	36.7/144	65.2/132
3（轴承座与台板）	通频	53.1	20.2	40.4	75.0
	工频	52.5/317	20.1/324	40.0/143	73.6/133
4（轴承座中分面）	通频	64.6	35.9	68.8	77.5
	工频	62.8/315	25.4/320	56.4/141	69.3/134
5（轴承座顶部）	通频	53.9		64.6	
	工频	46.9/320		62.8/315	

（4）第二阶段处理。鉴于对轮瓢偏、晃度大，2 瓦轴承座台板与基础接触不好，决定进行彻底处理。

1）2 瓦台板基础处理：将汽轮机转子吊出，松开 2 瓦轴承座紧固螺栓，将二次灌浆层混凝土全部凿空，用千斤顶将轴承座顶起后将轴承座吊离混凝土基座，并将轴承座下方和轴承座混凝土基座上的残留混凝土清理干净。将轴承座及汽轮机转子再次放置在轴承座混凝土基座，调整轴承座恢复汽轮机安装水平，打紧紧固螺栓。最后进行二次灌浆层的再施工。

2）机侧对轮晃度、瓢偏处理：在车床上对汽轮机转子后对轮进行机加工，加工后，对轮晃度 0.03mm，瓢偏 0.03mm。

3）对轮中心合格后进行对轮连接，对存在错口的对轮孔重新铰孔配销子。

4）取掉现场加重的平衡块。

5）处理后，满负荷时机组振动轴振在 $70\mu m$，瓦振在 $30\mu m$，振动稳定。2 瓦台板与基础振动在 $15\mu m$ 内。

七、其他振动故障

1. 600MW 超超临界发电机集电环转子对轮裂纹怎样诊断？

某电厂首台国产 600MW 超超临界，一次中间再热、单轴、两缸两排汽、单背压凝汽式汽轮机。机组轴系由 1 根高中压转子、1 根低压转子、1 根发电机转子和 1 根集电环转子组成。共有 7 个支承轴承及 1 个推力轴承，其中汽轮机 4 个轴承及集电环转子轴承均为落地轴承，发电机两个轴承位于发电机两侧端盖上。

（1）事件经过。

1）2007 年机组投产初期，除 7X 方向轴振动偏大外，整个轴系振动良好。7X 轴振

动为 $200\mu m$ 以上，以工频为主，通过现场动平衡后，7X 方向轴振动为 $80\mu m$ 以下。

2）2009 年 2 月 28 日开始，7 号轴承处 X、Y 方向轴振动逐渐增大，开始阶段是爬升，后来是阶跃式增大，到 3 月 25 日，7X、7Y 方向轴振动分别达到 $204\mu m$、$225\mu m$。6 号轴承处轴振从 2 月 28 日开始爬升，3 月 19 日后变化不大，振动数据见表 5-39。

表 5-39　　　　　　　　　　　DCS 的历史振动数据　　　　　　　（位移峰峰值，μm）

时间	振动分量	6X	6Y	7X	7Y
2 月 28 日	通频	26.6	28.5	80.6	77.5
3 月 8 日	通频	31.9	28.5	107	112
3 月 19 日	通频	69.5	60.3	124	144
3 月 22 日	通频	75.1	66.6	172	168
3 月 25 日	通频	75.0	63.8	204	225

3）2009 年 3 月 25 日，保持有功负荷约为 330MW，运行参数及系统稳定，对 6、7 号轴承处轴振动进行了连续监测 2h，期间轴振动稳定，振动频谱图见图 5-92～图 5-95。从振动频谱上看，振动频谱丰富，不但有工频振动分量，还有 2 倍频分量以及不同幅度的高次谐波，6 号轴承处轴振动 2 倍频振动分量大于工频，7 号轴承处轴振动 2 倍频振动分量与工频相当。改变有功和无功负荷时，振动变化不大，振动与负荷关联不大。

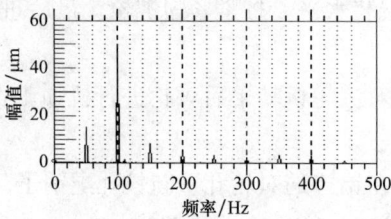

图 5-92　6X 轴振动频谱图

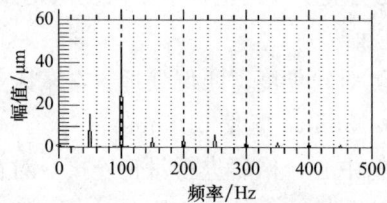

图 5-93　6Y 轴振动频谱图

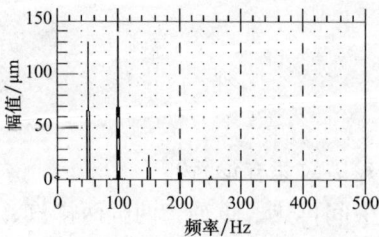

图 5-94　7X 轴振动频谱图

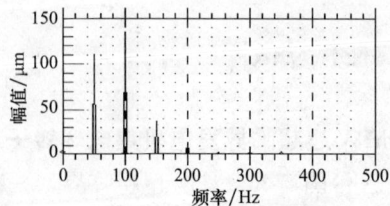

图 5-95　7Y 轴振动频谱图

4）2009 年 3 月 29 日，负荷、运行参数及系统稳定，7 号轴承处 X、Y 方向轴振动通频值突增到 $432\mu m$ 和 $357\mu m$，机组跳机。振动分量中含有与工频相当的 2 倍频分量，停机时振动迅速回落，2500r/min 转速以下，振动值很小，没有峰值，停机降速的波德图见图 5-96、图 5-97。

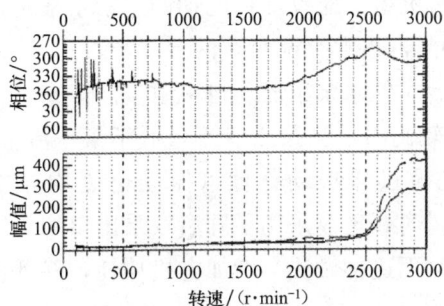

图 5-96　7X 轴振动降速波德图　　　图 5-97　7Y 轴振动降速波德图

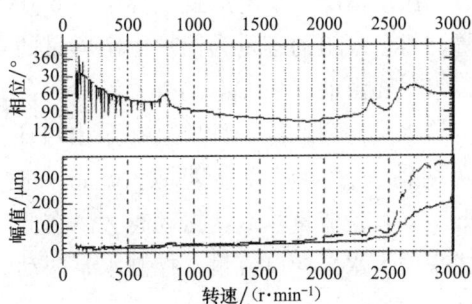

（2）原因分析。振动变化即有缓慢爬升也有阶跃增大，振动频谱丰富，并有大幅度的 2 倍频，振动原因可能存在动静摩擦、轴承座标高变化、连接对轮中心变化、转动部件缓慢偏移及转子裂纹等。

1）振动与负荷及运行参数关联不大，可排除 6 号轴承座标高变化（5、6 号轴承为发电机端盖轴承）及发电机集电环转子连接对轮中心变化对振动的影响。

2）6、7 号轴承处轴振动 2 倍频分量占通频值分别为 68％ 和 60％ 左右，工频振动虽然有所增加，但是 2 倍频分量增加的更多，可排除转动部件缓慢偏移引起的振动。

3）振动总体水平是增加趋势，波动不大，从振动特征以及发电机本体、密封瓦动静安装间隙，集电环结构来看，存在动静摩擦的可能性很小。

4）6、7 号轴承处的轴振动的 2 倍频分量，应该来源于转子裂纹的可能性最大，当转子出现裂纹后，会使转子径向刚度不对称，产生 2 倍频分量，随裂纹深度加深及长度扩展，2 倍频分量会逐渐加大。

（3）解体检查及处理。2009 年 3 月 29 日停机后，对发电机集电环转子与发电机对轮进行详细检查。发现集电环转子对轮处有一处横向裂纹，深度约 1mm，长度在 450mm 左右，裂纹起始于集电环转子对轮螺栓处，靠外沿离中心 2/3 处向对侧直线扩展，见图 5-98、图 5-99。

图 5-98　集电环转子对轮裂纹实物图　　　图 5-99　集电环转子对轮裂纹实物图

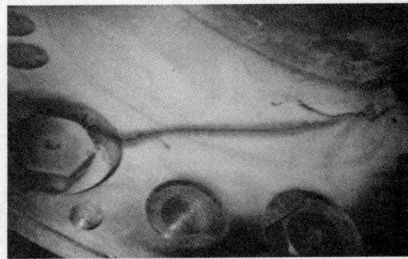

裂纹原因是转子材料存在缺陷（制造厂设备生产过程疏于管理，用户监造不力），制造厂更换新转子启动后，轴系振动良好，最大轴振不超过 $80\mu m$，7 号轴承处轴振在 $50\mu m$ 内，振动频率以工频为主，没有 2 倍频振动分量。

2. 给水泵高压头、低流量时的振动怎样诊断?

（1）振动情况。某电厂亚临界空冷 600MW 机组，配置三台电动调速给水泵组，并列布置。每台泵组的容量为锅炉额定容量的 50%，正常工况时，两台运行，一台备用。每台泵组主要由前置泵、电动机、液力偶合器、主给水泵组成。自机组投产以来，当任何两台给水泵并列运行，且单泵在泵出口压力较高时，当泵入口流量低于某一流量时，水泵两端轴承振动就会显著增大，最大时能超过保护动作值（振动速度均方根值 11.2mm/s），且流量越低，振动越大。在低流量时，现场采用了开启水泵出口的再循环门方式来增大水泵入口流量，控制水泵振动，然而这种做法会增加电机功耗，降低机组经济性。

（2）测试仪表。水泵组配备有 epro TSI 系统，水泵两端轴承的垂直和水平方向均布置了磁电式速度传感器［灵敏度 28.5mV/(mm/s)］，用来监测水泵轴承振动。试验中，使用美国 Bently 公司生产的 DAIU208P 振动数据采集单元，采集从 TSI 模拟信号输出端子输出的电压信号，用于测试分析轴承振动。测点选择为 A、B 泵的两端轴承的垂直和水平方向振动，共计 8 个测点。

（3）试验过程。1 月 24 日 16 时，机组负荷约 370MW，A、B 两台给水泵并列运行，泵出口再循环门开启，泵振动较小且平稳，主要运行参数见表 5-40。

表 5-40　　　　　　　　　　　泵振动平稳时运行参数

运行参数	A 泵参数 (16:14)	B 泵参数 (16:14)
转速（r/min）	3824	3835
电机电流（A）	369.54	366.79
入口水流量（t/h）	967.77	967.23
入口水压力（MPa）	2.09	2.07
出口水压力（MPa）	13.99	13.99
抽头压力（MPa）	6.92	6.91
驱动端水平振动（mm/s）	1.89	2.34
驱动端垂直振动（mm/s）	2.30	3.20
自由端水平振动（mm/s）	3.43	1.17
自由端垂直振动（mm/s）	1.76	0.90

保持泵出口压力不变，逐渐关闭再循环门，减小给水泵入口流量，进行了使振动故障重现的试验。首先降低 B 泵入口流量，当低于 700t/h 时，泵轴承振动逐渐增大，且开始剧烈波动，然后增大 B 泵入口流量，B 泵振动降低且恢复到原来状态，然后又重复进行了一次降低泵入口流量试验，试验结果同。B 泵驱动端轴承的水平、垂直振动趋势见图 5-100（a）～（b），其频谱图见图 5-100（c）～（d），振动频率以 7 倍频为主。

同 B 泵试验方法一样进行 A 泵试验。保持泵出口压力不变，逐渐关闭泵再循环门，使 A 泵入口流量逐渐减小，当泵出口流量在 700t/h 以下时，出现了与 B 泵类似的振动情况，轴承振动逐渐增大并剧烈波动，振动频率以 7 倍频为主，开大泵再循环门，振动逐渐减小直到恢复到原来状态。A 泵驱动端轴承的水平、垂直振动趋势见图 5-101 （a）～（b），其频谱图见图 5-101 （c）～（d）。

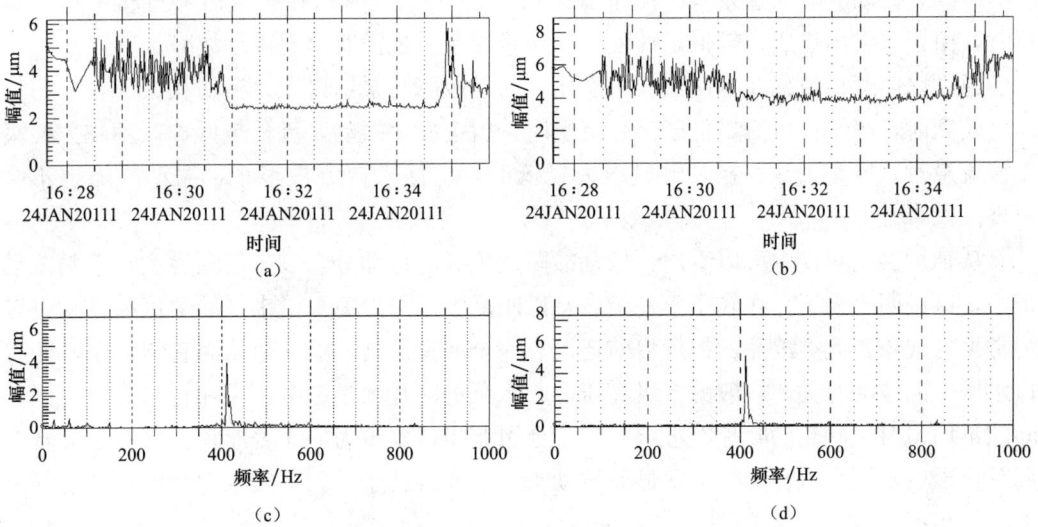

图 5-100 B 泵驱动端轴承振动参数
（a）B 泵驱动端轴承水平振动趋势图；（b）B 泵驱动端轴承垂直振动趋势图；
（c）B 泵驱动端轴承水平振动频谱图；（d）B 泵驱动端轴承垂直振动频谱图

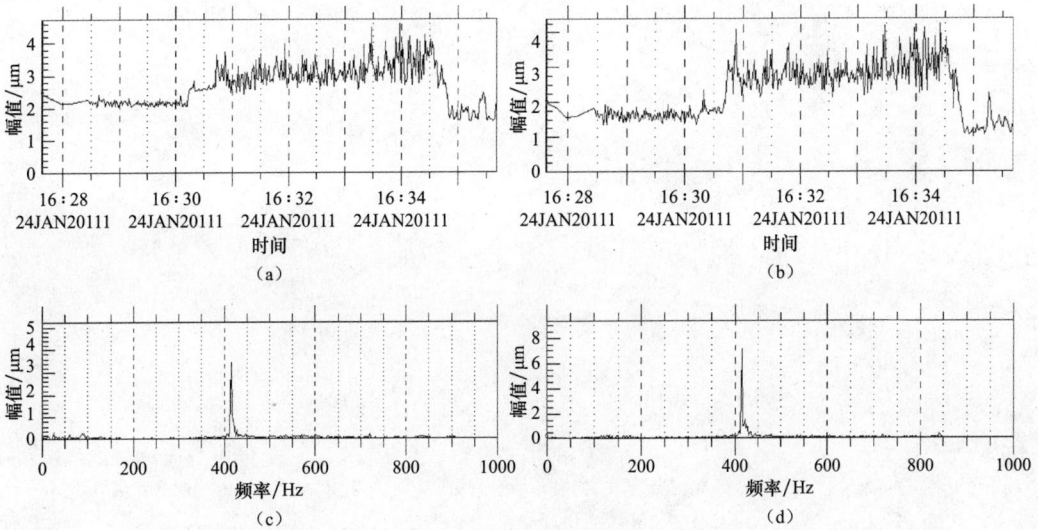

图 5-101 A 泵驱动端轴承振动参数
（a）A 泵驱动端轴承水平振动趋势图；（b）A 泵驱动端轴承垂直振动趋势图；
（c）A 泵驱动端轴承水平振动频谱图；（d）A 泵驱动端轴承垂直振动频谱图

（4）试验分析及建议。从试验过程来看，振动故障的发生与给水泵的入口流量密切相关，当入口流量较低时，振动故障开始出现，并且随着流量的持续减小，振动值也越来越大。但是根据设备以前的运行经验来看，它还与给水泵的出口压力有密切的关系，当出口压力约为 16～17MPa，水泵入口流量低于 950t/h 时，会出现与以上现象相同的振动故障。此次试验中，由于机组负荷较低，两台给水泵运行时出口压力较低，约为 13.9MPa，振动故障在水泵入口流量低于 700t/h 时出现。而在机组启停过程中单泵运行时，由于水泵出口压力较低，即使入口流量很小，也没有出现振动故障。

通过以前运行情况及本次试验可看出，振动故障与泵出口压力密切相关。在泵出口压力较高时，当泵入口流量低于某一流量时，就会发生振动，流量越低，振动越大；高于该流量时，振动正常。在泵出口压力较低时，即使入口流量很小，振动故障也不会出现。

从轴承振动频谱中可以看出，振动故障发生时，振动分量以 7 倍频为主，工频振动很小，这说明水泵不存在转子不平衡、基础刚度不足等故障。给水泵的 7 倍频振动是较为常见的现象，此类故障的机理目前还没有完全研究清楚，但一般认为它与水泵叶轮出口水压力的波动有关，一般的多级高压离心水泵的叶片数是 7 个，当叶轮与导叶之间的间隙不均匀时，叶轮的叶片经过导叶时，会引起出口水压力的显著波动，当转子旋转一周时，出口水压力就会产生 7 次显著波动，从而导致转子受到 7 次压力冲击，产生显著的 7 倍频振动。

从已有的此类故障治理经验来看，通过仔细调整水泵芯包的装配，尽量减少转子与导叶之间的间隙不均匀情况，可以大大改善水泵的振动情况。因此，对于目前设备存在的高频振动故障，应通过更换芯包或者进行芯包检修作业来消除。

第六章

运行机组的振动预防与控制

一、"二十五项重点要求"部分解读

1. 什么是"二十五项重点要求"?

2000 年国家电力公司通过总结分析发电供电企业发生重大事故的特征,并在原能源部《防止电力生产重大事故的二十项重点要求》(简称"二十项反措")的基础上,制订了《防止电力生产重大事故的二十五项重点要求》(简称"二十五项反措")。

为贯彻落实"安全第一,预防为主,综合治理"方针,进一步完善电力安全生产事故预防措施,提高电力生产整体安全水平,有效防止电力生产事故的发生,2014 年国家能源局在国家电力公司《防止电力生产重大事故的二十五项重点要求》的基础上,编制了《防止电力生产事故的二十五项重点要求》(简称"二十五项重点要求")。"重点要求"中列出了防止人身伤亡,火灾,锅炉、电气、汽轮机、压力容器等事故发生的预防措施。

2. 为什么规定启动前大轴晃度不超过原始值的±0.02mm?

"二十五项重点要求"中,关于防止汽轮机大轴弯曲条文中规定:汽轮机启动前大轴晃度值不超过制造商的规定值或原始值的±0.02mm,否则禁止启动。

轴晃度值是汽轮机冲转的一项重要条件,主要检查轴的弯曲程度,转子弯曲大,对应的偏心距则大。在弯曲状态下启动,随转速升高,不平衡离心力变大,中速以下就可能造成动静部分摩擦引起机组振动,如果处理不当,转子会产生永久弯曲。

通过测量轴的晃度值可以推算出转子最大弯曲量(通常在调节级或过桥汽封处),基本处于高压(或高中压)转子中部,如果利用"三角形"关系计算,则晃度表放置位置不同,计算的转子弯曲量不同,准确程度也不同,如晃度表布置在靠近轴承处或转子跨外侧,就不可能准确推算转子弯曲量。晃度表合理的测量位置应是在转子跨内并尽可能远离轴承处。

假设转子调节级处有 0.06mm 弯曲量,相当于转子偏心距 0.02mm(转子弯曲量近似等于转子偏心距的 3 倍),按照轴晃度表安装位置到轴承的距离与调节级叶轮前端面到轴承距离之比约为 1：3 的关系,推算到晃度表处的晃度为 0.04mm(0.04＝0.06×2/3)。转子质量与偏心距乘积构成了不平衡重径积,加质量与加重半径乘积构成了平衡

141

重径积，对比实际一阶加重获得的平衡重径积与由于弯曲引起的不平衡重径积相当的数据，也就是说，加重后对转子一阶轴振动的影响，相当于转子弯曲对转子一阶振动的影响。从表6-1可看出，加重对一阶振动响应比较分散，但总体来看，如果转子中部有0.06mm左右的弯曲，通过一阶临界时，轴振动在跳机值250μm以内。

表6-1　　　　　　　　　　转子弯曲量对一阶振动的影响

项目	符号	单位	600MW	300MV	200MW
转子质量	G	kg	28000	23000	20000
晃度值	δ	mm	0.04	0.04	0.04
调节级处弯曲	f	mm	0.06	0.06	0.06
偏心距	e	mm	0.02	0.02	0.02
不平衡重径积	W_{r1}	kg·mm	560	460	400
转子加重半径	r	mm	540	520	500
转子加质量	W	kg	1.0	0.9	0.8
平衡重径积	W_{r2}	kg·mm	540	468	400
对一阶轴振动影响	A	μm	120～200	100～180	120～170

通常转子有0.02mm左右的初始晃度，如果晃度反相增加0.02mm，晃度值为0.04mm，推算到调节处的转子弯曲量有0.06mm左右。晃度值超过0.04mm，由于转子弯曲的影响，很难通过一阶临界转速。正因为如此，规定启动前大轴晃度不超过原始值的±0.02mm，对于转子晃度不但有相对变化量规定，还要有绝对值的规定，如200MW机组大轴晃度绝对值不超过0.05mm，600MW机组不超过0.076mm。对于不同类型的机组，由于晃度表安装位置不同，所规定的晃度值也应该不同。由于弯曲前后的高点不同，动静径向间隙不同，弯曲量对转子响应不同，有些个别机组晃度大一些也能通过一阶临界转速，但不能代表所有机组晃度大都能通过一阶临界转速。对于大轴晃度的计算不应该是代数的加减，应是矢量计算。

3. 为什么规定启动前高压内缸上下缸温差不超过35℃，外缸不超过50℃？

"二十五项重点要求"中，关于防止汽轮机大轴弯曲条文中规定：汽轮机启动前必须符合高压外缸上、下缸温差不超过50℃，高压内缸上、下缸温差不超过35℃，否则禁止启动。

汽轮机上、下缸的温差是机组运行的一个重要指标，如果控制的不当，将导致温升快的一侧膨胀大于另一侧，使汽缸向上或向下拱起发生变型，轻则因为汽缸结合面出现张口破坏结合面的严密性进而导致漏汽，使机组运行条件恶化，加大机组检修率；重则因为拱起造成汽缸径向间隙减小甚至消失，造成动静摩擦，可能引起机组振动增大，转子弯曲、乃至发生损坏设备的事故，给机组的安全经济运行带来重大隐患。

汽轮机上、下缸温差大一般来说有以下几个方面原因。首先，机组启动过程中汽缸内热汽流自下而上流动以及凝结水在下缸形成水膜影响传热，进而造成下缸温升速率比上缸慢形成温差；其次，汽缸疏水口和抽汽口均布置于汽缸下部，造成散热面积大，保温困难，空气流动时首先与冷空气接触，一般情况下，上缸的温度要比下缸温度高，导致上下汽缸轴向热膨胀不同，使汽缸产生上拱起（也称拱背变形）；另外由于汽缸加热调整不当，还可能导致下缸温度高于上缸温度，此时上下缸的温差为负值，则使汽缸向下挠曲。

汽轮机启动前，高压内外缸的上下缸不可避免地存在温差，引起汽缸弯曲。因为汽缸的形状比较复杂，因此由于上下汽缸温差引起的汽缸热弯曲也难以准确计算。转子上存在温差，引起的弯曲量，理论上推导如下：

假定转子长度为 L，直径为 D，转子为等截面圆轴，转子上下温度分别为 T_1、T_2，令 $\Delta T = T_1 - T_2$。由温度不对称产生的挠曲曲线微分方程为

$$\frac{\mathrm{d}^2 y}{\mathrm{d}x^2} = \frac{\alpha \Delta T}{D}$$

式中　α——转子热膨胀系数；

D——转子直径；

ΔT——转子温差。

当边界条件为 $y|_{x=0}=0$，$y|_{x=L}=0$ 时，转子的挠度曲线为

$$y = \frac{\alpha \Delta T}{2D}(Lx - x^2)$$

设转子的截面积为 A，则转子的质量偏心为

$$e = \frac{\int_0^L Ay\,\mathrm{d}x}{\int_0^L A\,\mathrm{d}x} = \frac{\alpha \Delta T L^2}{12D}$$

转子的最大弯曲在跨中 $x = \dfrac{L}{2}$ 处，其值：

$$y_{\max} = \frac{\alpha \Delta T L^2}{8D}$$

借用上式估算了 300、600MW 机组高压缸上下缸温差变化引起汽缸变形的弯曲量，具体数据见表 6-2、表 6-3。

表 6-2　　　　　　　　　　　高压内缸上下缸温差变化引起汽缸弯曲量估算

项目	符号	单位	300MW			600MV		
汽缸线性膨胀系数	α	℃$^{-1}$	13.33×10^{-6}			12.0×10^{-6}		
汽缸长度	L	mm	2238			2316		
沿汽缸长度平均直径	D	mm	1256			1210		
温差	ΔT	℃	35	45	55	35	45	55
汽缸弯曲值	f	mm	0.233	0.299	0.365	0.233	0.299	0.366

表 6-3 高压外缸上下缸温差变化引起汽缸弯曲量估算

项目	符号	单位	300MW			600MV		
汽缸线性膨胀系数	α	℃⁻¹	13.33×10^{-6}			13.33×10^{-6}		
汽缸长度	L	mm	3182			4160		
沿汽缸长度平均直径	D	mm	2370			2930		
温差	ΔT	℃	45	50	55	45	50	55
汽缸弯曲值	f	mm	0.320	0.356	0.392	0.443	0.492	0.541

从以上计算结果可知，汽缸弯曲量主要受汽缸温差影响，与机组容量关系不大，汽缸上下缸温差每增加 10℃，汽缸弯曲量增加 0.07mm 左右。通过对高压 100MW 汽轮机的试验得知，上下汽缸温差每增加 10℃，调节级下部径向间隙约减少 0.1mm 左右，理论计算与试验数据相吻合。

端部汽封间隙变化受外缸直接影响，通常端部汽封和隔板汽封的径向间隙在 0.4～0.5mm，因此高压外缸上下缸温差控制指标选择在 50℃。如果上下汽缸温差大于 50℃，就可能使径向间隙消失，造成动静部分摩擦。由于高压内缸径向间隙变化与内缸直接相关，同时受到外缸拱背变形的叠加影响，因此控制的温差更要严格一些，高压内缸上下缸温差控制指标选择在 35℃。

4. 为什么机组启动前连续盘车时间应执行制造商的有关规定？

"二十五项重点要求"中，关于防止汽轮机大轴弯曲条文中规定：机组启动前连续盘车时间应执行制造商的有关规定，至少不得少于 2～4h，热态启动不少于 4h。若盘车中断应重新计时。

在机组正常启动、停机和事故工况下，通过连续盘车可以消除转子热弯曲和静弯曲，正确的盘车可避免转子发生永久弯曲事故。在升速过程中，如果转子存在弯曲，易引起动静部分摩擦，摩擦会加剧转子弯曲，从而使机组发生大振动，控制不当会使转子发生永久性弯曲。为防止转子发生弯曲，要求机组启动前至少连续盘车 2～4h，热态启动至少连续盘车 4h，若盘车中断应重新计时。转子弯曲后，需要一定时间的盘车才能调直，上述盘车时间的理论确定和实践相吻合，执行以上规定的盘车时间，可避免转子发生永久性弯曲事故。

机组启动过程中，由于振动异常，查明了振动原因是由于转子弯曲引起的，需要盘车消除转子弯曲。如果由于大振动，转子需要回到盘车状态，即使大轴晃度回到了原始值，也应连续盘车至少 4h 后才能启动，因为大轴晃度回到原始值（含幅值和相位），也不能够保证转子弯曲应力全部消除。大轴晃度大于原始值，应加长盘车时间，直至稳定在原始值附近为止，如果长时间盘车也不能回到原始值，应根据晃度值的大小以及动静间隙大小，评估能否再次启动。

5. 为什么规定启动或低负荷运行时，不能投入再热蒸汽减温器喷水？

"二十五项重点要求"中，关于防止汽轮机大轴弯曲条文中规定：启动或低负荷运行时，不得投入再热蒸汽减温器喷水。在锅炉熄火或机组甩负荷时，应及时切断减温水。

启动或低负荷运行时，由于再热蒸汽流量很小，如果投入减温水会引起再热蒸汽带水，引起中压缸上下缸温差增大，可导致动静部分发生摩擦引起振动，严重时将使设备损坏。在锅炉熄火或机组甩负荷时，应及时切断减温水，也是为了防止汽缸进水、进冷汽危及机组安全运行。

6. 为什么规定在中速暖机之前，轴承振动超过 0.03mm，应立即打闸停机？

"二十五项重点要求"中，关于防止汽轮机大轴弯曲条文中规定：机组启动过程中，在中速暖机之前，轴承振动超过 0.03mm，应立即打闸停机。

如果轴承支承特性正常，在中速暖机之前，机组没有通过一阶临界转速时，轴承就有 0.03mm 以上的振动，说明轴振动很大，继续升速有可能通不过临界转速，强制升速可能造成转子弯曲，应停机查明原因。但对于支承特性不好的轴承、暖机不充分轴承动刚度降低以及此转速下轴承处于共振区情况时，有可能轴振动很小，但轴承振动很大；或转子存在摩擦，由于轴振动大，而引起轴承振动大。对于转子存在摩擦可降速运行或回到盘车状态，消除摩擦后再升速；对于存在共振情况可避开该区间，根据轴振情况，尝试提高或降低转速暖机；对于暖机不充分引起的轴承动刚度下降可降速暖机，充分暖机后再升速；对于支承特性不好的轴承，根据轴振动情况以及轴承能够接受的振动值，决定是否升速。总而言之，中速暖机之前，轴承振动超过 0.03mm，应立即打闸停机，查明原因后再启动。

7. 为什么规定运行中新汽温度在 10min 内突然下降 50℃，打闸停机？

"二十五项重点要求"中，关于防止汽轮机大轴弯曲条文中规定：机组正常运行时，主、再热蒸汽温度在 10min 内突然下降 50℃，应立即打闸停机（调峰型单层汽缸机组可根据制造商相关规定执行）。

新汽温度突降说明汽温已失控，可能是机组发生水冲击的征兆，汽温突降将引起机组部件温差增大，热应力增大，胀差向负值增大，轴向推力增加，轴向位移增大，新汽过热度降低。在短时间内汽温降低过多，可导致动静部分发生摩擦引起振动，严重时将使设备损坏。新汽温度下降 50℃，蒸汽温度已接近规定的蒸汽温度下限值了，机组发生进水征兆已凸显，考虑到上述影响，并留有一定安全裕度，规定为新汽温度在 10min 内突然下降 50℃，打闸停机。

8. 为什么规定疏水系统应保证疏水畅通？

"二十五项重点要求"中，关于防止汽轮机大轴弯曲条文中规定：疏水系统应保证疏水畅通。疏水联箱的标高应高于凝汽器热水井最高点标高。高、低压疏水联箱应分开，疏水管应按压力顺序接入联箱，并向低压侧倾斜 45°。疏水联箱或扩容器应保证在各疏水阀全开的情况下，其内部压力仍低于各疏水管内的最低压力。冷段再热蒸汽管的最低点应设有疏水点。防腐蚀汽管直径应不小于 76mm。

本体和管道疏水不畅，或冷水、冷汽倒至汽缸及管道，能引起机组振动或管道水击。汽缸下部存水，会引起汽缸上下缸温差大，控制不当造成转子弯曲，引起机组振动。因此，疏水系统的阀门、联箱标高、疏水点以及疏水管的走向都必须保证蒸汽管道和汽缸的疏水畅通，合理的疏水系统以及正确的操作能够保证疏水畅通，以免引起机组振动或管道水击。

9. 为什么规定高、低压轴封应分别供汽？

"二十五项重点要求"中，关于防止汽轮机大轴弯曲条文中规定：高、低压轴封应分别供汽。特别注意高压轴封段或合缸机组的高中压轴封段，其供汽管路应有良好的疏水措施。

轴封供汽的温度和转子的温度需在一定的范围内相互协调。一般允许轴封供汽温度与转子温度偏差±150℃。过大的温度偏差会引起轴封区间转子表面产生很高的热应力，而每次热应力循环要消耗金属寿命。反复循环会引起表面产生热疲劳裂纹。过大的温度偏差还要引起转子和汽缸部件局部变形，严重时，将发生动静部分摩擦引起振动。

热态或极热态启动时，用同一个汽源向轴封供汽，高低压转子胀差将会出现矛盾。当用高温汽源抑制了高压负胀差的增加，就会使低压正胀差增大；当用低温汽源满足低压胀差需求时，就很难达到高压胀差的控制要求。为解决该矛盾，按照轴封供汽温度与汽封段金属温度相匹配的原则，要求高、中压汽缸轴封与低压汽缸轴封应具备独立、合适的供汽系统。

二、运行中的振动控制

1. 机组振动有哪些危害？

汽轮发电机组是高速旋转设备，正常运行时，通常有一定程度的振动。当振动达到不可接受范围时，过大的振动会危害机组和人身安全。

（1）事故停机。机组振动过大或强烈振动时，机组跳机。

（2）轴系破坏。通常机组超速引起轴系破坏，但工作转速下的大不平衡也能引起轴系破坏。在工作转速下，大的不平衡振动还不足于造成轴系破坏，但降速通过转子临界转速时，由于共振，转子产生很大的挠曲变形，由此导致动静部分严重的径向碰磨，使转子产生更大的不平衡量，如此的耦合振动，使振动迅速发散，引起轴系破坏。有些一阶不平衡量大的机组，虽然可采用提高升速率方法，迅速通过临界转速，但降速时因角加速度减小，振动量值将比升速时增大几倍，一旦发生其他振动与其耦合，就有碰坏轴系的可能。对于一阶不平衡量大的机组，不能掉以轻心，应尽早消除振动。机组若在超速状态下发生摩擦振动，后果将更严重，甚至可能引起轴系断裂飞脱事故。

（3）动静部分摩擦。振动大造成轴封及隔板汽封磨损，严重时会引起大轴弯曲。由于摩擦加大了通流部分和轴端的汽封径向间隙，漏汽损失增加，机组经济性降低。

（4）部件疲劳损坏。机组过大和强烈的振动，会使许多静止部件产生较大动应力而疲劳损坏。如轴瓦乌金脱落，轴承座固定螺栓松动或断裂，轴承座台板的二次灌浆等基础松动，与机组连接管道的接头或焊口处产生疲劳断裂。

（5）发电机故障。振动大会使发电机转子护环及线槽内的绝缘材料松弛，电气绝缘磨破以致短路，励磁机炭刷磨损加剧。

2. 轴相对振动量值大小程度怎样评价？

GB/T 11348.2 中给出了汽轮机和发电机转轴相对振动的各区域边界推荐值，用 A、B、C、D 四个区域进行了详细描述。但现场应用中对振动量值大小程度描述不一，掌握的尺度也不一样，给工作带来诸多不便。对于工作转速为 3000r/min 的汽轮发电机组振动大小程度，建议用五个名词进行评价：轴相对振动小于 $90\mu m$，此时的振动描述为"振动正常"；轴相对振动大于 $90\mu m$，小于 $125\mu m$，此时的振动描述为"振动偏大"；轴相对振动大于 $125\mu m$，小于 $200\mu m$，此时的振动描述为"振动过大"；轴相对振动大于 $200\mu m$，小于 $350\mu m$，此时的振动描述为"强烈振动"；轴相对振动大于 $350\mu m$，此时的振动描述为"危险振动"。

3. 运行中机组振动大应如何处理？

（1）机组发生异常振动时，应重点检查下列各项：蒸汽参数（含轴封供汽温度）、真空、胀差、轴向位移、润滑油压、油温、轴承温度、汽缸金属温度（温差）等是否正常，有无变化。

（2）振动增加较快时，应立即进行负荷调整，通常是减负荷，但个别振动故障，是通过增加负荷消除的，如高压转子发生汽流激振，增加负荷可躲过"门槛"值。

（3）机组突发强烈振动或清楚听出缸内有金属摩擦声音时，应立即打闸停机，有叶片脱落的可能。

（4）振动量值的变化，不管它是增大还是减小，当振动量值偏离以前建立的基线值，变化的幅值超过区域边界 B/C 值的 25％时，应引起重视，查明振动原因。

总而言之，引起机组振动原因多种多样，错综复杂。运行人员发现振动增大时，及时观察相关参数变化趋势，调整运行参数加以消除，按运行规程规定果断处理，达到停机限值时立即打闸停机，并记录好各种参数及操作过程，为振动分析提供依据。

4. 新汽温度两侧温差过大对振动有什么影响？

汽轮机高、中压缸两侧进汽温度存在较大偏差时，将使汽缸左右两侧受热不均，会产生很大热应力，缩短部件使用寿命，严重时使部件损坏。热膨胀不均匀，易使转子和汽缸产生不均匀变形，引起摩擦振动。出现两侧温差时，应及时调整，当温差超过 80℃时，应故障停机。

5. 新汽温度过高对振动有什么影响？

新汽温度过高会引起汽轮机高压段膨胀加大，若膨胀超过预留间隙，将引起个别机件以及整台机组的振动。前轴承受热而增大变形、新汽管道的过量膨胀推动轴承座等，使公共轴线发生改变，轴承将受一弯矩而发生振动。温度升高还会使个别机件松动而发生振动。

6. 新汽温度骤然降低对振动有什么影响？

新汽温度骤然降低时，汽轮机转子和汽缸将发生不均匀变形，造成前轴承稳定性降低，蒸汽带水会发生水冲击，使转轴轴向推力增大，工作面推力瓦块磨损，通流部分轴向间隙消失，这些因素都会引起机组振动。新汽压力为额定值，当新汽温度低于额定值20℃时，应限负荷运行；汽温继续下降，应降压减负荷，在此过程中，过热度不低于150℃，否则应故障停机；如汽温在10min内突降50℃，打闸停机。

如某台机组在中速暖机结束前，主蒸汽温度突降约100℃（325℃降至220℃），降速调整蒸汽温度（该方法不可取！），当回升到270℃时继续升速，转速达到高压转子临界转速1665r/min附近时，1X轴振动为265μm，机组跳闸。盘车时，大轴偏心为200μm，经过6h的盘车，偏心回到原始值40μm，而后又进行了2h的盘车，在缸温、胀差、轴向位移等参数都在正常范围内，进行了再次启动，顺利达到额定转速。

这次振动故障是由于主蒸汽温度突降，蒸汽带水，虽然汽温恢复了正常值，但对于汽缸造成的局部变形以及转子发生的热弯曲都尚未彻底恢复。在升速过临界过程中，由于振动放大，使动静部分发生了摩擦，引起机组振动。

7. 轴承润滑油温对振动有什么影响？

正常运行时，轴承入口润滑油温通常规定在38～45℃之间，过低的入口油温易发生油膜涡动或油膜振荡的轴承自激振动故障，特别是在冬季或启动过程中。当轴承振动含有低频振动分量，确认为油膜涡动或油膜振荡时，可通过提高轴承润滑油温方法消除振动。油的黏度随润滑油温度的升高而下降，轴承润滑油温度升高，油的黏度下降，使油膜减薄，增加了轴承阻尼，提高了轴承稳定性，为消除轴承自激振动故障创造了条件。如果振动是轴承自激，短时间内不会引起轴承损坏事故（依据振动值大小），特别是发生在发电机轴承上，有充裕的时间进行油温调整。

8. 真空变化对振动有什么影响？

真空变化对应的排汽温度也要发生变化，会使刚度弱的排汽缸发生很大变形。对于座缸式轴承座，由于排汽缸的变化使轴承座标高发生变化，对轴承载荷、转子支承状态都有影响，可改变轴瓦振动模态特性，使转子振型发生变化，使机组轴承振动或轴振动增大。排汽缸的变化，会使转子中心轴线改变，轴端汽封和轴承座油挡径向间隙消失，引起机组摩擦振动。

如某台机组受环境温度影响，真空逐渐增加了3kPa，排汽温度由30℃下降至25℃度左右，除主蒸汽流量减小外，负荷及其他参数都没有明显变化，最后一个低压排汽缸后轴承处轴振动逐渐增加，最大达到180μm，后采取增加负荷措施，振动逐渐消失。低压排汽缸的轴承箱与低压缸一体，为座缸式。该排汽缸存在刚度不足缺陷，汽缸发生变形，尤其在高真空时变形更加明显。经实地百分表测量，排汽缸端面收缩量不均匀，汽封洼窝处最大收缩量达到 6～8mm。随低压缸收缩，低压轴端径向汽封间隙逐渐消失，引起了机组摩擦振动。该机组由于存在低压缸刚度不足缺陷，使机组不能高真空运行，影响了机组经济性。

9. 高压调速汽门开度对振动有什么影响？

采用喷嘴调节的汽轮机，有些机组振动或轴承金属温度受高压调节汽门开启方式和开度不同的影响。这是因为有一个作用于转子中心的静态蒸汽力，使支承轴承载荷及转子在汽缸中的径向位置发生变化，当动叶顶部或端部轴封径向汽封间隙不均匀时，使蒸汽漏汽量不同，产生一个促使转子涡动的合力，易使转子失稳，发生自激振动，转子位置的改变也可能发生摩擦振动。轴承载荷的变化也可能使轴承温度升高。

10. 低压轴封供汽温度波动大对振动有什么影响？

低压轴封供汽温度正常值在 120～180℃ 之间，通常控制在 150℃ 左右。当轴封供汽温度波动大（或轴封供汽带水）时，轴封套会发生变形。如果轴端径向间隙预留量小，与其他条件耦合在一起时，就可能发生摩擦振动。如加减负荷过程中，转子中心位置变动大，此时轴封供汽温度也是大幅度波动，就有可能引起轴端汽封部分动静间隙消失，发生振动。因此运行中应加强轴封供汽温度的监视与调整（建议增设轴封金属温度和轴封供汽温度温差大报警），减少波动，虽然轴封供汽温度要求的范围很大，但不代表可以大幅度波动。

11. 低压缸喷水对振动有什么影响？

正常运行时，低压缸排汽温度不高于 65℃，在启动、空载及低负荷时，允许排汽温度高一些，但最高不超过 120℃，通常高于 80℃ 时，开启低压缸喷水装置，进行低压缸减温。当低压缸喷水对汽缸冷却不均时，引起的汽缸变形量不同，破坏了汽轮机动静部分中心线一致性，特别是对于刚度弱的低压缸，更容易发生摩擦振动。

12. 汽缸各部件温差大对振动有什么影响？

金属部件在受外力作用后，无论外力多么小，部件均会产生内部应力而变形。外力停止作用后，变形能够恢复的称为弹性变形，否则称为塑性变形。运行中严格控制汽缸内外壁、上下汽缸、法兰内外壁和法兰上下、左右等温差，保证温差在规定范围内，避免部件发生大的变形量，更不允许发生塑性变形。如果汽缸外缸上下缸温差过大时，会引起轴端汽封间隙消失；如果法兰内外壁温差过大时，法兰在水平方向的弯曲，会使汽缸中间段左右间隙减小，前后两端上下间隙减小。间隙消失时，转子表面在圆周方向受到不均匀摩擦，使轴振动增大，严重时引起大轴弯曲。

13. 胀差对振动有什么影响？

汽缸与转子受热膨胀，受冷收缩，由于汽轮机转子与汽缸的热交换条件不同，转子与汽缸沿轴向膨胀或收缩量有差别，这些差别量称为汽轮机转子与汽缸的相对膨胀差，简称胀差。转子的轴向膨胀量大于汽缸膨胀量，此时的胀差定义为正胀差，反之为负胀差。胀差是运行中控制的一项重要指标，特别是在启停过程中。机组存在胀差是不可避免的，但是超出规定的范围，动静轴向间隙就会消失，动叶与静叶或叶轮与隔板间会发生轴向摩擦，引起振动，甚至发生掉叶片、大轴弯曲等事故，通常轴向摩擦比径向摩擦危害性更大。

14. 汽缸膨胀不均匀对振动有什么影响？

汽缸膨胀不均匀，通常是由于汽缸膨胀受阻或加热不均匀造成的。膨胀不均匀，引起动静间隙发生变化，导致间隙减小或消失；引起轴承位置和标高发生变化，导致轴承载荷以及转子中心发生变化；还可以引起胀差增加，轴承受到推力而拱起等。所有这些变化都可导致机组发生振动。

15. 汽缸疏水对振动有什么影响？

机组启动时，新汽温度高于汽缸内壁金属温度。暖机阶段，蒸汽对汽缸进行凝结放热，产生大量的凝结水，直到汽缸内壁温度达到该压力下的饱和温度时，凝结放热过程结束，凝结疏水量才会大大减少。停机过程中，随着负荷的降低，蒸汽的湿度逐渐增加，含水量越来越多。另外打闸停机后，汽缸内仍有较多的余汽凝结成水。如果汽缸内这些疏水不及时排出，就会引起汽缸上下缸温差大，引起摩擦振动，严重时引起大轴弯曲。

如某台机组温态启动，启动前中压缸进汽室汽缸内壁上、下温度分别为 156℃和 137℃，挂闸开启主汽门后，中压缸下壁温度迅速下降到 87℃，上壁温度没有变化，温差最大达到 69℃。温差大没有引起重视，机组继续冲动，转速达 1100r/min 时，高中转子前后轴承处振动明显偏大，1×、2×增长较快，最大达 200μm，此时中压缸上下缸温差已达 80℃。转速降回到盘车状态，大轴偏心比启动前大 50μm。待中压缸上下缸温差回到 30℃内，偏心回到原始值后，在所有参数正常情况下，进行再次启动。在这次启动中，严格控制了中压缸上下缸温差，机组顺利并网，振动正常。上次启动振动大的原因是，由于中压缸上下缸温差大，使汽缸发生了变形，径向间隙消失，引起了摩擦振动。

该机组疏水系统不分压力等级接到同一疏水联箱上，如高压调速汽门前、后疏水，高压调节级疏水，中压联合汽阀后疏水，中压三级后等疏水。由于疏水联箱疏水管排列不合理，当疏水调整不及时和不合理时，就有可能使疏水联箱内部压力变为正压，当汽缸内部为负压时，就有可能使疏水返回汽缸。该次中压缸上下温差大的原因是，在主汽门开启同时低压蝶阀开启，此时中压缸及低压缸为负压，压力高的疏水量大，使疏水联箱压力升高，联箱内疏水沿中联阀疏水管返入中压缸，造成汽缸下内壁温度迅速下降，温差超标。

16. 汽缸进水对振动有什么影响？

水或冷蒸汽（低温的饱和蒸汽）进入汽轮机，如果汽轮机蒸汽的温度低于汽缸金属温度，汽缸和转子受到冷却，转子的冷却快于汽缸，可能使通流部分轴向间隙消失，发生轴向碰磨，引起机组振动。

冷水或冷汽进入汽缸内，汽缸内壁温度低于外壁温度，此时内壁受到拉应力的作用，当内壁温度高于外壁时，又使内壁受到压应力的作用，即产生交变应力，在交变应力反复作用下，会使汽缸因疲劳产生裂纹。同时由于汽缸存在上下温差，引起汽缸变形，引起摩擦振动，甚至大轴弯曲。

当汽轮机发生水冲击时，会产生巨大的轴向推力，使推力轴承损坏。若保护失灵，就会发生动静部分严重摩擦，引起机组大振动，造成重大设备损坏事故。

如某台机组因 EH 油管路漏油故障停机，机组停运后因缸温较高，采用闷缸技术措施控制上、下缸温差。运行人员发现高缸排汽处下内壁温度 2min 内大幅下降，由 333.8℃ 突降至 103.1℃。盘车电流逐渐上涨并摆动，由 25A 最高达到 48A。顶轴油压逐渐下降并摆动，由 12.25MPa 下降至 9.92MPa。在检查及调整期间，大轴偏心逐渐增加，高压下外缸内、外壁温由 348.0℃/346.5℃ 急剧下降至 123.2℃/182.7℃，盘车跳闸，手动就地投入再次跳闸（"过电流保护动作"）。确认为汽缸进水，立即开启高排止回门前疏水、1～4 段抽汽止回门前管道疏水、缸体疏水、主调门后疏水。外缸温度和高排下内壁温度开始回升，关闭各疏水门。

机组故障停机后庞大的再热系统集聚大量蒸汽，随着停炉后温度的下降，再热系统内的蒸汽逐渐由过热状态转为饱和状态，凝结产生一定量疏水，汽机侧高排止回门附近部分管路属于该系统最低点，疏水逐渐集聚在此段管路。机组停机打闸后高排止回门处于自由重力关闭状态，存在微量的内漏，在这种状态下 0.2MPa 的水汽混合物逐渐集聚高排止回门前（高排前疏水门因为故障停机压力高只是微开），疏水逐渐累积达到高缸排汽口附近，首先淹没高排下内壁温度测点，造成该温度点温度短时间急剧大幅下降。由于运行人员对高排温度测点突降错误地判断为测点故障，错过了疏水的大好时机导致漏入的疏水继续累积，在 90min 后淹没高压外缸下内壁温度测点，造成外缸下内壁温度直线大幅下降，最终致使外汽缸上、下温差达到 350℃。后经开启相关疏水门进行排放，外缸的几个温度测点立即回升。

由于汽缸进水后，使汽缸发生了变形，转子发生了弯曲。盘车过程中发生动静摩擦，使盘车电流摆动上升；转子弯曲，使大轴偏心增加；汽缸变形对轴承座产生推力使轴承标高发生了变化，造成轴承泄油间隙的变化，引起顶轴油压的不规则降低（此现象在后来的手动盘车过程中得到证实）。

疏水排净后立即闷缸，12h 后手动可以盘车，20h 后投入电动盘车，转子偏心逐渐回落。10 天后机组冷态启动，整个启动过程无明显异常振动。

17. 发电机励磁电流对振动有什么影响？

当发电机转子存在电磁激振力或热弯曲时，振动随发电机励磁电流的改变而改变。如，由于定子与转子间气隙不均匀而产生的电磁激振力，振动随励磁电流增加而立即增加；由于转子金属材料存在热不稳定或因绕组匝间短路而产生的转子热弯曲，由于转子热惯性，振动随励磁电流增加而不是立即增加，振动变化滞后于电流的变化；通常是振动随励磁电流增大而增加，有时当转子残余不平衡方向和由于加励磁电流后产生的热不平衡方向相反时，增加励磁电流振动会减小，当热不平衡量增加超过残余不平衡量时，振动会随励磁电流增加而增加。

18. 发电机冷却介质温度对振动有什么影响？

发电机转子存在不均匀冷却故障时，冷却介质的温度越低，振动越大，反之则反。存在不均匀冷却时，转子截面就会形成径向温差，使转子发生热弯曲，冷却介质温度越低，转子温差越大，发生的热变量也越大，振动随之增大；冷却介质升高时，转子温度随之升高，按常理转子温度升高会加大转子径向温差，振动增大，实际上温差是逐渐小的，热弯曲变小，振动逐渐减小，其原因是随转子温度提高的同时，转子不均匀冷却逐渐减小了。通过改变发电机冷却介质温度，观察振动变化，就能判断出发电机转子是否存在冷却不均匀的故障。

19. 什么是偏摆（轴晃度）？

由机械的、电磁的、材料的因素，例如，被测轴段偏心、弯曲、轴表面不圆度及局部缺陷、剩磁、材质不均匀、表面残余应力等引起的非振动偏差。偏摆俗称轴晃度，通常用百分表和电涡流传感器测量。轴晃度大，对应的偏心距则大，当转速升高时，不平衡离心力变大，动静摩擦的可能性就大。所以轴晃度值是汽轮机冲转的一项重要条件，主要检查轴的弯曲程度，防止动静摩擦引起机组的振动。

20. 什么是偏心？

偏心在机组启动监测和转子平衡中的意义不同。

（1）偏心在机组运行监测中，一个是在操作员站中（CRT）显示的偏心，实际是偏心率（度），与轴晃度意义一样。用非接触式电涡流传感器测量交流分量，配合键相器使用，低转速时轴振动可以忽略不计，测量的是偏心，高转速时测量的是轴振动，但多数机组转速达到一定后（通常转速为 600r/min），不再显示偏心值；另一个是指转子在轴承中的径向平均位置（或称偏心位置），即是轴颈中心偏移轴瓦中心的数值，用非接触式电涡流传感器测量的直流分量测量（间隙电压），用来测量轴承磨损，预加负荷状态等。偏心率最好由安装在远离轴承处的传感器测量，这样可获得转子最大的弯曲量。

（2）在转子平衡中，偏心是转子质量中心偏离转轴回转中心的一种现象，称为质量偏心，简称偏心。其偏离的数值称偏心距，它不能被仪器直接测量出来，它是引起轴振动最重要的激振力。

21. 什么是偏心率（偏心度）？

偏心率在机组启动监测和轴承特性中的意义不同。

（1）机组运行中常把偏心率与偏心相混淆，把偏心率称为偏心。机组启动前对转子弯曲的测量，实际上是通过测量偏心率（晃度）获得而不是偏心。

（2）在轴承特性中的偏心率是指偏心距与轴承半径间隙的比值，它是评价轴承特性的一个指标。

22. 就地测量轴晃度与 CRT 画面显示偏心率有什么区别？

利用百分表就地测量轴晃度，测量的是轴的机械晃摆值，它受轴的几何参数影响，如轴弯曲、轴不圆、轴表面腐蚀及凹坑等；操作员站中（CRT）显示的偏心率，除受机械晃摆影响外，还受轴表面剩磁、局部应力集中、材质不均及热处理不均等影响。在同一点用上述两种方法测量晃度，两者数值往往不同，前者只是受机械影响，后则还受电磁影响。测量处要求轴表面规则、光滑、并且没有剩磁等，否则就会导致测量误差，通常用就地百分表测量轴晃度校验 CRT 显示的偏心率值是否正确。

23. 怎样比较轴晃度值大小？

比较轴晃度值大小时，一定要进行矢量比较，也就是说一定要记录原始最大晃度值的大小和方位。例如，某机组大修后轴晃度为 $50\mu m$，方位为 $0°$，大修前轴晃度为 $40\mu m$，方位为 $180°$。从绝对值上看轴晃度偏差为 $10\mu m$，大修前后轴晃度偏差不大于 $20\mu m$，表面上符合"二十五项重点要求"。但因方位相差 $180°$，用矢量比较，实际轴晃度为 $90\mu m$（$\vec{A}=\vec{A}_2-\vec{A}_1=50/0°-40/180°=90/0°$），不符合机组启动条件，转子存在弯曲。

24. 通过轴晃度值大小，怎样计算转子弯曲量？

通过轴晃度大小可用相似三角形原理近似计算出调节处转子弯曲度。例如，轴晃度表安装位置到 2 号轴承的距离与调节级叶轮前端面到 2 号轴承距离之比约为 $1:3$，那么晃度表测得的晃动值与调节级叶轮处轴的晃动值大致也为 $1:3$ 的关系，见图 6-1。若启动前测晃度值为 $50\mu m$ 时，调节级叶轮处轴最大晃动值应为 $150\mu m$，弯曲为 $75\mu m$。

$l:L=BC:EF$，BC 晃度表测量值，EF 调节级处转子晃度值，l 晃度表距 2 号轴承距离，L 调节级叶轮前端面距 2 号轴承距离。

汽轮机多数在高压转子的调节级前轴封部位发生大轴弯曲事故。因前汽封处轴段长，且距轴承远，又因调节级温度最高，上下汽缸温差也最大，存在较大的挠度，此处

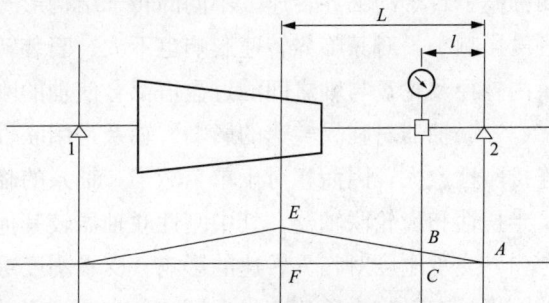

图 6-1　计算转子弯曲量示意图

转子容易产生热弯曲。当轴晃度有所超标，又没有机会处理（如，高压转子存在弯曲、轴晃度大），此时要根据轴晃度值计算出调节级处转子的弯曲程度，核算动叶径向间隙，从而决定机组能否启动。

25. 机组升速和加负荷过程中，为什么要重点监视机组振动？

机组升速过程中，机组最易发生振动，如由于转子存在热弯曲或动静间隙消失而引起的摩擦振动；由于轴承失稳而引起的轴承自激振动；由于转子存在质量不平衡而使机组振动随转速升高而增大；特别是转子要通过临界转速，振动被放大，更易引起动静部分摩擦而引起转子弯曲等。如果控制不当，因振动大被迫停机，因此这个阶段要对振动进行重点监测。

加负荷过程中，汽轮机本体属于不稳定导热过程，随负荷增加，汽缸膨胀、相对胀差、汽缸上下温差、轴向位移等运行参数都要发生变化，这一阶段容易出现较大的汽缸金属温升和相对胀差；也最容易发生摩擦振动，因此加负荷过程中也要重点监视机组振动。

26. 机组启动时，暖机转速要避开临界转速多少合适？

机组启动时，暖机转速的选择应充分避开转子的临界转速，应停留在振动比较小的转速下，至于暖机转速避开临界转速多少合适，取决于转子的残余不平衡量。对于残余不平衡量小的转子，避开 $50 \sim 100 \text{r/min}$ 即可，对于残余不平衡量大的转子，可选择避开 $150 \sim 200 \text{r/min}$。实际运行中，转子临界转速一般是不会发生变化的（有时运行人员将摩擦振动误认为是转子临界转速改变），但由于受支承特性及转子特性影响，会使临界转速发生变化，此时暖机转速应依制造厂提供的升速率曲线，做出相应调整。

27. 影响转子临界转速有哪些因素？

转子的临界转速除取决于转子本身的结构、尺寸、材质等，还受轴承的位置、形式和工作条件等因素影响。

（1）转子温度变化对临界转速的影响。转子的温度沿转子轴向是变化的，温度的变化引起转子材料弹性模量沿转子轴向变化。转子的临界转速与转子的弹性模量的平方根成正比。因此，转子温度的变化引起弹性模量的变化从而引起转子临界转速的变化。

（2）转子结构形式对临界转速的影响。叶轮装在轴上，使轴刚度有一定程度增加，因而提高了转子的临界转速。不同的转子结构形式影响不一样，如整锻转子的轮盘对轴的刚度影响小，对其临界转速影响也不大；套装转子的轮盘是套装在轴上的，轮毂的宽度、内外径及轮盘与轴之间的过盈值都会使轴的刚度增加，临界转速有所增加。

（3）联轴器对临界转速的影响。轴系是用联轴器连接，联轴器的刚性愈大，转子之间连接刚性愈大，因而相对于单个转子，轴系的临界转速升高愈多。汽轮机经常采用刚性、半挠性和齿轮联轴器，其中刚性联轴器较其他两种联轴器对临界转速影响大。

（4）支承刚度对临界转速的影响。支承刚度综合反映了轴承油膜，轴承座和有关基座的刚度，它对临界转速有很大影响。支承刚度低，各阶临界转速都降低，刚度高，临界转速也都升高。而且在支承刚度的某些范围内，临界转速的变化十分剧烈。

按刚性支承计算的临界转速要比按弹性计算的高出很多，实际上轴承座、轴承油膜都不是绝对刚性的，因此，在对于大中型机组设计中必须按弹性支承条件来进行计算转子的临界转速，如果按刚性支承座来计算，实测值和计算值就会有很大偏差。

28. 机组临界转速现场怎样测量确定，应注意什么？

机组实际运行状态下的临界转速与制造厂给定的设计值存在偏差，因此需在现场利用机组升降速过程和超速过程中实测得到，作为指导运行依据。

现场测取轴承座或轴振动的幅值和相位，振动量值随转速变化的关系称为幅频特性，相位随转速变化关系称为相频特性。通过幅频和相频特性曲线查到振动量值峰值和相位变化率最大点对应的转速，该转速为临界转速，有时两者不完全对应，通常把振动量值最大的转速作为临界转速。

临界转速确定时应注意以下几点。

（1）非临界转速时的振动量值峰值高于临界转速时的振动量值峰值。实际测量中，幅频特性曲线常出现非临界转速下的振动量值峰值高于临界转速时的振动量值峰值，如受轴承座共振影响存在非临界转速的峰值较大，而此时由于转子平衡状态良好，临界转速的共振峰较小。这种情况单一通过幅频特性曲线难于确定真实的临界转速值，必须借助于相频特性曲线，通过相位的变化率进行临界转速的确定。

（2）轴振动峰值较多。受其他转子主振型等因素影响，转子存在多个轴振动峰值。这种情况采用轴振动峰值难以准确认定临界转速，然而用轴承座垂直方向的振动量值峰值能更好地确定转子临界转速。

（3）过临界转速时，升速中相位是增加的，降速中相位是减小的，理论上，过临界转速时相位应反转 $180°$，实际上变化量往往没有这样大。如果振动量值特性曲线出现明显峰值，同时相位约有 $70°$ 的变化，就可以认定共振峰值对应额定转速是临界转速。

（4）机组受升速率影响，通常升速时间比降速时间要短，因此在降速时测量临界转速比升速时更为准确。

29. 单转子、轴系及实测的临界转速有什么区别？

轴系通常是由多个单转子连接而成，单转子和轴系各有其本身的临界转速。当两个或多个转子用联轴器连成一个轴系后，这相当于在单转子上增加了若干个线性约束条件，使轴系的刚度有所增加，因此，每一临界转速一般都以某一单转子为主导，相应轴系的临界转速也比主导的单转子的临界转速略高。图 6-2 给出一台 100MW 汽轮发电机组轴系及单转子的临界转速及相应的振型，从图可看出，轴系的各阶临界转速顺次以发电机、低压、高压及发电机转子等为主导，故可相应称为发电机转子一阶型（G1）、低压转子型（LP）、高压转子型（HP）、发电机转子二阶型（G2）等。数据的对比也符合轴系临界转速略高于主导的单转子临界转速的关系。

实际运行时，由于现场的条件与计算时选用的参数条件不同（如，轴承支承条件，联轴器连接状况等），将使现场测量的临界转速与计算值不完全相同。每次启停机的临界转速也略有不同，但不会有显著变化。（不要将某转速下的由于摩擦引起的振动误认为是转子临界转速改变而引起的振动）。

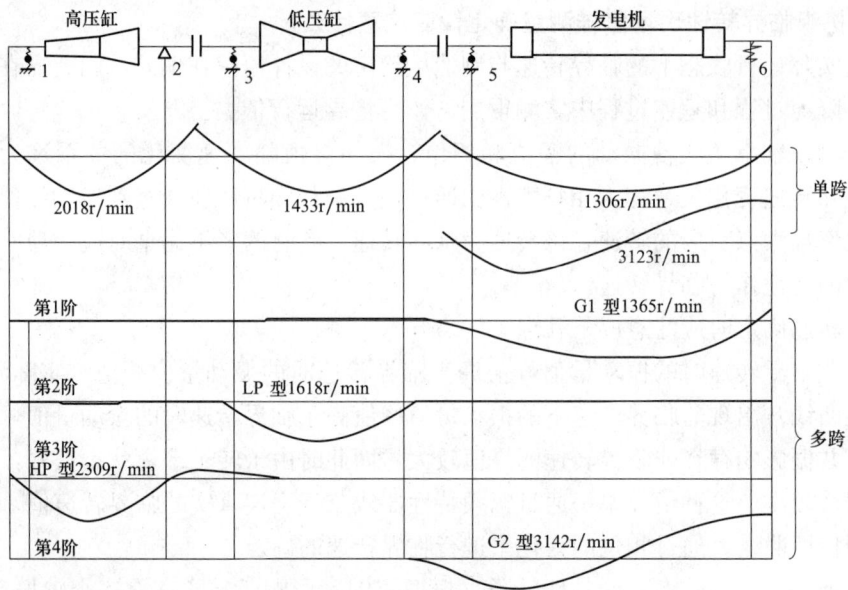

图 6-2　100MW 汽轮发电机组轴系和单转子的临界转速及振型

30. 启停过程中，为什么一根转子会有几个峰值？

按照弹性体振动理论，一个连续分布的质量的轴系存在无数个临界转速和振型。实际上，多数汽轮发电机组转子在工作转速之下，只出现第一阶临界转速，有的发电机转子有两个临界转速，第三阶以上的临界转速通常都在工作转速之上。机组在启动或停机过程中，某个轴承可能出现几个峰值，这有以下几种可能。

（1）受某一阶临界转速的振型影响。例如，一阶临界转速为 1600r/min 左右的低压转子，在 1000r/min 时，有明显振动峰值，这是由于发电机转子在通过一阶临界转速时，在低压转子上产生的动态响应，受发电机振型影响，出现振动峰值。

（2）受轴承座各向异性的影响。例如，轴承座垂直、水平方向刚度一般是不同的，当水平方向刚度低于垂直方向时，由于振动的耦合效应，即使在一个方向测量，也会出现两个振动峰值，一个是对应垂直方向的临界转速，另一个对应水平方向的临界转速。

（3）受分数谐波振动影响。分数谐波是指频率为工作转速整数分之一的振动分量。当转子的临界转速接近于工作转速的整数分之一时，就有可能出现分数谐波共振，出现振动峰值，例如，工作转速为 3000r/min 的机组，当临界转速为 1000r/min 时，在工作转速时可能出现频率为 16.6Hz（1000/60＝16.6）的分数谐波共振，如临界转速为 1500r/min 时，在工作转速时可能出现频率为 25Hz（1500/60＝25）的分数谐波共振，出现振动峰值。

（4）受高次谐波振动的影响。高次谐波是指基频整数倍的频率成分。当系统的固有频率与某一个高次谐波分量的频率接近，就有可能出现高次谐波的振动影响，出现振动峰值。例如，机组在工作转速 3000r/min 时，若存在 150Hz 的固有频率，这时 3×倍频的分量就会特别大，此时工作转速的通频振动量值特别大。

（5）受油膜失稳影响。由于轴承稳定性降低等因素影响，转子系统易发生油膜涡动或油膜振荡，产生低频振动分量，出现振动峰值。当转子的一阶临界转速高于工作转速的1/2时，振动的频率是转速的1/2（0.5×），称为油膜涡动；一阶临界转速低于工作转速的1/2时，振动频率等于一阶临界转速，称为油膜振荡。例如，汽轮机发电组的工作转速为3000r/min，当汽轮机转子的临界转速高于1500r/min时，此时只能发生油膜涡动不会发生油膜振荡；当发电机转子的临界转速低于1500r/min时，此时只能发生油膜振荡而不会发生油膜涡动。

（6）受发电机副临界转速影响。由于发电机转子主轴的两个方向上刚度不相等，引起倍频振动、出现振动峰值。例如，发电机的一、二阶临界转速分别为800r/min和2600r/min，则在400r/min和1300r/min会发生2×的共振。在达到临界转速一半时，发电机出现较大振动，振动频率是2×，这样的转速称为副临界转速。正因为如此，发电机的2×振动一般要比汽轮机大。

31. X、Y方向轴振偏差大的原因是什么？

转子由于不平衡质量引起振动，当转子的各方向弯曲刚度及支承刚度相同时，转子运动轨迹为圆，此时在同一截面测得X、Y方向的轴振动量值大小相等，相位差90°。但是实际运行中，由于转子的各方向弯曲刚度及支承刚度存在差异，由不平衡质量引起的轴心响应不再是一个圆，轴心运动轨迹为椭圆，此时在同一截面测得X、Y方向的轴振动不但幅值大小不相等，而且相位差也不是90°。例如，转子旋转方向顺时针（见图6-3），此时X方向油膜刚度小，Y方向油膜刚度大，轴心轨迹为椭圆，X方向轴振大于Y方向；转子旋转方向逆时针（见图6-4），此时X方向油膜刚度大，Y方向油膜刚度小，X方向轴振小于Y方向。

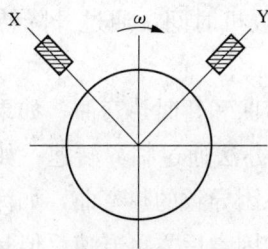

图6-3　转子顺时针旋转　　　　图6-4　转子逆时针旋转

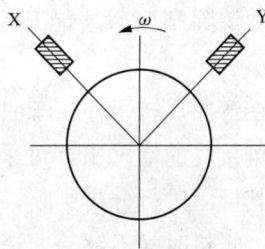

32. 机组轴振动超过报警值，怎样应对？

设定报警值能够起到保护机组安全稳定运行的作用，当机组达到规定的限值或者振动发生显著变化时进行报警，报警是引起人们对振动变化的关注，并不是机组处于危急状态，立刻停机处理，而是可以继续运行一段时间，对振动变化的原因进行研究分析，对振动危害性进行评估，及时制定补救措施，随时准备采取相应的对策。

目前运行的大机组，各轴承处的轴振动设置了相同的报警值，也就是说同样的振动量值发生在不同轴承处，具有相同的危害性。实际上由于轴承的形式，测量方向及轴承

157

径向间隙等因素的影响不同，每个轴承处轴振动的危害是不同的，其运行的报警值也应该是不同的。

（1）同样振动量值的轴振动，发生在轴承径向间隙较小的高压转子比轴承径向间隙较大的低压转子或发电机转子危害性大。

（2）在振动通频值相同时，发生的轴承自激振动要比发生的不平衡等工频振动的危害要小，轴承自激振动短时间内不会引起轴承损坏事故，特别是发生在发电机轴承上。

（3）对于椭圆瓦轴承来说，由于 X、Y 方向油膜刚度差别比较大，导致两个方向的轴振动差异也很大。油膜刚度大比油膜刚度小的方向的轴振动危害性大。

总之，无论轴振动或者轴承座振动的国标以及国际标准，都不是强制性标准，在使用过程中，抓其本质，但不能违反企业"运行规程"规定。

33. 启动时机组过临界振动大，怎样应对？

临界转速是转子—轴承系统产生共振的转速，在此转速附近往往会出现较大的振动。当临界转速附近振动大时，一定要分析原因并确定应对措施，切忌盲目地用"冲临界"的办法强行升速。

（1）转子存在原始质量不平衡。转子存在一阶振型质量不平衡时，对接近临界转速的振动值进行分析，根据振动量值的变化率、转子所处位置的径向间隙，支承轴承形式等评估过临界转速的振动值危害性。虽然振动值超过正常要求值，但对于机组危害性影响不大情况下，特别是低压转子或发电机转子，可以采用提高升速率的办法，通过临界转速，在停机时采用破坏真空办法，缩短转子惰走时间。

（2）机组存在动静摩擦。在启动中，机组存在动静摩擦时，不能用提高升速率方法强行冲临界，必须消除摩擦后才能升速，如加强暖机时间，通过升降转速办法进行磨合，消除动静摩擦。

（3）转子存在弯曲。转子存在弯曲可分永久弯曲和暂时热弯曲，如果转子存在永久弯曲，弯曲量是可接受的情况下，可采用（1）的办法通过临界转速；如果转子存在暂时热弯曲需要对其形因进行分析判断，对于运行原因导致的热弯曲，如汽缸进水、进冷空气、动静摩擦、暖机时间不够等，消除这些影响因素后方可升速，但是对于弯曲转子存在材料缺陷，转子时效时间不够，存有残余应力，可以采用（1）的方法进行升速。（采用上述应对方法，一定要在专业人员指导下，慎重进行）。

34. 汽轮机转子发生径向摩擦后，转子为什么会弯曲？

正常运行的转子，轴向和横向断面不同的半径上，都存在温差，这种正常温差不会引起转子过大的弯曲变形，只有当横断面相同半径上存在温差，即径向不对称温差时，使转子受到热应力，将会引起转子弯曲。转子发生径向摩擦时，转子表面在圆周上受到不均匀的摩擦，当大量的摩擦热量进入转子后，使摩擦处转子截面上径向出现温差。当温差达到一定数值时，热应力超过了转子材料的屈服极限，转子就会产生永久弯曲。

35. 机组启动中发生摩擦振动怎样消除？

近几年来，由于深度节能工作的开展，在转子平衡状态不好的情况下，下调转子动静间隙值，使机组启动中频繁发生摩擦振动，可采取以下几种方法消除摩擦振动。

（1）启动前及升速过程中，应严格控制轴偏心、汽缸上、下缸温差、胀差、轴向位移及振动等重要参数在规定的范围内，否则碰磨将使转子弯曲引起振动增加，甚至无法启动机组。

（2）启动中在转子临界转速以上发生轻微摩擦时，在振动不发散的情况下，可采用摩擦方法扩大动静间隙。振动有发散趋势时，应立即降低转速，直到振动不发散后再进行升速，这样反复进行（当年天津大唐某电厂 1 号机在试运行期间发生工作转速下的轻微振动，制造厂就是用多次启停机组的办法磨合汽封的），降到盘车转速时，应严格监测偏心值，可就地测量大轴晃度值进行对比。

（3）采用现场高速动平衡有效降低转子激振力，减少动静间隙发生摩擦的可能性。在调小通流部分或轴端径向间隙时，需要考虑机组轴系临界及额定转速下轴振动情况。必要时可通过动平衡降低转子激振力后，再进行调小径向间隙。在有摩擦振动的情况下，如果转子原始不平衡量值不大，就不能进行动平衡工作，进行摩擦振动源消除工作（早年河北大唐某电厂 2 号机试运期间，3000r/min 时低压部分发生严重摩擦振动，当时误判为低压转子失衡，经多次动平衡无果，后揭开低压缸检查发现系内缸左右偏移引发的摩擦振动）。

36. 怎样预防叶片损坏事故发生？

（1）电网应保持正常周波运行。避免周波偏高或偏低，以防引起某几级叶片陷入共振区，机组偏离周波运行应有认真的记录。

（2）避免机组过负荷运行。蒸汽参数和各段抽汽压力、真空等超过制造厂规定的极限值，应限制机组出力。

（3）防止低压后几级长叶片鼓风发热。汽轮机空载和少蒸汽运行时间不能超过规定值，禁止汽轮机在高转速下破坏真空，否则对后几级长叶片不利。后几级长叶片的鼓风损失产生的热量多，易使排汽温度升高，也不利于汽缸内部积水的排出，容易产生停机后汽轮机金属的腐蚀。

（4）加强汽、水品质监督，防止叶片结垢及腐蚀。若停机时间较长应做好保养工作，现经常用的是真空干燥法，有效地防止了通流部分锈蚀。

（5）定期按规定做主、调速汽门严密性试验。检查主、调速汽门的严密性，防止汽轮机甩负荷后超速。

（6）汽轮机低负荷运行时，必须按启动曲线控制蒸汽温度和压力，防止低负荷时低温蒸汽冲洗叶片造成末级蒸汽湿度过大。

（7）定时巡检主机，倾听机内声音，感觉实际振动情况，定期分析各抽汽段压力和凝结水水质的情况。

（8）运行中加强振动监视，定时记录，定期分析，机组振动保护应可靠的投入。

（9）利用机组揭缸机会对叶片进行检查、探伤和静态频率测量，及时发现问题，把事故消灭在萌芽之中。

（10）监视调节级后压力、高压缸前后压比、中间级组热效率、末级排汽压力等在线参数的变化，及早发现通流部分故障征兆。

37. 怎样预防大轴弯曲事故发生？

（1）汽轮机冲转前，大轴晃动（偏心）、串轴（轴向位移）、胀差、低油压和振动保护等表计显示正确，并正常投入。参数及系统必须符合冲动条件，否则禁止启动。如大轴晃动值不超过制造商的规定值或原始值的±0.02mm，高压外缸上、下缸温差不超过50℃，高压内缸上、下缸温差不超过35℃，蒸汽温度必须高于汽缸最高金属温度50℃，但不超过额定蒸汽温度，且蒸汽过热度不低于50℃等。

（2）冲转前应进行充分盘车，一般不少于2～4h（热态启动取大值），并尽可能避免中间停止盘车。若盘车短时间中断，则要延长盘车时间。如盘车中断时轴封供汽已投入，应暂时将轴封供汽停止。

（3）热态启动前应检查停机记录，并与正常停机后记录进行比较，发现异常及时汇报处理。

（4）热态启动时应严格遵守运行规程中的操作规定，当汽封需要使用高温汽源时，应注意与金属温度相匹配，轴封管路经充分疏水后方可投汽。

（5）启动升速中应有专人监视轴承振动，如果有异常应查明原因处理。机组启动过程中，通过临界转速时，轴承振动超过0.1mm或相对轴振动值超过0.26mm，应立即打闸停机，分析原因，严禁强行通过临界转速。

（6）机组启动时，因振动异常而停机后，必须经过全面检查并确认机组已符合启动条件，仍要连续盘车4h，才能再次启动。

（7）启动或低负荷运行时，不得投入再热蒸汽减温器喷水。在锅炉熄火或机组甩负荷时，应及时切断减温水。汽轮机在热状态下，锅炉不得进行打水压试验。

（8）疏水系统投入时，严格控制疏水系统各容器水位，注意保持凝汽器水位低于疏水联箱标高。供汽管道应充分暖管、疏水，严防水或冷汽进入汽轮机。

（9）当主蒸汽温度较低时，调速汽门的大幅度摆动，有可能引起汽轮机一定程度的水冲击。此时应严密监视机组振动、胀差、串轴等数值，如果异常达到停机极限值时应立即打闸。

（10）机组在启停和变工况运行时，应按规定的曲线控制参数变化。主蒸汽、再热蒸汽温度变化率，汽缸金属温度的变化率，不大于规程规定，并保持一定的过热度，要避免汽温大幅度直线变化。当10min内汽温上升或下降达到50℃时应打闸停机。

（11）机组运行中要求轴承振动不超过0.03mm或相对轴振动不超过0.08mm，超过时应设法消除，当相对轴振动大于0.25mm应立即打闸停机；当轴承振动或相对轴振动变化量超过报警值的25%，应查明原因设法消除，当轴承振动或相对轴振动突然增加报警值的100%，应立即打闸停机；或严格按照制造商的标准执行。

（12）停机后立即投入盘车。当盘车电流较正常值大、摆动或有异音时，应查明原因及时处理。当汽封摩擦严重时，将转子高点置于最高位置，关闭与汽缸相连通的所有疏水（闷缸措施），保持上下缸温差，监视转子弯曲度．当确认转子弯曲度正常后，进行试投盘车，盘车投入后应连续盘车。当盘车盘不动时，严禁用起重机强行盘车。

（13）停机后因盘车装置故障或其他原因需要暂时停止盘车时，应采取闷缸措施，监视上下缸温差、转子弯曲度的变化。当转子热弯曲较大时，应先盘180°，待转子热弯曲消失、盘车装置正常或暂停盘车的因素消除后投入连续盘车。

（14）停机后应认真监视凝汽器（排汽装置）、高低压加热器、除氧器水位和主蒸汽及再热冷段管道集水罐处温度，防止汽轮机进水造成转子弯曲。

（15）严格执行运行、检修操作规程，严防汽轮机进水、进冷汽。如减温水管路阀门应能关闭严密，自动装置可靠，并应设有截止阀。门杆漏汽至除氧器管路，应设置止回门和截止阀。高、低压加热器应装设紧急疏水阀，可远方操作和根据疏水水位自动开启等。

38. 怎样预防汽缸进水事故发生？

（1）当蒸汽温度和压力不稳定时，要特别注意监视，一旦汽温急剧下降到规定，通常为10min下降50℃时，应按紧急停机处理。

（2）注意监视汽缸的金属温度变化和加热器、凝汽器水位，即使停机后也不能忽视。如果发觉有进水危险时，要立即查明原因，迅速切断可能进水的水源。

（3）热态启动前，主蒸汽和再热蒸汽要充分暖管，保证疏水畅通。

（4）当高压加热器保护装置发生故障时，加热器不能投入运行。运行中定期检查加热器水位调节装置及高水位报警，应保证经常处于良好状态。

加热器管束破裂时，应急速关闭汽轮机抽汽管上的相应汽门及止回门，停止发生故障的加热器。

（5）在锅炉熄火后蒸汽参数得不到可靠保证的情况下，不应向汽轮机供汽。如因特殊需要（如快速冷却汽缸）应事先制定可靠的技术措施。

（6）对除氧器水位加强监督，杜绝满水事故发生。

（7）滑参数停机时，汽温、汽压按着规定的变化率逐渐降低，保持必要的过热度。

（8）定期检查再热蒸汽和Ⅰ、Ⅱ旁路的减温水门的严密性，如发现漏泄应及时检修处理。

（9）只要汽轮机在运转状态，各种保护就必须投入，如需短时间退出，按"二十五项重点要求"及企业"运行规程"的要求执行，同时严格执行审批流程。

（10）运行人员应该明确，在汽轮机低转速下进水，对设备的威胁更大。此时尤其要注意监督汽轮机进水的可能性。

第七章

现场动平衡技术

一、动平衡基本知识

1. 什么是转子的平衡？有什么作用？

通过改变转子的质量分布，把转子由于不平衡引起的振动减小到许可程度的方法称为平衡，或称找平衡。汽轮发电机组常见的振动原因之一是转子不平衡，在转子制造过程中，平衡是必不可少的工艺措施，机组投产运行后，由于温差、变形、零件损失或移位、结垢和腐蚀、磨损和破坏以及修复等原因，转子的平衡状态会恶化，引起种种振动故障。实践表明，机组的一部分振动故障，通过平衡可得到消除，或者得到缓解。所以，平衡也是电厂处理振动故障的重要手段之一。

2. 制造厂怎样进行转子动平衡？

（1）将转子放置在平衡机上。

（2）在低于一阶临界转速50％的转速下进行低速动平衡，用靠近轴承的两个端面来校正静不平衡量和动不平衡量。如果可能的话，用分布在整个转子长度上的各个平面来校正静不平衡量。

（3）将转子升速到接近第一阶临界转速的某个安全转速，并保持转速稳定，相应于第一阶振型不平衡量的影响将大大放大。测量轴承振动（或轴振动或力）的大小和相位后停车。

（4）按照各校正面上校正量之间的比例关系选择一组适当的试重加在转子上或根据同类型转子已有的影响系数计算加质量加在转子上，升速到与（3）项相同的转速时测出振动或力的大小和相位后停车。

（5）从（3）和（4）项得到的数据，利用影响系数法、振型平衡法等方法计算抵消第一阶振型不平衡量的校正量后加在转子上。如果转子已经能在升速到甚至超越第一阶临界转速而不明显接近第二阶临界转速的任何转速下平稳运转，该阶段平衡结束，否则重复以上步骤，直到转速超过第一阶临界转速为止。

（6）类似于（3）和（4）的步骤，平衡第二阶及第三阶或其他更高的振型不平衡量，直至最高工作转速为止。

（7）如果转子在最高工作转速以下的各个临界转速的振动仍较大，可能是由比最高工作转速高的高阶振型所引起。在这种情况下，在不破坏已平衡好低于 r 阶的各阶振型的条件下，在最高工作转速下校正高阶振型不平衡量。

3. 动平衡机软支承和硬支承有什么差别？

（1）硬支承系统支承刚度大，以测力的方式检测不平衡；软支承刚度小，以测振动方式检测不平衡。

（2）硬支承振动量值与离心力成正比；软支承振动量值与质量偏心成正比。

（3）硬支承的固有频率比平衡转速高；软支承的支承固有频率比平衡转速低。

（4）硬支承适合初始不平衡量较大的转子；软支承适合转速非常高，质量较轻的转子。

4. 制造厂平衡合格的转子，为什么现场还需要平衡？

制造厂进行的是单转子平衡，但是即使单个转子平衡良好，连成轴系后也不一定能保证轴系中各转子平衡，现场还需要进行动平衡工作，这是因为：

（1）支承刚度不同。单转子平衡时与连成轴系后的轴承座动刚度、油膜刚度不同，使转子振型发生变化，转子平衡状态也要发生变化。

（2）不平衡分布。连成轴系后的转子不平衡分布与单转子不符合时，单转子平衡中所加质量就有可能变成不平衡量，轴系发生了不平衡。

（3）连接偏差。单转子通过联轴器连接成轴系时，联轴器的瓢偏、晃度大，使转子产生额外的不平衡量，轴系发生了不平衡。

（4）热态变化。单转子是在制造厂的真空舱内常温下进行的平衡，与实际运行温度差别很大。转子发生热变形引起的不平衡，多数机组是在带负荷后才能呈现。

5. 什么是现场轴系动平衡，有什么目的？

单个转子连成轴系后，可能产生新的质量不平衡而引起机组振动。现场高速动平衡就是在不揭缸条件下，在机组的本身轴承上，利用有限的加重面施加质量，集中地对不平衡加以补偿，调整转子质量分布，使在特定转速下转子的离心挠曲弯应力或支承反作用力最小，从而达到机组消振的目的。

6. 现场动平衡受哪些条件限制？

（1）次数限制。现场动平衡不可能像制造厂在平衡台上做动平衡，可以多次进行。机组启动后就要立刻并网，不可能留出很多时间来做动平衡，因此动平衡次数一定要少。另外，现在的大型机组都是单元制，启动一次就要几十万元的费用，电厂也不愿在动平衡工作上启动次数太多。对于发电机转子，每次平衡时的拆装和退投氢工作量也相当大。

（2）加重面限制。按照挠性转子平衡的特点，用尽可能多的加重面来均匀的平衡，也就是说要用足够的几个平面施加质量，来集中地对失衡加以补偿。实际上，对于这些要求，电厂的条件下很难达到，现场加重面也就是本体端面或联轴器面，甚至有的转子

（如许多高压转子和中压转子）端面都无法加重，这就限制了现场动平衡精度或者无法平衡。

（3）复杂因素限制。现场影响机组振动有各种复杂因素，这些因素有时交织在一起，相互干扰，给动平衡工作带来很大困难。必须排除影响振动的其他因素，能进行调整的尽可能消除后，振动仅是由于转子质量不平衡引起时方可进行动平衡，否则会大大影响动平衡的进程和精度，事倍而功半。

7. 现场动平衡能解决所有的振动问题吗？

机组存在振动问题，它的故障原因具有多样性、复杂性，在各种振动故障中，不平衡引起的振动占多数，因此平衡是消除振动的重要手段。但是现场动平衡不是万能钥匙，不能解决所有的振动问题，轴承负载分配严重不均产生的油膜自激振动，汽封径向及轴向间隙的不合理产生的汽流激振等振动用平衡方法就难以消除。但是用精细的平衡手段降低转子的激振力（以发电厂现场的条件很难做到精细平衡），可以削弱其他不利因素的影响，振动得到改善，有可能使振动达到可以接受的水平。事实上，查找振动原因比较困难，即使查到了由于条件的限制也未必能处理，如常见的结构共振，膨胀不畅引起的轴承座刚度下降，对轮存在的缺陷造成晃度大等。

8. 转子平衡后能消除什么频率下的振动？

引起转子系统振动的因素很多，振动频率、波形的特点也各不相同，但较常遇到的是由于转子质量偏心在旋转时产生离心力引起的和转速同频率的振动，即工频振动。采用平衡的办法只能减少或消除工频振动，而不能消除转子系统的倍频振动、自激振动、次谐波振动及其他形式的振动，但工频振动减少后，可以削弱一些不利因素影响，有可能使其他频率下的振动有所减小，甚至可使振动达到可以接受的水平。

9. 实际上转子能达到完全平衡吗？

要使转子完全平衡从理论上说应使转子每个横截面上的偏心距为零，即没有静不平衡和偶不平衡，也没有振型不平衡，但是这种要求是不可能实现的。一般采用在转子轴向的有限平面上加上适当的校正质量，使转子达到平衡要求即可。

10. 现场高速动平衡基本步骤是什么？

（1）幅值测量。从 TSI 机柜并接轴振动和轴承座振动信号，也可以就地测量轴承座振动。

（2）相位测量。从 TSI 机柜并接键相信号，也可以就地测量，就地测量相位时，需要转子在静止时，做好键相标识。

（3）根据测量的振动幅值和相位，估算试加质量和角度，在转子本体或对轮上安装平衡块。

（4）测量加重后振动效果，振动合格则平衡结束，否则依据加重前后的振动量值和相位变化，计算调整质量的大小和角度，可进行单平面或多平面安装平衡块（加重或去重），直到振动达到满意为止。

11. 现场高速动平衡过程中应注意什么？

（1）在升速到最高工作转速之前的某个转速如发生较大振动，应在较低转速下进行动平衡，平衡试重大小的选择应适当，太小不敏感，太大则可能出现危险。

（2）轴系中的转子间相互影响比较小时，则可选择多个校正平面试加重，计算时可以分别计算，只考虑不平衡对本跨轴承的影响。

（3）轴系的两根转子 A 和 B，A 对 B 的影响较大，而 B 对 A 的影响较小，可以先对转子 A 平衡后，再对 B 转子平衡。

（4）求影响系数时，可能会受到转子系统和测量中随机误差的影响，可以利用统计学方法减小误差。

（5）用影响系数法进行平衡试验，计算精度要求不一定高，越高反而会加大误差。

（6）在平衡计算中，测点可以是不同的轴承，不同的测量位置，不同转速，不同的工况。

（7）振动量值和相位重复性好的数据可作平衡数据，平衡前后的数据选择要有一定可比性，即平衡前选择的转速，平衡后的数据也应这样选择。

（8）达到平衡转速后，要以稳定一定时间（一般为 0.5h）后的重复性比较好的测量数据为计算依据。

（9）为使测量的数据有可比性，并可利用此前在其他机组上找平衡的经验数据，每次找平衡时，应使用同一测振仪器和专用的传感器。若需更换传感器时，应注意更换前后的两传感器所测同一测点的相位应相同。传感器放置的测点位置及传感器的朝向应相同，并做好标志。

（10）对于转子原始存在的质量偏心的稳定不平衡，采用加重进行动平衡的效果比较好。然而对于转子热变形、摩擦、活动部件位移造成的不稳定的不平衡，不能盲目地进行加重，需查明原因对症处理。如转子热变形引起的不稳定的不平衡，可以用加重方法进行补偿，对于摩擦故障，可以进行运行调整（或检修）消除，就没有必要进行动平衡。

（11）轴系平衡的难度和费用比单跨的要大的多，必须慎重采用。最理想和经济的方法是判断不平衡位置和形式，准确加重。判断不平衡质量在轴系中的位置和形式的主要依据：在临界和工作转速下，转子两端轴承处的轴振和瓦振的振动量值和相位。如临界转速下两端轴承振动主要是同相分量时，可认为转子存在一阶质量不平衡，在工作转速下两端轴承振动主要是反相分量时，可认为转子存在二阶质量不平衡。

12. 怎样判断不平衡质量的位置和形式？

不平衡质量在轴系中的轴向位置判断原则如下。

（1）对于质量相当、响应正常的转子，靠近振源越近，振动量值越大。

（2）一根转子两端轴承处振动都大，则不平衡质量的位置通常在两轴承之间。

（3）一根转子两端轴承处振动，一侧振动大，另一侧不大，如果近距离内没有轴承，不平衡质量的位置位于这个轴承附近。

不平衡位置在轴系中的形式判断原则如下。

1）在临界转速下，一根转子两端轴承处振动大，且呈同相分量时，说明转子存在一阶不平衡质量。

2）在工作转速下，一根转子两端轴承处振动大，且呈同相分量时，说明转子存在二阶不平衡质量。

3）在工作转速下，一根转子两端轴承处振动大，且呈同相分量时，如果临界转速下振动不大，那么转子可能存在三阶不平衡质量，或转子外伸端不平衡。

4）在临界和工作转速下，一个转子两端轴承处振动都大，说明转子同时存在一、二阶不平衡质量。

13. 转子上存在的不平衡质量是怎样分布的？

沿转子轴线的不平衡分布是随机的，同一设计的两个转子的不平衡分布将不相同。对于叶片，围带周向质量不平衡可使转子轴向局部位置形成质量不平衡，这种不平衡质量是集中分布的，对于机械加工造成的质量偏差或热弯曲可使转子轴向连续形成质量不平衡，这种不平衡质量是连续分布的。因此说，转子上存在的不平衡质量可能是集中分布，也可能是连续分布的。

14. 刚性和挠性转子平衡有什么不同？

（1）平衡目的不同。刚性转子平衡是消除转子静不平衡和力偶不平衡，挠性转子平衡是消除挠曲变形而产生的振型不平衡。

（2）平衡平面个数不同。刚性转子平衡只需要 $1 \sim 2$ 个平衡平面，挠性转子平衡需要 N 个或 $N+2$ 个平面。

（3）平衡转速不同。刚性转子工作转速下的振动满足要求，其余转速肯定也能够满足，挠性转子工作转速下的振动能够满足要求，但其余转速不一定能够满足振动要求。通常刚性转子只需在工作转速下平衡，而挠性转子需要在临界转速和工作转速下平衡。

（4）滞后角不同。刚性转子平衡滞后角为 $0°$，挠性转子平衡滞后角为 $0° \sim 180°$。

15. 平衡挠性转子有什么要求？

（1）由不平衡量引起的机械振动、轴挠度和作用于轴承的力低于允许值。

（2）由剩余不平衡量引起的振动或振动力，必须在整个工作转速范围内低于允许值。

（3）掌握失衡的分布情况，与分布力相当的集中质量在有限个平面上施加以达到平衡的目的。

16. 挠性转子的平衡特性是什么?

挠性转子不同于刚性转子，是在某一低速下平衡好后，又额外加平衡质量，在高转速下产生新的挠曲离心力，致使转子又失去平衡，用图 7-1 说明。

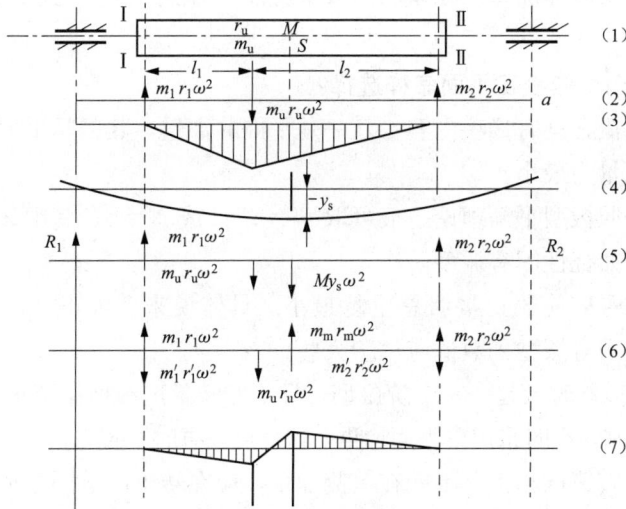

图 7-1　挠性转子平衡特性

（1）是在低速平衡时用质量 m_1 和 m_2 补偿中部失衡 m_u。

（2）是在低速时转子表现为刚性的力图。

（3）是在高的工作转速时由于三个质量的布置方式而产生的弯曲力矩。

（4）是在此弯矩作用下产生了弹性弯曲 y_s。

（5）在挠度 y_s 的平面上和附近产生了附加离心力 $my_s\omega^2$，并因而引起支承的新反作用力 R_1 和 R_2。

（6）为了平衡这些力，必须在转子新加三个力 $m_1'r_1'\omega^2$，$m_2'r_2'\omega^2$，$m_m r_m\omega^2$ 以使 y_s 消失（挠性转子平衡）。

（7）这样平衡后，才使应力达到最小。

17. 什么是对称、反对称振动分量，怎样计算?

对振动值进行同相分解，其振动分量称对称分量，通常由一、三阶不平衡量引起。对振动值进行反相分解，其振动分量称反对称分量，通常由第二阶不平衡量引起。

例如，某根转子前后轴承的振动分别为 $\vec{A}$，$\vec{B}$，则：

同相分量　$\vec{C}=(\vec{A}+\vec{B})/2$

反相分量　$\vec{D}=(\vec{A}-\vec{B})/2$

18. 振动同相就对称加重，反相就反对称加重吗?

按照谐分量法进行转子平衡，对称加重只产生同相振动分量，反对称加重只产生反相振动分量，对于结构上接近是均匀的，支承刚度差别不大的转子支承系统，可以采用对称加重消除同相振动，采用反对称加重消除反相振动。但是由于转子结构对称性差，支承系统刚度差别很大，虽然转子两端支承轴承振动相位同相分量较大，采用对称加重效果不明显，采用反对称加重消除振动的效果反而显著。

19. 高速动平衡最佳校正平面怎样选择？

最佳校正平面概念具有二项内容，其一是平面的数量，其二是平面的位置，总的要求是使平衡的校正量为最小。

平面的数量按照振型平衡理论一般可取 $N=n+2$ 或 $N=n$，其中 n 为转子在运行转速内所要出现的弯曲挠性固有振型阶次。

关于平面的位置应使校正量组总重量最小。具体说来，校正平面之间距离应尽量大，平面位置上的固有振型函数值应尽量大些。

单平面加重可以同时激起一、二阶振型，且不能满足这两种振型正交。实际工作中，由于加重条件的限制，有时采用单平面加重，这样可以省时、省力，但一定要慎重加重。

（1）如果临界转速振动大，不能在单侧加重，应在转子两端同相加重或中部加重。

（2）如果工作转速振动，且呈反相振动分量，而临界转速振动不大，可以单侧加重。当平衡二阶振型，加重量不大时，对临界转速下的振动影响有限。单侧加重，不管选择哪侧，对二阶振型影响的效果是一样的，但对一阶振型影响是不一样的。一侧加重可能使临界转速下的振动增大，另一侧就应使其减小。在加重同样方便时，应选择对一阶振型影响小的那一侧加重，否则应综合考虑。

20. 支承特性不同，挠性转子的主振型有什么区别？

（1）若不考虑阻尼，对于支承在各项同性的轴承上的转子，转子挠曲主振型是绕转子轴线旋转的平面曲线。对于两端弹性支承的简单转子，最低阶的三个主振型见图 7-2。

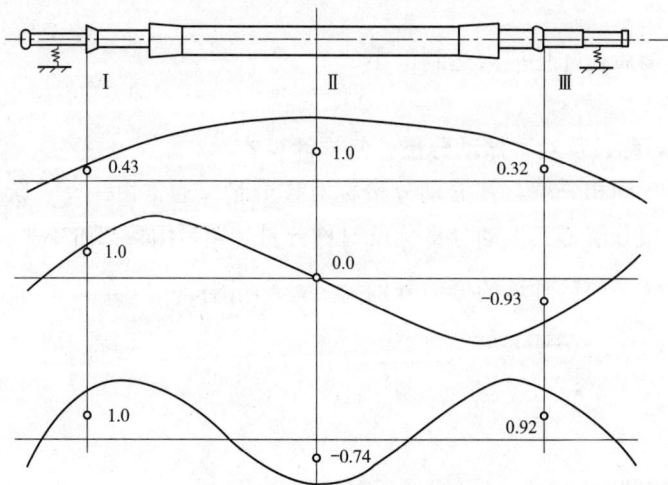

图 7-2　在挠性支承上挠性转子的简化振型

（2）对于支承刚性很小，可能出现转子刚性振型。此时，转子本身并无明显地挠曲，转子轴线绕轴承中心线旋转的轨迹是圆柱面或圆锥面。

（3）对于有阻尼的转子—轴承系统，特别是在由油膜轴承引起的阻尼较大的情况下，挠曲振型将是绕转子轴线旋转的空间曲线，在很多情况下有阻尼的振型可近似地看作绕转子轴线旋转的平面曲线（主振型）。

21. 挠性转子的不平衡响应大小取决于什么？

不平衡量的分布可以用各阶振型分量的形式表示，而每阶振型的动挠度由相应的振型不平衡量所引起，在该阶临界转速时，转子的振型响应达到最大。至于转子的振型响应大到什么程度，取决于该阶振型不平衡分量和转子阻尼的大小。

22. 用什么来表征转子平衡状况的好坏？

可以用下列任一项来表征转子平衡状况的好坏：①不平衡力引起的振动；②轴承力；③剩余不平衡量。

23. 怎样确定刚性转子平衡品质？

（1）根据所制定的等级来确定平衡品质。

（2）根据试验确定平衡品质。

（3）根据额定许用轴承载荷确定平衡品质。

24. 怎样确定挠性转子平衡品质？

（1）在制造厂平衡机上可以用振动允许值或许用剩余不平衡量的方法评定挠性转子的最终平衡状态。

（2）对于准刚性转子，可在低速下进行评定，也可用许用剩余不平衡量方法来评定。

（3）对于明显地受高于第一、二阶振型不平衡量影响的转子（如大型二极发电机转子）可用振动允许值方法来评定。

（4）对于在现场条件下，评定多转子轴系的不平衡状态，如汽轮发电机组可用振动允许值方法。

25. 转子平衡品质有几种评定方法？

（1）用转子平衡品质 G 评定，单位 mm/s。

（2）用许用的剩余不平衡度 e_{per} 评定，单位 g·mm/kg 或 μm。

（3）用许用剩余不平衡量 U_{per} 评定，单位 g·mm 或 g·cm。

（4）用振动允许值（偏心距）评定，单位 μm。

26. 怎样计算许用不平衡量？

一般来说，转子质量越重其许用不平衡量也越大，许用不平衡量 U_{per} 等于转子质量

m 与许用不平衡度 e_{per} 的乘积，公式如下：

$$U_{per} = e_{per} \cdot m$$

27. 怎样计算许用不平衡度？

一般情况下，在平衡品质等级 G 转速范围内，许用不平衡度与转子最高工作角速度 ω 成反比，即：

$$e_{per} = \frac{10^3 \times G}{\omega}$$

式中 G 的单位为 mm/s，e_{per} 的单位为 μm，若转速 n 的单位为 r/min，角速度 ω 的单位为 rad/s，则 $\omega = 2\pi n/60 \approx n/10$。

例：某汽轮机高压转子质量 $m = 3600$kg，工作转速 $n = 3000$r/min，平衡精度等级为 $G = 2.5$，求许用不平衡度和许用不平衡量？

解：许用不平衡度：

$$e_{per} = \frac{10^3 \times G}{\omega} = \frac{10^3 \times 60 \times G}{2\pi n} = \frac{10^3 \times 60 \times 2.5}{2\pi \times 3000} = 7.69 (\mu m)$$

许用不平衡量：

$$U_{per} = m \cdot e_{per} = 3600 \times 7.69 = 28.66 \times 10^3 (g \cdot mm)$$

28. 平衡计算用的图解法是什么方法？

平衡计算用的图解法是通过画矢量三角形进行平衡计算的一种方法，这是由于早期没有计算机，平衡计算只能用图解法来完成，虽然现在用计算机完成平衡计算，但由于图解法最具有直观和方便性，现在工作中也常常采用图解法分析一些平衡问题。

29. 怎样用图解法进行平衡计算？

(1) 将要平衡的原始振动 $\vec{A_0}$ 的振动量值逆转子转动方向画在极坐标上。

(2) 将试加重 $\vec{P}$ 的质量，加重后的振动 $\vec{A_1}$ 同上画在极坐标上。

(3) 连接 $\vec{A_0}$ 到 $\vec{A_1}$ 的顶点记为 $\vec{B}$，$\vec{B}$ 矢量为试加重后引起的振动响应，$\vec{B}$ 到 $\vec{A_0}$ 的夹角为 θ。

如果转子的振动响应是线性的，则振动量值与不平衡量成正比。平衡质量 $\vec{W}$ 的大小为

$$W = \frac{A_0}{B} P$$

平衡质量 $\vec{W}$ 方向为，以试加质量 $\vec{P}$ 的角度为基准，转动 θ 角度；拆掉试加质量 P，安装新的质量 W，这里注意的是，如果 θ 角是由 $\vec{B}$ 顺转向到 $\vec{A_0}$ 的，那么，$\vec{P}$ 到 $\vec{W}$ 也是顺转向 θ 角，如果 θ 角是由 $\vec{B}$ 逆转向到 $\vec{A_0}$ 的，那么，$\vec{P}$ 到 $\vec{W}$ 也是逆转向 θ 角。

例：某汽轮机低压转子的后轴承振动 $\vec{A_0} = 80\mu m \angle 90°$，要想消除该振动，在低压转子末级叶轮上，试加质量 $\vec{P} = 300g \angle 0°$，启动后振动 $\vec{A_1} = 40\mu m \angle 240°$，求平衡质量 $\vec{W}$

的大小和位置。

解：将 $\vec{A}_0$，$\vec{A}_1$，$\vec{P}$ 逆转向按一定比例画在极坐标图 7-3 上。图中 OA_0 长度为 2cm，相当于原始振动量值 $80\mu m$，OA_1 长度为 1cm，相当于试加重后和原始不平衡共同作用产生的振动量值为 $40\mu m$，用直尺量的 A_0A_1 长度为 2.9cm，相当于由试加重后引起的振动量值为 $116\mu m$，用量角器量的 $\vec{B}$ 到 $\vec{A}_0$ 的 θ 角度为 10°（逆转向），即 $\vec{B} = 116\mu m\angle 10°$。

平衡质量为 $W = \dfrac{A_0}{B}P = \dfrac{80}{116} \times 300 = 206.9$（g）

以 $\vec{P}$ 为基准，逆转向 θ 角度，安装新的平衡质量 W（拆掉试加质量 P），则平衡矢量为

$$\vec{W} = 206.9g\angle 10°$$

理论上可使转子完全平衡（即振动量值为 0），由平衡质量 $\vec{W}$ 产生的振动矢量，应该与 $\vec{A}_0$ 大小相等，方向相反，图解法见图 7-3。

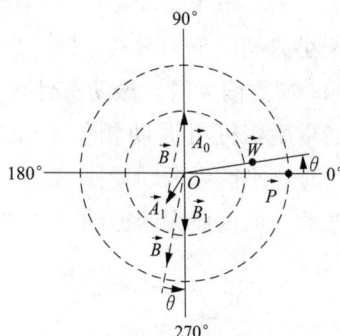

图 7-3　平衡计算图解法

30. 分析加重后的平衡效果有什么作用？

当机组存在不平衡需要用平衡手段进行解决的话，首先根据机组的原始振动 $\vec{A}_0$，在转子上试加质量 $\vec{P}$，并测量加重后的振动 $\vec{A}_1$，振动合格平衡工作结束，否则，要根据加重前后的振动 $\vec{A}_0$、$\vec{A}_1$ 及加质量 $\vec{P}$，调整加质量 $\vec{P}$，直到振动合格为止。怎样调整加质量及角度，需要一定的理论知识和丰富的现场经验，为了提高平衡工作效率，一般需要对加重后的平衡效果进行定性分析，指导下一步工作方向，该工作是平衡过程中的一项重要工作。

为了直观、方便地说明问题，借助矢量三角形图解法进行定性分析加重后的平衡效果。平衡前原始振动矢量 $\vec{A}_0$，试加重 $\vec{P}$ 引起的振动 $\vec{B}$，原始振动 $\vec{A}_0$ 与试加重 $\vec{P}$ 引起的振动 $\vec{B}$ 共同作用产生的振动 $\vec{A}_1$（$\vec{A}_1 = \vec{A}_0 + \vec{B}$），此矢量表示在极坐标上（见图 7-4）。

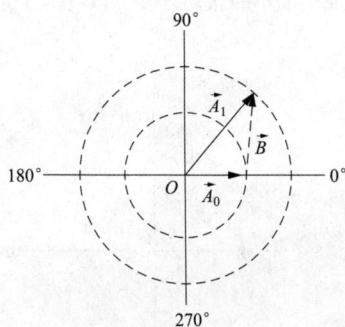

图 7-4　试加重后的振动

通过极坐标图能直观反映加重的效果以及调整方向。

31. 加重准确时，振动有什么变化？

加重准确，指加质量和方向都正确。加重后，加质量 $\vec{P}$ 引起的振动 $\vec{B}$ 大小与 $\vec{A}_0$ 相同，方向相反，$\vec{A}_1$ 振动量值为 0，实现了转子的完全平衡（见图 7-5）。

32. 加重准确性差时，振动有什么变化？

加重后，振动量值明显变小，相位变化不大，说明质量和方向都是对的，只是不够精确，需要增加质量或进行角度调整（见图7-6）。

33. 加重偏小时，振动有什么变化？

加重后，机组振动量值、相位变化不明显，说明加重偏小或响应不灵敏（见图7-7）。

34. 加重偏大时，振动有什么变化？

加重后，机组振动相位变化很大，说明加重偏大，此时，平衡后振动量值 A_1，可能大于原始振动，可能等于原始振动，也可能小于原始振动。加重偏大的振动（见图7-8）。

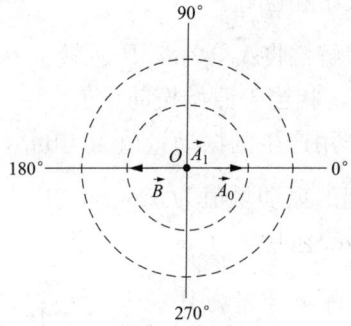

图7-5 加重准确的振动

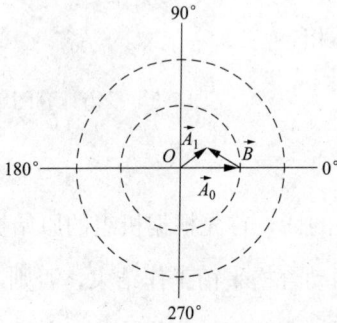

图7-6 加重准确性差的振动

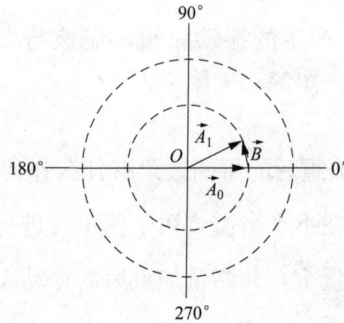

图7-7 加重偏小的振动

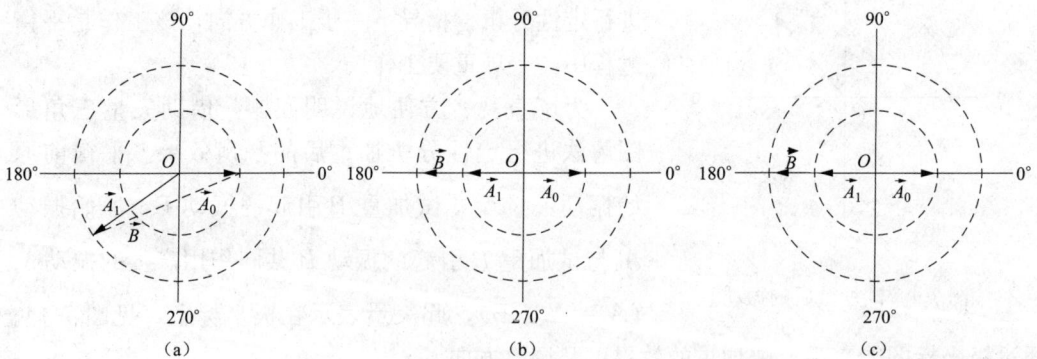

（a）　　　　　　　　　（b）　　　　　　　　　（c）

图7-8 加重偏大的振动

35. 加重方向错误时，振动有什么变化？

加重后，振动量值变大，相位变化不大，说明加重方向错误，加反了（见图7-9）。

36. 加重方向不准确时，振动有什么变化？

加重后，振动量值变化不明显，相位变化明显，说明加重方向不准确，需要调整加重角度（见图 7-10）。

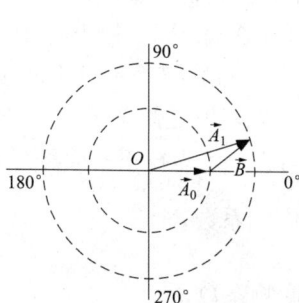

图 7-9　加重方向错误的振动　　　图 7-10　加重方向不准确的振动

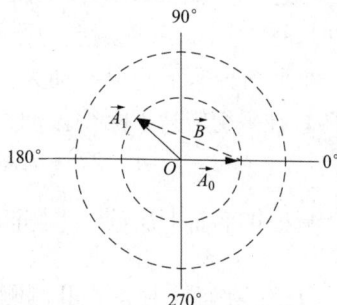

37. 挠性转子平衡的方法有哪些？

当今众多的挠性转子平衡方法按原理大致分为振型平衡法和影响系数法两类，在这两种基本平衡方法的基础上可以派生或结合形成若干个挠性转子平衡方法。振型平衡法又称模态平衡法，它可分 N 法、$N+2$ 法和振型圆平衡法，振型平衡法适用于制造厂的高速动平衡，在现场高速动平衡应用的最大困难是受加重面的限制，为此，派生出谐分量法。

38. 什么是影响系数法？

在转子的某一垂直于转轴的平面上，加上单位重径积（质量和加重半径的乘积），它所引起的振动变化称为影响系数。在加重半径确定不变的情况下，也可指加上单位质量引起的振动变化。影响系数 α 的表达式为

$$\alpha = \frac{A_1 - A_0}{P} \tag{7-1}$$

式中　P——所加的重径积，kg·mm（或所加的质量，kg）；

　　A_1——加重后的振动，μm；

　　A_0——转子上某测点的原始振动，μm。

式（7-1）中相应的运算都是矢量运算。

下面是影响系数法在不同平衡面数的具体应用情况。

（1）单平面平衡。适用于不平衡的轴向位置已知的转子，如具有单级叶轮的风机、水泵转子等。平衡主要步骤如下：将转子升速到选定的平衡转速，测得原始振动为 A_0，停下转子；在不平衡所在的平面上加质量 P（称为试重），再启动转子到平衡转速，测得该测点振动为 A_1，停下转子，取下试重。根据式（7-1）求得影响系数 α，所需的校正质量（或称平衡重）W（包括其幅值和相位）由下式用矢量代数法或作图

法求得：

$$_\alpha W + A_0 = 0 \tag{7-2}$$

（2）两平面平衡。适用于一般的刚性转子，也适用于有两个不平衡质量的转子，在转子两端选定两个校正平面Ⅰ和Ⅱ，在平面Ⅰ、Ⅱ附近的轴承座或转轴上测振。在转子升速到平衡转速时，测得Ⅰ、Ⅱ侧测点的原始振动为A_0和B_0，停下转子。在校正平面Ⅰ上试加重P_1，在平衡转速下测得振动为A_1和B_1，然后取走试重P_1；同样，在校正平面Ⅱ上加试重P_2，在平衡转速下测得振动为A_2和B_2，取走试重P_2，参照式（7-1）的定义，得到影响系数α_{ij}（i、$j=1$、2，i为测振点序号，j为校正平面序号）。

$\alpha_{11}=\dfrac{A_1-A_0}{P_1}$为校正平面Ⅰ加重，Ⅰ侧测点的影响系数；

$\alpha_{21}=\dfrac{B_1-B_0}{P_1}$为校正平面Ⅰ加重，Ⅱ侧测点的影响系数；

$\alpha_{12}=\dfrac{A_2-A_0}{P_2}$为校正平面Ⅱ加重，Ⅰ侧测点的影响系数；

$\alpha_{22}=\dfrac{B_2-B_0}{P_2}$为校正平面Ⅱ加重，Ⅱ侧测点的影响系数。

校正平面Ⅰ、Ⅱ上应加的平衡质量W_1、W_2，是用以抵消原始振动A_0和B_0的，因此，可由下式用矢量代数或作图法求得：

$$\begin{cases} \alpha_{11}W_1 + \alpha_{12}W_2 = -A_0 \\ \alpha_{21}W_1 + \alpha_{22}W_2 = -B_0 \end{cases} \tag{7-3}$$

加上平衡质量W_1、W_2后，在平衡转速下，两测点的振动在理论上应为零，实际上仍有少量的振动，称为残余振动。

（3）多平面平衡。适用于刚性转子和刚性轴系的平衡。由于转子是刚性的，故仅需在一个转速下平衡，设测振点为M个，校正平面为N个，并有$M=N$，参照上面的步骤，经过N次的加试重和测振，可以求的影响系数α_{ij}（$i=1,2,\cdots,M$；$j=1,2,\cdots,N$）。校正质量W_j（$j=1,2,\cdots,N$）可由式（7-4）用矢量代数方法求得

$$\sum_{j=1}^{N}\alpha_{ij}W_j = -A_{0i}(i=1,2,\cdots,M) \tag{7-4}$$

39. 什么是最小二乘的影响系数法？

适用于挠性转子和挠性轴系的平衡，由于转子是挠性的，需选取多个平衡转速n_k（$k=1,2,\cdots,L$）。设测振点为M个，校正平面为N个，首先，在L个平衡转速下，测量M个测点的原始振动$V_{0i}^{(k)}$（$i=1,2,\cdots,M$；$k=1,2,\cdots,L$）。然后，要加试重N次，每次要在L个平衡转速下，测量M个测点的振动，这样可求得$M\times L\times N$个影响系数，写成一个$M\times L$行N列的矩阵A：

$$A = \alpha_{ij}^{(k)}(i=1,2,\cdots,M;j=1,2,\cdots,N;k=1,2,\cdots,L) \tag{7-5}$$

所需的平衡质量W_j（$j=1,2,\cdots,N$）由式（7-6）求得：

$$\sum_{j=1}^{N}\alpha_{ij}^{(k)}W_j = -V_{0i}^{(k)}(i=1,2,\cdots,M;k=1,2,\cdots,L) \tag{7-6}$$

方程组（7-6）共有 $M×L$ 个式子，含 N 个未知数 W_j（$j=1,2,\cdots,N$），如 $M×L=N$，则式（7-6）有唯一解，通常，转子的许多部位在现场不易接触，故校正平面数目 N 有限，使 $M×L>N$。此时，式（7-6）成为矛盾方程，不能求解，即不可能只在 N 个平面加平衡质量，使 M 个测点在 L 个转速下的振动都为零。于是，采用数学上最小二乘法求解矛盾方程组的方法，即在 N 个平面加上校正质量之后，使 M 个测点在 L 个转速下的残余振动 $\varepsilon_i^{(k)}$ 的平方和取最小值，即有

$$\sum_{i=1,k=1}^{M,L} \varepsilon_i^{(k)} \varepsilon_i^{(k)} = \min \tag{7-7}$$

其中，残余振动 $\varepsilon_i^{(k)}$ 为

$$\varepsilon_i^{(k)} = \sum_{j=1}^{N} \alpha_{ij}^{(k)} W_j + V_{0i}^{(k)} (i=1,2,\cdots,M; k=1,2,\cdots,L) \tag{7-8}$$

联合求解式（7-7）和式（7-8），得到 N 个平衡质量的列阵为

$$W = -(A^{*T}A)^{-1}A^{*T}V_0 \tag{7-9}$$

式中，上标 $*$ 为复数共轭，T 为矩阵转置，-1 为矩阵的逆，V_0 为由 $V_{0i}^{(k)}$ 组成的原始振动列阵，式（7-9）需用计算机求解。

这样做后，如果发现有个别或少数测点的残余振动偏大，可以对其加权，重新计算，直至各点的残余振动趋于均匀，满足要求为止。

在各种影响系数法中，求取影响系数要花费很大的财力和物力。因此，要注意积累相同或类似机组影响系数，在选取试重时用作参考，以减少开机次数，提高平衡的效率，如果建模正确，用计算方法求得的影响系数，也有一定的参考价值。

40. 影响系数法平衡柔性转子应注意什么？

（1）平衡柔性转子时，不能只平衡一个转速，应将对转子振型敏感的有关转速的振动，特别是临界转速下的振动列入方程组一并求解，这样可兼顾不同转速下的振动。为了避免计算方程式所涉及的未知量太多而增大计算累计误差，应减少参与方程计算的参量。例如，平衡工作转速下的二阶振动，只加二阶平衡质量即可，不必将轴系的所有转子临界转速下的振动全部带入计算，也不必要把工作转速下的所有转子振动全部带入方程式中，只把响应敏感高的转子或关注的测点振动带入，其他则无须参与计算。

（2）不平衡响应高的轴系，不宜采用多平面、多测点方程求解，进行联合加重。这是因为，对于不平衡响应高的转子，无论在哪个平面加重，该转子都会产生较大的振动，使多平面求得的影响系数存在较大累积计算误差，计算结果存在较大偏差，联合加重效果差。对于这种轴系，最好采用单转子平衡，尽可能减少测点数和加重形式。

（3）不宜追求过小的残余振动。影响系数法是利用线性理论求解，较小的残余振动，往往需要多平面和较大的加质量获得，使计算结果累积误差增大。实践证明，往往是为了追求过小的残余振动，不但平衡次数增多，而且平衡效果也不理想，实际上也没

有必要这么做，振动值在允许范围内，就能够保证机组安全运行。

（4）平衡不能满足所有工况时，应保证常带负荷点的振动。平衡是为了在升速中的不同转速，空负荷、满负荷下的振动都获得满意结果，当他们之间发生矛盾时，就要决定取舍。如平衡时，临界转速与工作转速下的振动发生矛盾，为了使工作转速下的振动能够在允许范围内，就要牺牲临界转速下的振动，同样在带负荷阶段发生矛盾时，就要保证常带负荷点振动，牺牲其他负荷点。

（5）对计算加质量的判断。计算出的加质量过大，需要考虑计算的合理性，是否影响系数过小，还是加重面不合理，加重形式不对，不能完全相信计算值，贸然加重。对于残余振动差别不大时，应选用轻质量，这样比较稳妥。

41. 什么是振型平衡法？

根据振动理论的分析，转子的失衡可以理解为转子的各阶振型分量，而且由于振型的正交性，第一阶的失衡分量只能激起第一阶振型的振动，而不能激起其他阶振型的振动，第二阶的失衡分量只能激起第二阶振型的振动，而不会激起其他阶振型的振动，以此类推。因此，在转子平衡时，可以按振型逐阶地进行，这称为振型平衡法，它适用于平衡挠性转子和轴系。

为了平衡转子的 N 个振型，根据选取校正平面的多少，振型平衡法分为 N 平面法和 $N+2$ 平面法，后者需要先做两平面刚性转子的低速平衡，对现场平衡来说，一般采用 N 平面法。

分析各阶振型有不同的方法，下面分别论述。

（1）共振分离。当转子在第一阶临界转速附近转动时，由于共振的原因，转子的挠曲基本上是一阶振型，通过试加一组第一阶振型分量的试重，求取影响系数，并计算求得平衡质量组，就可平衡第一阶振型的振动，接着按相同方法在第二阶临界转速附近，利用共振把第二阶振型的振动分离出来，加以平衡，直到工作转速为止。为了计算各阶振型的试重组，需要事先知道转子的各阶振型。

（2）对称分离。当转子结构近于左右对称时，可以认为它的各阶振型基本是对称或反对称的，因而各阶的试重组、平衡质量组也可认为是对称和反对称的，而不再严格地根据具体的振型求得。

大多汽轮机和发电机的单跨转子，他们的工作转速一般高于其一阶临界转速，而低于其第二阶，对大型发电机转子，有高于其二阶低于其三阶的，因此平衡时主要处理第一、二阶的振型，偶有第三阶振型。这样，当转子近于左右对称时，在某平衡转速下测得转子两端的振动为 $\vec{A}$ 和 $\vec{B}$，就认为其对称分量 $\vec{C}=(\vec{A}+\vec{B})/2$ 是第一阶分量，反对称分量 $\vec{D}=(\vec{A}-\vec{B})/2$ 是第二阶分量，而不需做共振分离，试重也分为平衡一阶振型的对称组 P_c 和平衡二阶振型的反对称组 P_d，平衡质量也同样处理。这样，一次试重可以同时平衡一、二两阶振型，开机次数相应就会减少，这种方法称为谐分量法。

42. 振型平衡法和影响系数法平衡有什么区别？

表 7-1   振型平衡法和影响系数平衡法区别

	振型平衡法	影响系数平衡法
平衡原理	根据挠性转子振型正交原理，利用共振分离和振型分解	根据线性振动理论，只从数学角度考虑，未涉及转子振动模态等力学本质
平衡过程	在转子上加正交质量，由低到高分别平衡相应阶不平衡分量	在转子上加非正交质量，对转子有关阶不平衡进行综合平衡
加质量	加质量按照满足有关振型正交为前提的正交质量，按阶平衡，以最小加重，获得有效平衡	加质量为单一质量，与转子振型非正交，不能使相应阶振动都能获得最有效平衡，反而对有些振型来说是无效加重，过大的加质量，还会破坏转子平衡
平衡质量误差	加重影响系数为正交影响系数，平衡质量计算无累计误差	加重影响系数为交叉影响系数，影响系数分散，平衡质量计算累计误差大
适应性	①平衡前预知转子的各阶振型曲线；②平衡转速选在临界转速区；③平衡所需加重平面多；④在现场动平衡受到限制，更适合制造厂挠性转子高速动平衡	适用于现场挠性转子高速动平衡，更适用于刚性转子平衡

43. 怎样用影响系数法平衡单平面单测点振动？

（1）求影响系数。

$$\vec{\alpha} = \frac{\vec{A_1} - \vec{A_0}}{\vec{P}}$$

式中　$\vec{\alpha}$——影响系数；

　　　$\vec{A_0}$——原始振动；

　　　$\vec{A_1}$——试加重后的振动；

　　　$\vec{P}$——试加质量。

（2）建立平衡方程。设平衡质量为 $\vec{W}$，如果转子的振动响应是线性的，由此产生的振动为使转子完全平衡，W 的大小和方向满足下式

$$\vec{\alpha}\vec{W} + \vec{A_0} = 0$$

（3）解方程：

$$\vec{W} = -\frac{\vec{A_0}}{\vec{\alpha}}$$

例：某汽轮机末级叶片进行了更换，启动后，轴承座振动为 $65\mu m \angle 130°$，采取动平衡方法降低振动，在末级叶片叶轮上试加质量 $500g \angle 270°$，再次启动振动为 $52\mu m$

$\angle 150°$，利用影响系数法计算平衡质量。

(1) 求影响系数：

$$\vec{\alpha} = \frac{52\angle 150° - 65\angle 130°}{500\angle 270°} = \frac{24\angle 262°}{500\angle 270°} = 0.048\angle 352°$$

(2) 建立平衡方程：

$$\vec{\alpha}\vec{W} + \vec{A_0} = 0$$

(3) 解方程：

$$\vec{W} = -\frac{\vec{A_0}}{\vec{\alpha}} = -\frac{65\angle 130°}{0.048\angle 352°} = -1354.2\angle -222° = 1354.2\angle -42° = 1354.2\angle 318°$$

(4) 调整加质量。拆掉试加质量，重新配置，在 318°位置加重 1354.2g 质量，启动后轴承座振动为 $7\mu m$，平衡结束。

44. 怎样用影响系数法平衡单平面多测点的振动？

加重面只有一个，平衡目标为 M 个，测点数为 N 个，其相应的影响系数为 α_i，则单平面多测点的平衡方程为：

$$\vec{\alpha_1}\vec{W} + \vec{A_1} = 0$$

$$\vec{\alpha_2}\vec{W} + \vec{A_2} = 0$$

$$\vec{\alpha_3}\vec{W} + \vec{A_3} = 0$$

实际转子系统不是线性响应的，$\frac{\vec{A_1}}{\alpha_1} \neq \frac{\vec{A_2}}{\alpha_2} \neq \frac{\vec{A_3}}{\alpha_3} \cdots \neq \frac{\vec{A_i}}{\alpha_i}$，解出的不是唯一值，对于方程的个数大于未知数的个数，这样方程称为矛盾方程组，矛盾方程组没有确定的解，只能求得近似解，常用最小二乘法求得。

例：某台 200MW 汽轮机为三缸三排汽，中低压转子的 4 个支承轴承编号分别为 2、3、4、5 号，3 个轴承处 Y 方向轴振动偏大，由于振动以工频为主，振动稳定，属于强迫振动，采取现场动平衡方法消振，其方法见表 7-2。

表 7-2　　　　　　　　　　影响系数法（最小二乘法）动平衡

序号	项目	2 瓦	3 瓦	4 瓦	5 瓦
1	原始振动	110/185	141/25	107/84	60/323
2	试加质量	3、4 号轴承处对轮试加重 960g∠90°			
3	加重后振动	46.0/146	49.3/17	35.7/7	31.1/130
4	影响系数	83.1/296	96.2/119	109.2/193	92.5/62
5	平衡质量	1323.7g	1465.7g	979.8g	648.6g
6	平衡质量（最小二乘）	3、4 号轴承处对轮加重 1080g∠77°			
7	预测平衡效果	24.5/154	41.6/48	16.1/314	49.4/133

45. 怎样用影响系数法平衡多平面多测点振动?

某机组轴系转子上加重面数为 1、2、3、4，…，N 个，振动测点数为 1、2、3、4，…，M 个，通过试加质量确定第 J 个加重面（$J=1$、2、3、4，…，N）上加重对第 I（$I=1$、2、3、4，…，M）个测点的影响系数 $\vec{\alpha}_{ij}$。

初始振动按照测点排序依次为 $\vec{A}_0$、$\vec{B}_0$、$\vec{C}_0$，…，$\vec{X}_0$，在第一个平面加重启动后振动为 $\vec{A}_1$、$\vec{B}_1$、$\vec{C}_1$，…，$\vec{X}_1$，在第二个平面加重启动后振动为 $\vec{A}_2$、$\vec{B}_2$、$\vec{C}_2$，…，$\vec{X}_2$，以此类推，在第 N 个平面加重启动后振动为 $\vec{A}_N$、$\vec{B}_N$、$\vec{C}_N$，…，$\vec{X}_N$。

在第 1 个加重面加重影响系数为

$$\vec{\alpha}_{11} = \frac{\vec{A}_1 - \vec{A}_0}{\vec{P}_1}, \vec{\alpha}_{21} = \frac{\vec{B}_1 - \vec{B}_0}{\vec{P}_1}, \cdots, \vec{\alpha}_{M1} = \frac{\vec{X}_1 - \vec{X}_0}{\vec{P}_1}$$

在第 2 个加重面加重响系数为

$$\vec{\alpha}_{12} = \frac{\vec{A}_2 - \vec{A}_0}{\vec{P}_2}, \vec{\alpha}_{22} = \frac{\vec{B}_2 - \vec{B}_0}{\vec{P}_2}, \cdots, \vec{\alpha}_{M2} = \frac{\vec{X}_2 - \vec{X}_0}{\vec{P}_2}$$

在第 N 个加重面加重响系数为

$$\vec{\alpha}_{1N} = \frac{\vec{A}_N - \vec{A}_0}{\vec{P}_3}, \vec{\alpha}_{2N} = \frac{\vec{B}_N - \vec{B}_0}{\vec{P}_3}, \cdots, \vec{\alpha}_{MN} = \frac{\vec{X}_N - \vec{X}_0}{\vec{P}_3}$$

按照线性关系，平衡质量 $\vec{W}_N$ 可由下面多元一次线性代数方程求得：

$$\vec{\alpha}_{11}\vec{W}_1 + \vec{\alpha}_{12}\vec{W}_2 + \vec{\alpha}_{13}\vec{W}_3, \cdots, + \vec{\alpha}_{1N}\vec{W}_N = -\vec{A}_0$$

$$\vec{\alpha}_{21}\vec{W}_1 + \vec{\alpha}_{22}\vec{W}_2 + \vec{\alpha}_{23}\vec{W}_3, \cdots, + \vec{\alpha}_{2N}\vec{W}_N = -\vec{B}_0$$

$$\vec{\alpha}_{M1}\vec{W}_1 + \vec{\alpha}_{M2}\vec{W}_2 + \vec{\alpha}_{M3}\vec{W}_3, \cdots, + \vec{\alpha}_{MN}\vec{W}_N = -\vec{X}_N$$

对上述方程组，若测点个数 M 与加重面数 N 相等，即 $M=N$，这样方程组有确定的解，通用解法是高斯消元法；如果 $M>N$，即加重面少于测点数，这样方程组没有确定的解，通常用最小二乘法求近似解。

例：某台 600MW 汽轮机为四缸四排汽，中压转子支承轴承编号为 3 号、4 号，两个低压转子的 4 个支承轴承编号分别为 5~8 号，3 个轴承处 Y 方向轴振动偏大，由于振动以工频为主，振动稳定，属于强迫振动，采取现场动平衡方法消振，其方法见表 7-3。

表 7-3 影响系数法（最小二乘法）动平衡

序号	项目	3Y	4Y	5Y	6Y	7Y	8Y
1	原始振动	87/33	185/194	65/166	104/350	162/39	90/259
2	试加质量	2 号低压转子本体试加反对称质量，$P_7=450\text{g}/90°$、$P_8=450\text{g}/270°$					
3	加重后振动	115/45	210/200	62/195	108/339	153/353	40/230
4	影响系数	77.6/346	72.0/147	70.9/186	46.0/235	274/192	130/8
5	试加质量	中压转子本体试加反对称质量，$P_3=290\text{g}/70°$、$P_4=290\text{g}/250°$					

序号	项目	3Y	4Y	5Y	6Y	7Y	8Y
6	加重后振动	49/61	143/192	70/139	68/326	116/75	65/330
7	影响系数	239/144	246/326	215/14	153/109	61.6/63	283/289
8	联合加重	保留以上质量，继续加重，$P_7=342g/96°$，$P_8=342g/276°$；$P_3=190g/49°$，$P_4=190g/229°$					
9	加重后振动	27/83	114/191	64/157	77/332	80/0	42/285

46. 怎样利用影响系数法和谐分量法相结合进行动平衡？

某台 300MW 机组，低压转子为对称转子，工作转速 3000r/min 时，低压转子两侧的轴承处 3Y、4Y 方向轴振动分别为 $132.2\mu m \angle 77°$ 和 $109.8\mu m \angle 243°$，需要进行现场动平衡，动平衡方法采用影响系数法和谐分量法相结合，具体平衡过程如下，计算公式及数值见表 7-4。

表 7-4   影响系数法和谐分量法相结合动平衡

项目	公式及数值	
初始振动	$\overrightarrow{A_{30}}=132.2/77$	$\overrightarrow{A_{40}}=109.8/243$
谐分量法分解	$\overrightarrow{A_{30同}}=\dfrac{\overrightarrow{A_{30}}+\overrightarrow{A_{40}}}{2}=18.5/123.0$	$\overrightarrow{A_{40同}}=\overrightarrow{A_{30同}}=18.5/123.0$
	$\overrightarrow{A_{30反}}=\dfrac{\overrightarrow{A_{30}}-\overrightarrow{A_{40}}}{2}=120.1/70.6$	$\overrightarrow{A_{40反}}=-\overrightarrow{A_{30反}}=120.1/250.6$
试加质量	$\overrightarrow{P_3}=221/343$	$\overrightarrow{P_4}=221/163$
加重后启动	$\overrightarrow{A_{31}}=128.4/86$	$\overrightarrow{A_{41}}=104.5/266$
谐分量法分解	$\overrightarrow{A_{31同}}=\dfrac{\overrightarrow{A_{31}}+\overrightarrow{A_{41}}}{2}=12.0/86$	$\overrightarrow{A_{41同}}=\overrightarrow{A_{31同}}=12.0/86$
	$\overrightarrow{A_{31反}}=\dfrac{\overrightarrow{A_{31}}-\overrightarrow{A_{41}}}{2}=116.5/86$	$\overrightarrow{A_{41反}}=-\overrightarrow{A_{31反}}=116.5/266$
计算影响系数	$\overrightarrow{a_{3反}}=0.1443/192$	$\overrightarrow{a_{4反}}=0.1443/12$
计算加质量	$\overrightarrow{P_3}=832/59$	$\overrightarrow{P_4}=832/239$
实际加质量	$\overrightarrow{W_3}=442/73$	$\overrightarrow{W_4}=447/253$
加重后再次启动	$\overrightarrow{A_{32}}=57.9/141$	$\overrightarrow{A_{42}}=46.6/329$

（1）利用谐分量法对初始振动进行同相分量和反相分量分解。

（2）由于反相振动分量大，首先平衡反相振动分量，依据转子特性、反相分量振动量值和相位、机械滞后角以及以往经验，确定试加质量和位置。

（3）进行加重后的启动，根据启动后的启动振动数据进行反相分量分解。

（4）通过加重前后的反相振动分量及加质量计算影响系数，根据影响系数及初始反相振动分量计算调整质量，根据具体加重位置以及计算的残余振动，确定了实际加质量和位置。

（5）进行加重后的再次启动，振动值达到满意，平衡结束。

47. 振动相位测量原理是什么？

在转动机械的振动测量中，振动相位是指键相脉冲与振动正峰值之间的时间差。为了测量振动相位，需要在转轴上设置一个测量基准，这个基准可以是转轴上的凹槽或是凸槽，也可以是反光带，同时还要有一个接收基准信号的键相器，键相器有涡流传感器和光电传感器两种。每当基准（如凹槽）通过键相器时，键相器的电压输出产生一个脉冲。该脉冲与振动探头经过滤波后的谐波信号第一个正峰值之间的时间差定义为振动相位 φ（见图 7-11）。

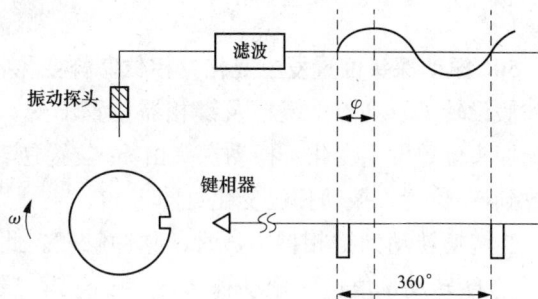

图 7-11 相位测量原理

将一个周期的时间划分成 360 等份，称为 360°，振动相位用度表示。例如，相位为 90°，说明从键相脉冲到第一个正峰值经过 1/4 个转动周期时间。

键相脉冲与 1X 谐波信号第一个正峰值之间差是 1X 振动的相位，与 2X 的就是 2X 振动的相位，以此类推。

48. 键相器位置发生变化，相位怎样变化？

振动测量中需要知道键相器、键槽及振动探头的位置，他们的位置构成了相位的基准位置。即使转子上高点不变，任何一种基准位置的变化都将使测量的相位发生变化。

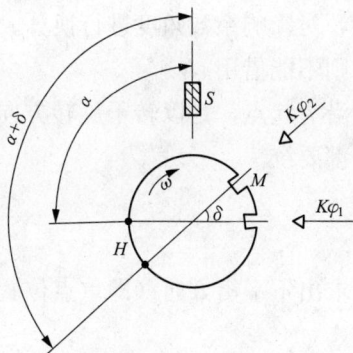

假设转子上高点、振动探头及键槽位置不变，只是键相器位置发生了变化。键相器由 $K\varphi_1$ 位置逆转向 δ 角改到 $K\varphi_2$ 位置，振动相位变化见图 7-12。

键槽通过键相器 $K\varphi_1$ 位置时，脉冲触发，此时转子高点 H 需转动 α 角达到振动探头 S 正下方，振动相位为 α。当键槽通过键相器 $K\varphi_2$ 位置时，脉冲触发，转子高点 H 转动 $\alpha+\delta$ 角，才能达到振动探头正下方，振动相位为 $\alpha+\delta$。即键相器位置逆时针改变 δ 角，振动相位变为 $\alpha+\delta$ 角。

图 7-12 键相器位置发生变化

49. 键槽位置发生变化，相位怎样变化？

假设转子上高点、键相器及振动探头位置不变，键槽发生变化。键槽由 M_1 位置逆

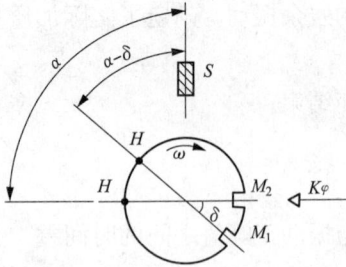

图 7-13　键槽位置发生变化

转向 δ 角改到 M_2 位置，振动相位变化见图 7-13。

键槽 M_1 通过键相器 $K\varphi$ 时，脉冲触发，此时转子高点 H 转动 α 角达到振动探头 S 正下方，振动相位为 α。当键槽 M_2 通过键相器 $K\varphi$ 时，脉冲触发，转子高点 H 转动 $\alpha-\delta$ 角达到振动探头 S 正下方，振动相位为 $\alpha-\delta$。即键槽位置逆时针改变 δ 角，振动相位变为 $\alpha-\delta_1$ 角。

50. 振动探头位置发生变化，相位怎样变化？

假设转子上高点、键槽及键相器位置不变，只是振动探头位置发生变化。振动探头由 S_2 位置逆转向 δ 角改到 S_1 位置，振动相位变化见图 7-14。

当键槽转动到键相器 $K\varphi$ 时，脉冲触发。此时转子高点 H 转动 α 角达到振动探头 S_2 正下方，振动相位为 α；转子高点 H 只需转动 $\alpha-\delta$ 角达到振动探头 S_1 正下方，振动相位为 $\alpha-\delta$。即振动探头逆时针改变 δ 角，振动相位变为 $\alpha-\delta$ 角。

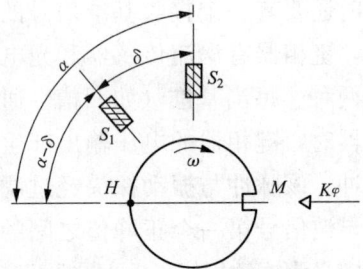

图 7-14　振动探头位置发生变化

51. 试加质量的方向用影响系数法怎样确定？

平衡过程中，试加质量可以在选择的平衡面上任何角度试加，无特别要求。但在加反的情况下，会使机组在原来大振动的基础上变得更大，给机组带来危害。为使试加质量尽可能加准，目前可依影响系数法或机械滞后角法获得。

根据同类型机组的影响系数求出试加重的方向。在借用影响系数时，应注意以下几点。

（1）振动探头、键相器固定位置应该相同，不同时，对影响系数角度进行换算。

（2）加重平面、平衡转速、平衡振型应该相同，否则不能借用。

（3）加重角度是以转子键槽或反光带的前沿还是后沿为起点，是以转子旋转方向为正方向还是逆转向，振动仪器测相原理是否相同，这些都要统一。

52. 试加质量的方向用机械滞后角法怎样确定？

依据振动相位可确定振动高点，通过机械滞后角可求出不平衡方向（即重点位置），在其相反方向就是试加质量方向，具体方法如下：

（1）确定高点 H。以键槽前沿为起点，逆转向转动 $\alpha+\beta$ 角度，标出对应转子的点，该点为振动高点 H（β 为振动探头与键相器夹角，该角以键相器为起点，逆转向计算，α 为振动相位）。

（2）确定重点 T。以振动高点 H 为起点，顺转向转动 φ 角（φ 为机械滞后角），标出对应转子上的点，该点为重点 T，即不平衡位置（顺转子旋转方向，重点在前，高点在后）。

（3）确定试加重位置 Q。重点 T 的相反方向即为试加质量 W 的位置。由此可推出试加质量 γ 角度为

$$\gamma = \alpha \pm \beta - \varphi + 180°$$

式中，$\alpha \pm \beta$ 项，当键相器逆转向到振动探头取 $\alpha + \beta$；当键相器顺转向到振动探头时取 $\alpha - \beta$。

例如，某轴承在工作转速下振动相位为 $90°$，振动探头与键相器夹角为 $90°$（逆转向），机械滞后角为 $60°$，求试加重角度？

计算加重角度：

$$\gamma = 90° + 90° - 60° + 180° = 300°$$

以键槽前沿为起点，在逆转向 $300°$ 处加重，也可以在顺转向 $60°$ 处进行加重［见图 7-15（a）］。

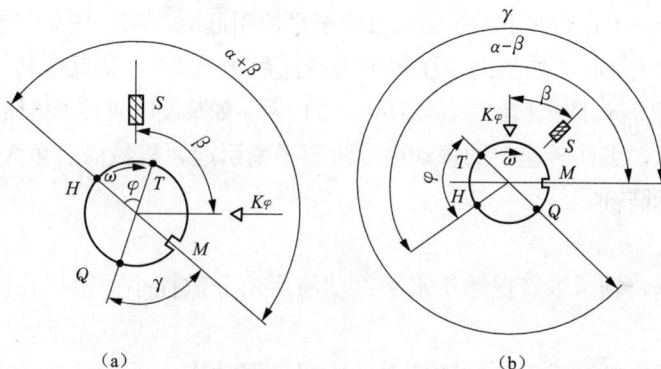

图 7-15 加重角度确定

S—振动探头；$K\varphi$—键相器；M—键槽；H—高点；T—重点；Q—平衡质量位置

当 γ 为正值时，以键槽为起点，在逆转向 γ 角度处加重；当 γ 为负值时，以键槽为起点，在顺转向 γ 角度处加重。

再如转子在临界转速时，某轴承振动相位为 $270°$，键相器顺转向到振动探头夹角为 $45°$（顺转向），滞后角为 $90°$，求试加重角度？

计算试加重角度：

$$\gamma = 270° - 45° - 90° + 180° = 315°$$

以键槽前沿为起点，在逆转向 $315°$ 处进行加重［见图 7-15（b）］。

为避免混乱，以键相器为起点逆转向到振动探头间的夹角，计为 β，以键槽为起点逆转向 γ 角度进行加重。试加质量 γ 角度公式为

$$\gamma = \alpha + \beta - \varphi + 180°$$

53. 怎样选择机械滞后角？

机械滞后角受转子特性、支承特性、平衡转速、不平衡形式及其轴向位置等影响。

在现场平衡中机械滞后角可参考以下方法进行选择。

（1）刚性转子。对于刚性转子（如风机、水泵、电动机以及部分励磁机），机械滞后角为 0°。

（2）挠性转子。汽轮机发电机组在启动时，多数转子达到工作转速时只通过一阶临界转速，但个别转子还要通过二阶临界转速，如大型发电机转子。临界转速下的振动通常由一阶不平衡引起，在临界转速下平衡，滞后角与支承形式有关。

1）无论刚性支承还是柔性支承，一阶临界转速下，机械滞后角都是 90°，一阶临界转速下平衡，采用对称加重。

2）刚性支承，二阶临界转速下机械滞后角为 90°；柔性支承，二阶临界转速下机械滞后角大于 90°；二阶临界转速下平衡，采用反对称加重。

汽轮发电机组多数转子工作转速处在一、二阶临界转速之间，并且远离一阶，工作转速下的振动多数是由二阶不平衡引起的。在工作转速下平衡，滞后角与支承形式、不平衡形式有关。

1）刚性支承，工作转速下的振动由二阶不平衡引起时，当二阶临界转速大于工作转速，机械滞后角小于 90°，如某高中压转子机械滞后角为 30°，某低压转子机械滞后角为 60°；二阶临界转速小于工作转速，机械滞后角大于 90°，如某发电机转子机械滞后角为 130°。

2）柔性支承，工作转速下的振动由二阶不平衡引起，机械滞后角大于 90°，并且高转速滞后角小于低转速。

（3）分散性。

1）刚性支承，轴承垂直振动比水平振动滞后角分散性小；轴振较同方向轴承振动滞后角小 20°左右。

2）柔性支承，轴振滞后角分散性大，依据轴振动作为平衡依据，平衡效果往往不理想。

54. 键槽位置发生变化，影响系数相位怎样变化？

假定振动探头和键相器位置不变，键槽发生逆转向 δ 角度的位置变化，此时振动相位减小 δ 角度，试加质量位置也要减小 δ 角度。影响系数相位取决于振动相位和试加质量角度，键槽位置发生变化时，振动相位和试加质量的角度发生了同样变化。因此，键槽位置发生变化对影响系数相位没有影响。

55. 键相器位置发生变化，影响系数相位怎样变化？

假定振动探头和键槽位置不变，键相器发生了逆转向 δ 角度的位置变化，此时振动相位增加 δ 角度，试加质量的角度未发生变化（试加质量角度与键槽位置有关）。因此，键相器位置发生了逆转向 δ 角度的变化，其影响系数相位将增加 δ 角度。

56. 振动探头位置发生变化，影响系数相位怎样变化？

假定键槽和键相器位置不变，振动探头发生了逆转向 δ 角度的位置变化，此时振动

相位减小 δ 角度，试加质量的角度未发生变化。因此振动探头发生了逆转向 δ 角度变化，其影响系数相位将减小 δ 角度。

57. 影响系数相位与机械滞后角有什么关系？

在动平衡过程常常认为影响系数的相位就是机械滞后角，实际上并非如此。他们之间关系可进行如下计算。键相器与振动探头夹角 β，振动量值 A_0 对应的相位为 α，振动高点 H，机械滞后角为 ϕ，重点为 T。在 T 点对面试加质量 P，加重角度 γ，由 P 产生的振动 $\vec{B}$ 的相位为 θ。

影响系数 $=\dfrac{B\angle\theta}{P\angle\gamma}$，影响系数相位 $=\theta-\gamma$，加质量 P 产生的振动 $\vec{B}$ 与原始振动 $\vec{A}_0$，大小相等，方向相反时，可实现完全平衡，即，$\theta=\alpha+180°$，

$$影响系数相位 = \theta-\gamma = \alpha+180°-(\alpha+\beta-\phi+180°)=\phi-\beta$$

从上式可看出，当键相器与振动探头在同一位置时（即 $\beta=0$），影响系数相位就是机械滞后角；当不在同一位置时，影响系数相位等于机械滞后角减去键相器与振动探头夹角 β。

58. 试加质量如何确定？

在平衡过程中，试加质量大小对平衡的成败至关重要。如果试加质量太小，引起振动变化不明显，表明第一次试加失败，还要进行第二次试加，浪费了一次启动。如果试加质量太大，在原有的大振动基础上，使振动进一步增大，危害机组安全运行。

目前试加质量大小的确定主要是依据现场动平衡经验。如借用同类型机组、同类振动形式以及相同加重面的经验，具体有以下两种方法。

（1）由影响系数确定。当获得同类型机组，同一平面，相同振动形式及相同转速下的影响系数时（或本台机组），用需要平衡的振动量值除以影响系数，就可得到试加质量大小。

（2）由机组容量大小确定。试加质量大小与机组本体结构、轴承形式、加重平面、转子质量、不平衡形式，加重半径以及振动大小相关。

对于 200MW 以下机组，如果是一阶不平衡，试加质量可选 1000g 左右；如果是二阶不平衡，试加质量可选 300g 左右。

对于 300MW 以上机组，如果是一阶不平衡，试加质量可选 1500g 左右；如果是二阶不平衡，试加质量可选 500g 左右。

以上试加质量是在转子本体两端处，如果在对轮处加重，应该根据加重半径进行质量调整（增大或减小）。在加重效应一定时，试加质量与加重半径成反比。

59. 校正质量怎样确定，如何调整加重角度？

试加质量后，平衡效果没有达到要求，需要调整加质量和角度，结合图7-16进行说明。从机头往发电机侧看，转子顺时针旋转，机组初始振动量值为 A_0，相位为 $0°$，在

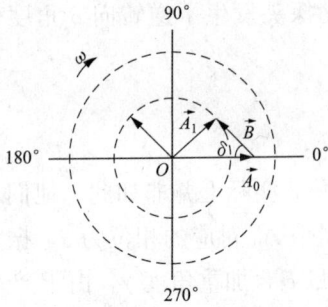

图 7-16　调整加质量和角度

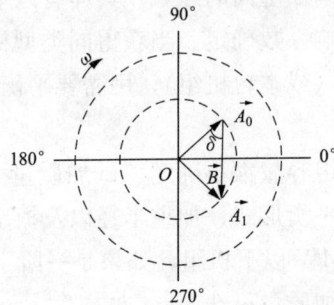

零度试加质量 $\vec{P}$，引起的振动为 $\vec{B}$，原始振动 $\vec{A_0}$ 与试加重 $\vec{P}$ 引起的振动 $\vec{B}$ 共同作用产生的振动为 $\vec{A_1}$，$\vec{A_0}$ 与 $\vec{B}$ 夹角为 δ（夹角是指小于 $180°$ 的角，以后同）。

（1）校正质量的确定。如果转子的振动响应为线性，那么振动量值与不平衡量成正比，校正质量大小可按下式计算

$$W = \frac{A_0}{B}P$$

（2）校正质量的调整。如果完全消除原始振动 A_0，由校正质量 $\vec{W}$ 产生的振动矢量 $\vec{B}$，应该与 $\vec{A_0}$ 大小相等，方向相反。只要把试加质量 P 换成校正质量 W，并将 W 以加质量位置为基准转动 δ 角安装上，就可以达到完全消除原始振动的 A_0 目的。

从上可看出，校正质量的位置以试加质量的位置为基准，转动相同的角度 δ，转动方向与 $\vec{B}$ 到 $\vec{A_0}$ 的转动方向一致。下面举几个实例。

1）初始振动 $A_0 \angle 45°$，试加质量为 $P \angle 0°$，加重后振动 $A_1 \angle 135°$，$\vec{B}$ 到 $\vec{A_0}$ 的转动方向为逆转向，转角为 δ，那么校正质量 W，应以试加质量 P 的 $0°$ 角为基准逆转向 δ 角度安装，此时 P 引起的振动 $\vec{B}$ 与 $\vec{A_0}$ 大小相等、方向相反，实现完全平衡，见图 7-17。

2）初始振动 $A_0 \angle 45°$，试加质量 $P \angle 0°$，加重后振动 $A_1 \angle 315°$，$\vec{B}$ 到 $\vec{A_0}$ 的转动方向为顺转向，转角为 δ，那么校正质量 W，应以试加质量 P 的 $0°$ 角为基准顺转向 δ 角度安装，此时 P 引起的振动 $\vec{B}$ 与 $\vec{A_0}$ 大小相等、方向相反，实现完全平衡，见图 7-18。

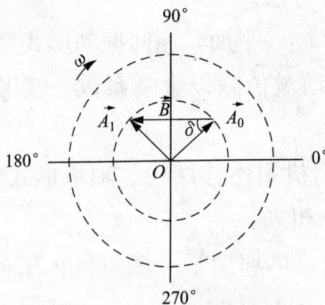

图 7-17　调整加质量和角度　　　　图 7-18　调整加质量和角度

60. 安装平衡块时应注意些什么？

（1）统一加重基准及转子转动方向。如以键相槽前沿为零位，逆转子转动方向进行加重。

（2）加重基准易观察。加重时以转子上的基准按照计算的角度进行加重，加重基准不便于观察会给加重带来麻烦，如键相槽在前箱小轴处时，就不便于观察，需要揭开前箱小端盖或前箱才能看到键相槽，给加重带来麻烦，但可以把键相槽前沿引到易观察位置作出标记，如引到机尾易观察处，每次加重以标记为基准，相当于键相槽前沿。

（3）加重的位置。加质量以计算加重中心为基准向两边对称加重。

（4）校正质量的位置。校正质量可以按试加质量为基准来确定校正质量的位置，这样可以减小由键槽为零位进行加重时带来的偏差所导致的计算结果误差。校正质量也可以用有角度的参照物为基准，如根据叶片个数、螺孔个数进行换算。假如对轮螺栓有12个，每个螺栓间隔30°，以某一个螺栓孔为基准，每差一个螺栓，角度差30°，就可以计算出加重角度。

61. 振动的表示方法是什么，单位有哪些？

对于轴振动，"X"表示某轴承处 X 方向的轴振，"Y"表示某轴承处 Y 方向的轴振。

对于轴承座振动，"⊥"表示垂直方向振动，"一"表示水平方向振动，"⊙"表示轴向振动。

通频振动量值的单位有毫米（mm）、丝米（dmm）、忽米（cmm）、微米（μm），它们之间是十进制，通常用微米（μm）表示振动量值，也有用丝（道）表示，习惯上所称的丝也叫道（此非国家标准计量单位，不推荐使用），不是单位制中的丝米，而是忽米。即 1mm＝100 忽米＝100 丝＝100 道。

基频振动的单位为微米∠度（μm∠°），加重质量的单位为克∠度（g∠°），影响系数单位为微米∠度∠克（μm∠°∠g）。

二、动平衡实例

1. 怎样进行 1000MW 机组转子现场动平衡？

某电厂一台 1000MW 超超临界机组，其汽轮发电机组轴系由 1 根高压转子、1 根中压转子、2 根低压转子及 1 根发电机转子和 1 根集电环转子组成，共有 11 个轴承支承，其轴系结构示意图见图 7-19。机组大修后启动，启动过程中各转子过临界振动不大，在 3000r/min 定速时，2X、5X、7X 及 9X 轴振动偏大。

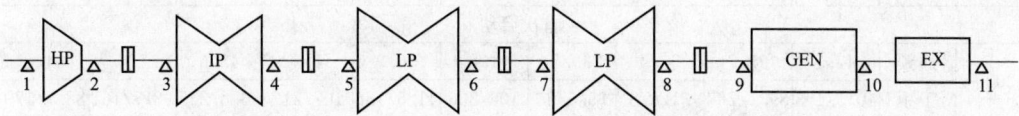

图 7-19　1000MW 机组轴系结构示意图

（1）振动分析及处理。

1）机组振动出现在没有带负荷条件下，可排除热、电相关的因素等影响。

2）转速一定时，振动稳定，再现性较好，可排除摩擦、部件松动等影响。

3）振动以基频为主，从振动性质上讲，属于不平衡引起的强迫振动。

4）采取现场高速动平衡方法消振。

（2）动平衡过程。

1）高压转子本体及低发对轮加重。机组定速后，2X、5X、7X 及 9X 轴振动偏大，

5X、7X 和 9X 轴振动超过 $100\mu m$。高压转子的轴振动 2X 大于 1X 接近 1 倍，主要是反相振动分量；发电机的轴振动同相分量占主要；2 号低压转子轴振动也以同相分量为主，并且与发电机转子振动相位接近。

基于以上分析，认为工作转速下的高压转子振动应是由二阶不平衡引起，决定在高压转子 2 瓦侧末级叶轮平衡槽内加重，根据以往的影响系数估算了加质量以及滞后角推算了加重角度（以下同），2 瓦侧加重 184g/45°。发电机转子存在非二阶不平衡分量，由对轮或三阶不平衡引起，考虑在低发对轮加重，降低发电机的振动同时 2 号低压转子振动也应该有所降低，低发对轮加重 770g/245°。

为降低高压和发电机转子振动，考虑到该两个转子分别加重后，振动互相影响小，决定 2 个加重面同时加重。加重后启动，在 3000r/min 定速时，高压及发电机转子振动降低，但 7X 振动没有达到期望值，有所增加。

2) 低低对轮加重。第一次加重后，只有 5X、7X 振动超过 $100\mu m$，5X、6X 及 7X 振动基本同相。如果继续在低发对轮加重，计算表明 9X 振动可进一步降低，但 7X 振动降低不理想。如果在低低对轮加重，预测可降低 5X 振动，也利好 6X 及 7X。决定在低低对轮 7 瓦侧加重 600g/330°，加重后启动，7X 振动略有降低，但 5X、6X 振动基本没变，没有达到预期效果。

3) 低压转子加重。1 号低压转子 5X、6X 振动分量为反相，2 号低压转子 7X、8X 振动分量同相占主要成分。工作转速下 1 号低压转子振动应是由二阶不平衡引起；2 号低压转子有同相不平衡分量，过临界振动不大，应是跨外对轮处不平衡引起（低低或低发对轮）。但继续在低低对轮加重，计算表明 5X、7X 轴振动都达不到满意的结果，决定在 1 号低压转子本体内 5 瓦侧加重 750g/300°，2 号低压转子本体内对称加重 1000g/320°。加重后启动，工作转速下所有轴振动的工频值都在 $80\mu m$ 内（见表 7-5）。

表 7-5　　　　　　　　　1000MW 机组转子现场动平衡　　　　　（位移峰峰值，μm）

转速(r/min)	分量	1X	2X	3X	4X	5X	6X	7X	8X	9X	10X
首次启动											
3000	通频	47.5	98.7	33.5	39.7	108	50.9	116	43.6	100	54.1
	工频	40.5/155	89.1/267	31.6/8	35.5/35	106/206	41.5/186	107/212	36.8/245	98.7/161	38.7/170
第 1 次加重：2 瓦侧高压转子本体内加重 184g/45°、低发对轮加重 770g/245°											
3000	第 1 次加重后启动										
	工频	25.9/162	46.3/260	30.3/27	61.9/67	103/204	36.6/176	132/227	43.1/277	75.5/206	16.5/305
第 2 次加重：保留上次质量，低低对轮 7 瓦侧加重 600g/330°											
3000	第 2 次加重后启动										
	工频	32.1/154	79.7/267	73.9/246	41.3/29	102/218	32.4/181	107/221	78.4/289	53.6/205	16.5/353
第 3 次加重：保留以上加质量，1 号低压转子本体内 5 瓦侧加重 750g/300°，2 号低压转子本体内对称加重 1000g/320°											
3000	第 3 次加重后启动										
	工频	36.2/190	52.4/297	41.3/258	57.7/33	51.5/214	59.9/205	74.9/240	43.3/291	78.1/141	59.5/122

（3）振动响应分析。

1）高压转子本体加重。高压转子 2 瓦侧加重 184g/45°，相当于高压转子加反对称质量 92g。加重后，1X、2X，轴振动影响系数相位接近反相，说明加重影响高压转子二阶振型。

2）低发对轮加重。低发对轮加重后，靠近对轮两侧轴振动的影响系数相位接近同相，对发电机 9X 振动影响大，对低压转子 8X 振动影响小。发电机转子两侧轴振动影响系数相位以同相为主，说明加重影响发电机转子三阶振型或一阶振型。

3）低低对轮加重。低低对轮加重后，靠近对轮两侧轴振动的影响系数相位接近反相，对 1 号低压转子 6X 影响很小，对 2 号低压转子 8X 影响大。2 号低压转子两侧轴振动影响系数相位以反相为主，说明加重影响 2 号低压转子二阶振型。

4）低压转子本体加重。1 号低压转子本体内 5 瓦侧加重 750g/300°，相当于加反对称质量 375g，其影响系数相位接近反相，说明加重影响转子二阶振型。2 号低压转子本体内对称加重，同相振动分量有所降低，但由于原始振动中含有同相和反相振动分量，所以其影响系数既有同相振动分量又有反相振动分量（见表 7-6）。

表 7-6　　　　　　　　　　1000MW 机组 3000r/min 时影响系数

高压转子本体加反对称质量对转子振动的影响			
测点	1X	2X	3X	4X
影响系数	164.4/278	472.9/49	111.9/70	401.5/53
低发对轮加重对转子振动的影响			
测点	7X	8X	9X	10X
影响系数	51.7/26	29.6/91	90.9/46	67.1/92
低低对轮加重对转子振动的影响			
测点	5X	6X	7X	8X
影响系数	41.6/333	8.6/353	46.5/101	62.2/333
1 号低压转子本体加反对称质量对转子振动的影响			
测点	5X		6X	
影响系数	135.3/102		88.1/289	
2 号低压转子本体加对称质量对转子振动的影响			
测点	7X		8X	
影响系数	43.6/47		35.1/147	

2. 怎样进行 800MW 机组转子现场动平衡？

某电厂一台 800MW 超临界机组，其汽轮发电机组轴系由 1 根高压转子、1 根中压转子、3 根低压转子及 1 根发电机转子和 1 根励磁机转子组成，共有 14 个轴承支承，其轴系结构示意图见图 7-20。在节能减排优化升级增容改造中，汽轮机高、中及低压转子全部返回制造厂进行了通流部分改造并进行了精细高速动平衡；回到现场组装过程中、严格控制安装指标，如轴系中心、对轮晃度、瓢偏等。机组改造后启动，启动过程中各转子过临界振动不大（在 70μm 内）；在 3000r/min 定速时，3 个低压转子、发电机转子、励磁机转子 Y 方向轴振动偏大，其他轴振动 X、Y 向振动都不大（在 $60\mu m$ 内），并且 X 方向振动小于 Y 方向振动。

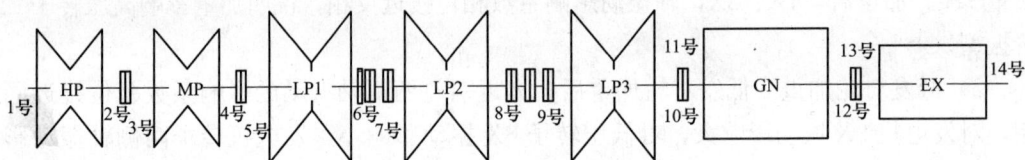

图 7-20 800MW 机组轴系结构示意图

（1）振动分析。

1）机组振动出现在没有带负荷条件下，可排除热、电相关的因素等影响，带负荷后振动变大，是由于转子存在热弯曲，产生了热变量，特别是发电机和励磁机转子。

2）转速一定时，振动稳定，再现性较好，可排除摩擦、部件松动等影响。

3）振动以基频为主，从振动性质上讲，属于不平衡引起的强迫振动。

4）采取现场高速动平衡方法消振。

（2）动平衡过程。

1）低压和励磁机转子本体加重。机组定速后，3 根低压转子以及发电机和励磁机转子 Y 方向轴振动大，特别是发电机和励磁机转子轴振动超过 $100\mu m$。虽然低压转子在制造厂进行了精细动平衡以及现场细致找中心工作，但受转子冷、热态的中心不同，转子连接后振型变化等因素的影响，转子振动有增大的可能性。

3 号低压转子 9Y 和 10Y 轴振动，虽然振动相位只差 119°（相位接近反相），但幅值相差 1 倍，考虑到 9 号轴承座支承刚度差，9、10 号轴承座支承刚度有差异，刚度差异大时二阶不平衡量引起的振动相位也可能接近同相。基于以上分析，认为工作转速下的 3 号低压转子振动应是由二阶不平衡引起，决定在 3 号低压转子两侧末级叶轮平衡槽内加一组反对称质量，根据以往的影响系数估算了加质量以及滞后角推算了加重角度（以下同），9 瓦侧加重 400g/115°、10 瓦侧加重 400g/295°。

励磁机转子 13Y 和 14Y 轴振动，振动相位相差 190°（相位反相），幅值接近，转子振动应是由二阶不平衡引起，在励磁机转子本体两侧平衡槽内加一组反对称质量，13 瓦侧加重 210g/270°、14 瓦侧加重 210g/90°。

为降低 3 号低压和励磁机转子振动，4 个加重面同时加重。加重后启动，在 3000r/min 定速时，低压转子和励磁机转子 Y 向轴振动都在 $70\mu m$ 内；带 200MW 负荷时，励磁机转子振动有所增加，由于锅炉故障，停机处理。

2）低发对轮和励磁机转子本体加重。如果发电机转子振动大于励磁机转子振动，应该先对发电机平衡后，再确定是否对励磁机进行平衡，这是由于励磁机转子质量远小于发电机转子，发电机的振动会影响到励磁机振动。

为降低发电机振动，可在发电机本体内加重，但由于在发电机本体上加重，需要充排氢，拆装密封瓦，耗时长、工作量大，通常选择在发电机转子两侧对轮加重。

该发电机的一、二阶临界转速远离工作转速，通过一、二阶转速时振动都不大，发电机转子 11Y 和 12Y 轴振动，相位相差 21°（相位接近同相），幅值接近，发电机转子存在非二阶不平衡分量，由对轮或三阶不平衡引起。在低压转子与发电机对轮处 3 个螺栓孔分别加重 400g/155°、200g/191°、400g/209°，合成质量为 910g/184°。

励磁机转子 Y 向轴振动有 40μm 左右的热变量，通过动平衡方法进一步降低励磁机 3000r/min 时的振动，改善带负荷时励磁机的振动。在励磁机转子本体两侧平衡槽内补加一组反对称质量，13 瓦侧加重 35g/285°、14 瓦侧加重 35g/105°。

为降低发电机和励磁机转子振动，3 个加重面同时加重。加重后启动，在 3000r/min 定速时，除 9Y、12Y 轴振动超过 70μm 外，其他轴振动都在 70μm 内。由于汽机存在缺陷，需要停机处理，借此机会，对发电机转子进行精细平衡。

3）发励对轮加重。在发电机与励磁机连接对轮处平衡槽内加重 330g/247°。加重后启动，在 3000r/min 定速时，加重效果不明显，在后来进行了调整。带 745MW 负荷时，发电机转子 Y 向轴振动有 50μm 左右的热变量，2 号低压转子 7Y 向轴振动有 70μm 左右的热变量。

4）转子热态平衡。借用停机机会，采用动平衡方法对轴系振动进行了优化调整，改善带负荷时发电机及 2 号低压转子的振动。在加重计算时以热态振动值为基准，兼顾冷态 3000r/min 时的振动情况，在冷态振动水平能够接受前提下，尽可能使长期负荷点下的振动最小，借助影响系数法计算加质量和角度。

在计算中，依据要平衡的原始振动的量值和相位关系筛选组合加重的影响系数，影响系数要与平衡的振动轴向分布规律相对应，如对于距加重面较远的测点，转子间互相影响小的测点，都不参与计算。这样计算可以减少平衡质量计算误差的累积，表面上看，这样计算降低了平衡精度，但实际上是提高了加重的可靠性。

2 号低压转子两侧末级叶轮平衡槽内加一组反对称质量，即 7 瓦侧加重 300g/340°、8 瓦侧加重 300g/160°；低发对轮加重 280g/210°；取下上次发励对轮加质量，重新加重 220g/277°。

4 个加重面同时加重后启动，3000r/min 定速及带 750MW 负荷时，整个轴系振动都很小，工频振动值都在 70μm 内（见表 7-7）。

表 7-7　　　　　　　　　　800MW 机组转子现场动平衡　　　　　　（位移峰峰值，μm）

负荷	分量	5Y	6Y	7Y	8Y	9Y	10Y	11Y	12Y	13Y	14Y
首次启动											
3000 r/min	通频	79.3	99.7	79.6	104	168	94.2	122	126	154	214
	工频	73.7/21	89.7/178	71.2/336	93.9/175	165/110	88.0/229	110/183	123/146	142/225	207/35

第 1 次加重：3 号低压转子 9 瓦侧加重 400g/115°、10 瓦侧加重 400g/295°；励磁机转子 13 瓦侧加重 210g/270°、14 瓦侧加重 210g/90°

负荷	分量	5Y	6Y	7Y	8Y	9Y	10Y	11Y	12Y	13Y	14Y
第 1 次加重后启动											
3000 r/min 200MW	工频	65.6/20	75.0/171	56.5/290	83.5/153	69.9/121	58.3/202	123/163	121/142	34.3/297	59.9/33
	工频	64.8/52	77.5/216	41.2/296	40.5/176	55.8/105	47.9/190	111/148	122/144	64.2/293	105/33

负荷	分量	5Y	6Y	7Y	8Y	9Y	10Y	11Y	12Y	13Y	14Y
第2次加重：保留低压转子加质量；低发对轮3个螺栓孔共加重910g/184°；励磁机转子13瓦侧再加重35g/285°、14瓦侧加重35g/105°											
3000 r/min	第2次加重后启动										
	工频	43.8/43	53.3/183	43.3/302	47.7/174	76.8/189	16.2/59	65.4/139	88.4/142	36.7/344	34.2/11
第3次加重：保留以上加质量；在发励对轮平衡槽内加重330g/247°											
3000 r/min 745MW	第3次加重后启动										
	工频	58.5/295	55.7/133	94.6/303	58.9/164	72.4/204	37.3/120	90.9/145	82.1/161	53.8/360	20.6/1
	工频	60.8/275	36.9/104	103/312	59.9/160	42.8/251	61.1/119	111/123	106/134	86.3/352	45.2/2
第4次加重：保留以上加质量；2号低压转子7瓦侧加重300g/340°、8瓦侧加重300g/160°；低发对轮加重280g/210°；发励对轮加重220g/277°（取下上次加质量330g）											
3000 r/min 750MW	工频	39.4/265	21.0/152	33.5/217	52.0/326	45.9/200	6.0/301	36.4/158	32.8/139	17.2/37	47.4/342
	工频	34.5/273	20.8/175	26.5/233	43.2/334	17.9/230	10.6/89	43/118	54.1/109	55.4/19	66.7/333

（3）振动响应分析。影响系数大小能够反映加重后对轴系振动的响应，当转子不平衡响应过高或过低时，其加重影响系数的分散性就会增大。

1）低压转子本体加重。2、3号低压转子分别加一组反对称质量后，7Y、8Y，9Y、10Y轴振动影响系数相位接近反相，说明加重影响低压转子二阶振型。从2号低压转子影响系数的振动量值基本相同来看，说明该转子的两端轴承支承特性基本相同；3号低压转子影响系数的振动量值相差比较大，说明该转子的两端轴承支承特性有差异。低压转子本体加重主要影响本身转子振动，对其他转子振动影响小。

2）励磁机本体加重。励磁机本体加反对称质量后，13Y、14Y轴振动影响系数相位接近反相，说明加重影响励磁机转子二阶振型。从影响系数幅值来看，励磁机本体加重对自身转子振动量值影响比较大，由于励磁机转子是整个轴系中最轻的转子，因此他本身加重对其他转子振动量值影响很小。

3）低发对轮加重。低发对轮加重后，靠近对轮两侧轴承的影响系数相位接近同相，11Y、12Y轴振动影响系数相位接近同相，说明加重影响发电机转子三阶振型或一阶振型；9Y、10Y轴振动影响系数相位接近反相，说明加重影响3号低压转子二阶振型。如果低压转子振动同相或发电机转子反相，低发对轮加重后，会使一侧轴振动降低，另一侧增大。

4）发励对轮加重。发励对轮加重后，靠近对轮两侧轴承的影响系数相位接近反相，发电机和励磁机的影响系数振动相位都是反相，说明加重影响转子二阶振型。当12Y和13Y振动相位同相时，选择发励对轮加重面加重，如果发电机振动降低，励磁机振动就会增加（见表7-8）。

表 7-8　　　　　　　　　**800MW 机组 3000r/min 时影响系数**

7、8 瓦侧低压转子本体加反对称质量对转子振动的影响					
测点	5Y	6Y	7Y	8Y	9Y	10Y
影响系数	104.4/174	121.6/322	327.0/163	365.1/356	89.3/51	144.3/320

9、10 瓦侧低压转子本体加反对称质量对转子振动的影响							
测点	5Y	6Y	7Y	8Y	9Y	10Y	11Y	12Y
影响系数	19.4/94	44.4/274	129.2/93	88.3/302	243.2/167	111.8/330	106/346	21.8/286

13、14 瓦侧励磁机本体加反对称质量对转子振动的影响		
测点	12Y	13Y	14Y
影响系数	41.6/131	644.7/121	700.7/306

低发对轮加重对转子振动的影响							
测点	5Y	6Y	7Y	8Y	9Y	10Y	11Y	12Y
影响系数	33.5/342	27.9/141	18.4/254	46.7/125	90.3/57	79.0/206	75.4/182	35.8/138

发励对轮加重对转子振动的影响					
测点	9Y	10Y	11Y	12Y	13Y	14Y
影响系数	60.4/52	99.0/259	81.0/273	87.3/7	63.9/142	43.5/318

3. 怎样进行 600MW 机组转子现场动平衡？

某电厂一台 600MW 超临界机组，其汽轮发电机组轴系由 1 根高中压转子、2 根低压转子及 1 根发电机转子和 1 根集电环转子组成，共有 9 个轴承支承，其轴系结构示意图见图 7-21。在大修解体检查中发现低低对轮和低发对轮圆差、高差、张口与设计值偏离很多，检修中调回到了设计值。机组修前轴系振动良好，而修后启动过程中各转子过临界振动不大；在 3000r/min 定速时，3Y、4X、5X、5Y 方向轴振动偏大。

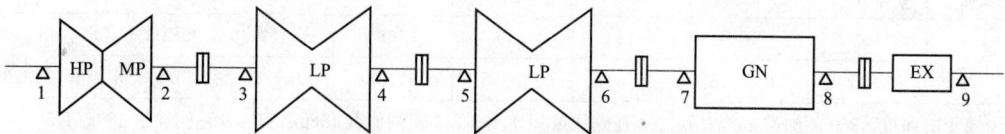

图 7-21　600MW 机组轴系结构示意图

（1）振动分析。

1）机组振动出现在没有带负荷条件下，可排除热、电相关的因素等影响。

2）转速一定时，振动稳定，再现性较好，可排除摩擦、部件松动等影响。

3）3X、3Y、6X、6Y 轴振动含有少量其他分量的振动，使之通频与工频有差异，但振动分量仍以工频为主导，4X、4Y、5X、5Y 轴振动以工频为主，从振动性质上讲，属于不平衡引起的强迫振动。

4）采取现场高速动平衡方法消振。

（2）动平衡过程。

1）低压转子本体加重。2 根低压转子的 4 个支承轴承动态特性接近，定速 3000r/min 时，3 瓦和 4 瓦，5 瓦和 6 瓦处轴振动有较大反相振动分量，说明低压转子存在二阶不平衡量。根据以往的影响系数估算了加质量以及滞后角推算了加重角度，在 2 根低压转子两侧末级叶轮平衡槽内分别加一组反对称质量，3瓦侧加重450g/270°、4瓦侧加重450g/78°（没有合适位置，有12°偏差）；5瓦侧加重456g/135°、6瓦侧加重456g/315°。

4个加重面同时加重后启动，在3000r/min定速时，2号低压转子轴振动有所降低，但1号低压转子轴振动略有增加。

2）低低对轮加重。低压转子加反对称质量，其之间对二阶振型相互影响小。可认为1号低压转子加重只对本身有影响，对其他转子影响小，2号也同样。2号低压转子加重后，振动量值降低明显；1号低压转子加重后，振动量值略有增加，相位有30°变化。

首次启动的1号与2号低压转子加重后的振动相位比较，4X、5X相位分别为311°和308°为同相，4Y、5Y相位分别为55°和43°为同相，3X、6X相位分别为125°和87°接近同相，3Y、6Y相位分别为225°和209°为同相，1号低压转子轴振动相位接近反相，2号也如此。

对轮加重对两端转子都会产生影响。如果对轮两端轴瓦的振动相位接近，加重可以使两端转子的振动都得到改善；如果相位相差较大，不可能使两端转子的振动都得到改善，一根变小，一根变大。从振动相位分析看，在4瓦和5瓦之间的低低对轮处加重，可以使1、2号的低压转子振动都得到改善。保留2号低压转子加质量，取下1号低压转子加质量，在低低对轮处加重960g/90°（特制对轮螺栓，将原有螺栓尺寸加大）。

加重后启动，在3000r/min定速时，1、2号低压转子轴振动大幅度降低，带满负荷时，轴振动变化不大（见表7-9）。

表7-9　　　　　　　　600MW机组转子现场动平衡振动　　　　（位移峰峰值，μm）

轴振	3X	3Y	4X	4Y	5X	5Y	6X	6Y
通频	102	98	118	149	158	167	100	90
工频	50.9/125	70.2/225	104/311	139/55	132/334	151/75	66.6/156	60.3/323
第1次加重：3瓦侧加重450g/270°、4瓦侧加重450g/78°；5瓦侧加重456g/135°、6瓦侧加重456g/315°								
第1次加重后启动								
工频	63.9/91	84.3/192	111/281	142/46	87.1/308	109/43	36.5/87	24.7/209
第2次加重：保留5、6瓦加质量，取下3、4瓦加质量；低低对轮加重960g/90°								
第2次加重后启动								
工频	43.2/63	46/146	33.2/282	49.3/17	9.7/342	35.7/7	30.6/9	31.1/130

（3）振动响应分析。

1）低压转子本体加重。低压转子加一组反对称质量后，3X、4X，3Y、4Y轴振动影响系数相位接近反相；5X、6X，5Y、6Y轴振动影响系数相位也接近反相，说明加重影响低压转子二阶振型。

2）低低对轮加重。对轮加重后，靠近对轮两侧轴承的影响系数相位接近同相，并且影响系数幅值近端高于远端。即4瓦、5瓦处轴振动影响系数相位接近同相，影响系数的幅值4瓦处轴振动高于3瓦处，5瓦处轴振动高于6瓦处（见表7-10）。

表 7-10   **600MW 机组 3000r/min 时影响系数**

3、4 瓦侧低压转子本体加反对称质量对转子振动的影响			
测点	3X	3Y	4X	4Y
影响系数	79.5/128	102/226	124.5/303	49.4/58

5、6 瓦侧低压转子本体加反对称质量对转子振动的影响			
测点	5X	5Y	6X	6Y
影响系数	142.7/55	180.3/165	139.1/233	162.0/26

低低对轮加质量对转子振动的影响							
测点	3X	3Y	4X	4Y	5X	5Y	6X	6Y
影响系数	50.9/266	79.4/351	79.8/53	109/162	82.5/34	86.2/148	44.2/222	37.3/357

4. 怎样进行 300MW 机组转子现场动平衡？

某电厂一台 300MW 亚临界机组，其汽轮发电机组轴系由 1 根高中压转子、1 根低压转子及 1 根发电机转子和 1 根集电环转子组成，共有 7 个轴承支承，其轴系结构示意图见图 7-22。机组投产初期，启动过程中各转子过临界振动不大；在 3000r/min 定速时，中、低压转子轴振动偏大。

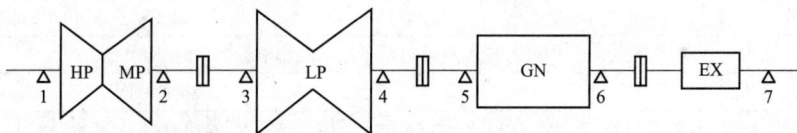

图 7-22   300MW 机组轴系结构示意图

（1）处理过程。这是一台新投产的机组，在未带负荷期间出现的振动，振动稳定性、重复性好，振动以工频为主，转子存在质量不平衡。

1）低压转子本体加重。定速 3000r/min 时，3 瓦和 4 瓦处轴振动有较大反相振动分量，说明低压转子存在二阶不平衡量。根据以往的影响系数估算了加质量以及滞后角推算了加重角度，在低压转子两侧末级叶轮平衡槽内加一组反对称质量，3 瓦侧加重 442g/73°、4 瓦侧加重 447g/253°。

2 个加重面加重后启动，在 3000r/min 定速时，低压转子轴振动降低幅度大，达到了预期目的，但 2 瓦处轴振动仍然偏大。

2）中低对轮加重。定速 3000r/min 时，2 瓦处轴振动仍然偏大，可选择在中压转子本体上加重，但需要加重平衡孔的位置已有平衡块，无法再加重。由于靠近中低对轮两端 2 瓦和 3 瓦轴振动相位接近同相，决定在中、低对轮处加重，加重 650g/100°。

加重后启动，在 3000r/min 定速时，虽然加重效果不明显，2 瓦处轴振略有降低，但绝对值达到了振动标准要求，平衡工作结束（见表 7-11）。

表 7-11			300MW 机组转子现场动平衡				(位移峰峰值，μm)	
轴振	1X	1Y	2X	2Y	3X	3Y	4X	4Y
通频	42.3	38.7	118	109	89.2	147	100	125
工频	31.3/212	26.5/317	81.6/32	97.0/121	78.3/325	132/77	93.3/104	110/243
第 1 次加重：3 瓦侧加重 442g/73°，4 瓦侧加重 447g/253°								
第 1 次加重后启动								
工频	38.1/200	27.2/309	80.5/56	89.1/153	33.0/11	57.9/141	31.1/183	46.6/329
第 2 次加重：保留 3、4 瓦加质量，中低对轮加重 650g/100°								
第 2 次加重后启动								
工频	43.2/183	26.9/276	66.3/53	75.3/135	30.1/21	45.7/162	30.6/172	41.1/330

（2）振动响应分析。

1）低压转子本体加重。低压转子加一组反对称质量后，3X、4X，3Y、4Y 轴振动影响系数相位接近反相；说明加重影响低压转子二阶振型。

2）中低对轮加重。对轮加重后，靠近对轮两侧轴承的影响系数相位接近反相，对于远端侧轴振动几乎没有影响，该次加重求得的影响系数不够灵敏，可能是加质量小引起，也可能是该加重面对中、低压转子响应小（见表 7-12）。

表 7-12			300MW 机组 3000r/min 时影响系数					
3、4 瓦侧低压转子本体加反对称质量对转子振动的影响								
测点		3X		3Y		4X		4Y
影响系数		136.3/49		268.4/158		209.3/192		263.4/326
中低对轮加质量对转子振动的影响								
测点	1X	1Y	2X	2Y	3X	3Y	4X	4Y
影响系数	20.1/24	23.5/101	22.5/150	44.7/286	79.5/58	34.4/74	9.1/343	8.5/42

5. 怎样进行 200MW 机组转子现场动平衡？

某电厂一台 200MW 超高压机组，其汽轮发电机组轴系由 1 根高压转子、1 根中（低）压转子、1 根低压转子及 1 根发电机转子和 1 根励磁机转子组成，共有 9 个轴承支承，高中压转子共用三个轴承支承，其轴系结构示意图见图 7-23。机组大修后启动，启动过程中各转子过临界振动不大；在 3000r/min 定速时，发电机转子两端轴承座盖垂直方向振动偏大。

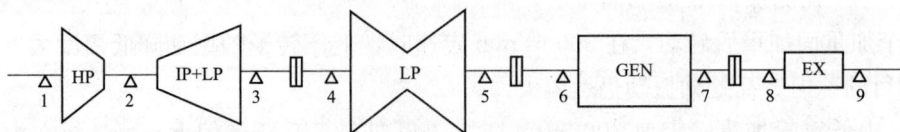

图 7-23　200MW 机组轴系结构示意图

（1）处理过程。发电机振动一直不好，没有机会处理，这次修后启动，振动没有得到改善，反而更大了。机组在未带负荷期间出现的振动，振动稳定性、重复性好，振动以工频为主，转子存在质量不平衡。

1）发电机转子本体加重。定速3000r/min时，6瓦和7瓦垂直方向有较大反相振动分量，说明发电机转子存在二阶不平衡量。根据以往的影响系数估算了加质量以及滞后角推算了加重角度，在发电机转子6瓦侧风扇环平衡槽内，单侧加重1013g/150°。

单个加重面加重后启动，在3000r/min定速时，从振动量值上看，发电机转子瓦振动量值降低幅度不大；从振动相位上看，相位有较大变化，也就是说，加重后，振动矢量发生了很大变化。

根据加重前后振动变化，采用影响系数法，计算了加重调整量。去掉上次加重，6瓦侧重新加重1216g/210°。

加重后启动，在3000r/min定速时，发电机转子瓦振动量值降低幅度很大，达到了预期目的，并且振动量值、相位与计算的期望值相吻合，说明该转子系统具有良好的线性。但6瓦加重后对3瓦振动有相反的方向影响，即降低了发电机振动，增大了3瓦振动。

2）中低对轮加重。该机组带负荷期间，3、4瓦振动变化有个特点，3、4瓦振动交替变化，即3瓦振动逐渐降低、4瓦振动逐渐增高、4瓦变化量大于3瓦，达到一定数量后不再变化。为改善带负荷阶段的3、4瓦振动变化量，需进一步降低3、4瓦振动。由于靠近中、低对轮两端3、4瓦的振动相位接近同相，在中、低主对轮处加重比较方便，并且对3、4瓦都有利，决定在该处加重300g/180°。

加重后启动，在3000r/min定速时，除3瓦振动接近30μm外。其余轴瓦振动量值都很小，达到了预期目的（见表7-13）。

表7-13　　　　　　　　3000r/min时中低压转子动平衡振动数据　　　　　　（位移峰峰值，μm）

测点	2瓦	3瓦	4瓦	5瓦	6瓦	7瓦
工频	9.65/126	18.0/51	15.1/11	11.6/189	62.9/90	73.1/313
第1次加重：6瓦侧加重1013g/150°						
第1次加重后启动						
工频	7.31/159	23.1/45	12.0/326	7.96/148	67.6/147	72.5/348
第2次加重：去掉上次加重，6瓦侧加重1216g/210°						
第2次加重后启动						
工频	6.52/61	30.9/48	22.3/314	6.26/66	20.2/346	27.9/336
第3次加重：保留上次加重，中低主对轮加重300g/180°						
工频	3.78/102	25.9/69	14.6/344	10.7/91	21.3/332	24.4/342

（2）振动响应分析。

1）发电机转子本体加重。

发电机本体单侧加重，相当于两侧各加一组同量值（单侧加重质量的1/2）、同相位（6瓦侧的正、反对称加重在同一位置）的正、反对称质量（6瓦侧加重合成后等于单侧加重质量，7瓦侧加重质量合成后为零），响应质量为单侧质量之半。发电机单侧加重后，6、7瓦振动影响系数相位接近反相；说明加重影响发电机转子二阶振型。

2）中、低主对轮加重。

200MW 机组 3、4 瓦之间有个接长轴，这个接长轴比较特殊，跨距大、刚度低、当接长轴存在不平衡时，工作转速下，可以产生一阶振型、也可产生二阶振型，影响系数比较分散。主对轮加重后，对 3、4、5 瓦都有影响，特别是对 5 瓦影响比较大（见表 7-14）。

表 7-14　　　　　　　　200MW 机组 3000r/min 时影响系数

6 瓦侧发电机转子本体加质量对轴瓦振动的影响					
测点	2 瓦	3 瓦	4 瓦	5 瓦	6 瓦	7 瓦
影响系数	5.2/107	5.4/235	10.6/93	7.5/262	61.6/55	41.4/284
主对轮加质量对轴瓦振动的影响					
测点	2 瓦	3 瓦	4 瓦	5 瓦	6 瓦	7 瓦
影响系数	14.7/27	38.1/354	40.3/277	50.6/94	17.2/81	14.7/301

6. 怎样进行 135MW 机组转子现场动平衡？

某电厂一台 135MW 超高压机组，其汽轮发电机组轴系由 1 根高中压转子、1 根低压转子、1 根发电机转子和励磁机小轴组成，共有 5 个轴承支承，高中、低压转子共用三个轴承支承，其轴系结构示意图见图 7-24。机组大修后启动，汽轮机转子过临界振动不大；在 3000r/min 定速时，2X、4X、4Y 轴振动偏大（见表 7-15）。

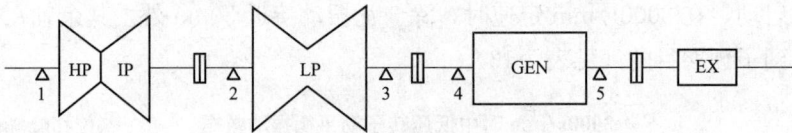

图 7-24　135MW 机组轴系结构示意图

表 7-15　　　　　　　135MW 机组转子现场动平衡　　　　　　（位移峰峰值，μm）

转速 (r/min)	分量	2X	2Y	3X	3Y	4X	4Y	5X	5Y
首次启动									
3000	工频	145/280	99.0/45	60.9/227	113/77	260/51	236/174	62.6/102	75/170
第 1 次加重：4 瓦侧对轮加重 800g/170°									
第 1 次加重后启动									
3000	工频	83.6/246	58.1/8	16.2/276	34.4/3	193/40	181/167	43.5/100	46.9/160
第 2 次加重：去掉第 1 次加质量，4 瓦侧对轮加重 1300g/140°									
第 2 次加重后启动									
3000	工频	69.8/80	42.4/184	54.7/290	29.3/219	91.6/71	100/200	42.2/108	48.1/166

（1）处理过程。机组在上次对低发对轮铰孔检修中，由于低发对轮铰孔中心线未保持好，使低发对轮个别销孔处于斜孔，引起机组振动大，本次检修对斜孔进行了镗孔处理。

修后启动，在未带负荷期间出现了振动，振动稳定性、重复性好，振动以工频为主，转子存在质量不平衡。

1）第 1 次低发对轮加重。定速 3000r/min 时，3 瓦和 4 瓦处轴振动即有同相振动分量又有反相振动分量，从量值来看，反相分量略大于同相分量，转子同时存在一、二阶不平衡量。根据以往的影响系数估算了加质量以及滞后角推算了加重角度，低发对轮 4 瓦侧加重 800g/170°。

加重后启动，在 3000r/min 定速时，轴系振动都有所降低，但 4 瓦处轴振动仍然偏大。

2）第 2 次低发对轮加重。依据上次加重的振动变化，求得影响系数，重新调整加质量。通过计算得知，在 4 瓦单侧加重，4 瓦轴振最理想的期望值是在 $100\mu m$ 左右，要想降低振动值，必须开辟新的加重面。从振动的性质来看，转子同时存在一、二阶不平衡量，应该在对轮 3、4 瓦侧同时加重，才能取得满意的结果。但 3 瓦侧对轮处有盘车，加重费时、费力，3 瓦侧中压转子本体内不具备加重条件。机组急需并网，只能在 4 瓦对轮处进行质量调整，去掉第 1 次加质量，4 瓦侧对轮加重 1300g/140°。

加重后启动，在 3000r/min 定速时，只有 4 瓦处轴振略大，其他轴振都在 $70\mu m$ 内（见表 7-15）。

（2）振动响应分析。低发对轮加重，靠近对轮两侧轴承的 3、4 瓦处轴振动影响系数相位，X 方向接近反相，Y 方向即有同相分量又有反相分量，同相与反相分量量值相当。对轮影响系数出现反相分量是由于对轮个别销孔有斜孔，激振力是以力偶形式作用在两侧轴承上。动平衡需要加一组反对称质量，但本次平衡工作由于时间关系，且振动值在可接受范围内，平衡工作暂告一段落（彻底处理对轮斜孔可消除异常振动的根源，在这个实例中，动平衡只是权宜措施）。

从数据上看，对于远端侧 5 瓦处轴振动几乎没有影响，但对 2 瓦处轴振动影响比较大。两次加重后的影响系数振动量值及相位比较接近，影响系数重复性比较好（见表 7-16）。

表 7-16　　　　135MW 机组 3000r/min 时影响系数

第 1 次，4 瓦侧对轮加质量对转子振动的影响							
测点	2X	2Y	3X	3Y	4X	4Y	5X	5Y
影响系数	111/322	78.7/89	64.6/223	136/105	99.4/89	75.6/205	23.9/117	37.4/196
第 2 次，4 瓦侧对轮加质量对转子振动的影响							
测点	2X	2Y	3X	3Y	4X	4Y	5X	5Y
影响系数	163/314	103/73	46.6/214	106/109	136/81	117/197	16.2/130	20.9/217

附件 A　防止电力生产事故的二十五项重点要求
（防止汽轮机、燃气轮机事故）

8.1　防止汽轮机超速事故

8.1.1　在额定蒸汽参数下，调节系统应能维持汽轮机在额定转速下稳定运行，甩负荷后能将机组转速控制在超速保护动作值转速以下。

8.1.2　各种超速保护均应正常投入运行，超速保护不能可靠动作时，禁止机组运行。

8.1.3　机组重要运行监视表计，尤其是转速表，显示不正确或失效，严禁机组启动。运行中的机组，在无任何有效监视手段的情况下，必须停止运行。

8.1.4　透平油和抗燃油的油质应合格，油质不合格的情况下，严禁机组启动。

8.1.5　机组大修后，必须按规程要求进行汽轮机调节系统的静止试验或仿真试验，确认调节系统工作正常。在调节部套有卡涩、调节系统工作不正常的情况下，严禁机组启动。

8.1.6　机组停机时，应先将发电机有功、无功功率减至零，检查确认有功功率到零，电能表停转或逆转以后，再将发电机与系统解列，或采用汽轮机手动打闸或锅炉手动主燃料跳闸联跳汽轮机，发电机逆功率保护动作解列。严禁带负荷解列。

8.1.7　机组正常启动或停机过程中，应严格按运行规程要求投入汽轮机旁路系统，尤其是低压旁路；在机组甩负荷或事故状态下，应开启旁路系统。机组再次启动时，再热蒸汽压力不得大于制造商规定的压力值。

8.1.8　在任何情况下绝不可强行挂闸。

8.1.9　汽轮发电机组轴系应安装两套转速监测装置，并分别装设在不同的转子上。

8.1.10　抽汽供热机组的抽汽逆止门关闭应迅速、严密，连锁动作应可靠，布置应靠近抽汽口，并必须设置有能快速关闭的抽汽截止门，以防止抽汽倒流引起超速。

8.1.11　对新投产机组或汽轮机调节系统经重大改造后的机组必须进行甩负荷试验。

8.1.12　坚持按规程要求进行汽门关闭时间测试、抽汽逆止门关闭时间测试、汽门严密性试验、超速保护试验、阀门活动试验。

8.1.13　危急保安器动作转速一般为额定转速的 $110\% \pm 1\%$。

8.1.14　进行危急保安器试验时，在满足试验条件下，主蒸汽和再热蒸汽压力尽量取低值。

8.1.15　数字式电液控制系统（DEH）应设有完善的机组启动逻辑和严格的限制启动条件；对机械液压调节系统的机组，也应有明确的限制条件。

8.1.16　汽机专业人员必须熟知数字式电液控制系统的控制逻辑、功能及运行操作，参与数字式电液控制系统改造方案的确定及功能设计，以确保系统实用、安全、可靠。

8.1.17　电液伺服阀（包括各类型电液转换器）的性能必须符合要求，否则不得投入运行。运行中要严密监视其运行状态，不卡涩、不泄漏和系统稳定。大修中要进行清洗、检测等维护工作，发现问题应及时处理或更换。备用伺服阀应按照制造商的要求条件妥善保管。

8.1.18 主油泵轴与汽轮机主轴间具有齿型联轴器或类似联轴器的机组，定期检查联轴器的润滑和磨损情况，其两轴中心标高、左右偏差应严格按制造商的规定安装。

8.1.19 要慎重对待调节系统的重大改造，应在确保系统安全、可靠的前提下，进行全面的、充分的论证。

8.2 防止汽轮机轴系断裂及损坏事故

8.2.1 机组主、辅设备的保护装置必须正常投入，已有振动监测保护装置的机组，振动超限跳机保护应投入运行；机组正常运行瓦振、轴振应达到有关标准的范围，并注意监视变化趋势。

8.2.2 运行 100000h 以上的机组，每隔 3～5 年应对转子进行一次检查。运行时间超过 15 年、转子寿命超过设计使用寿命、低压焊接转子、承担调峰启停频繁的转子，应适当缩短检查周期。

8.2.3 新机组投产前、已投产机组每次大修中，必须进行转子表面和中心孔探伤检查。按照《火力发电厂金属技术监督规程》（DL/T 438—2009）相关规定对高温段应力集中部位可进行金相和探伤检查，选取不影响转子安全的部位进行硬度试验。

8.2.4 不合格的转子绝不能使用，已经过主管部门批准并投入运行的有缺陷转子应进行技术评定，根据机组的具体情况、缺陷性质制定运行安全措施，并报主管部门审批后执行。

8.2.5 严格按超速试验规程的要求，机组冷态启动带 10％～25％额定负荷，运行 3～4h 后（或按制造商要求）立即进行超速试验。

8.2.6 新机组投产前和机组大修中，必须检查平衡块固定螺栓、风扇叶片固定螺栓、定子铁芯支架螺栓、各轴承和轴承座螺栓的紧固情况，保证各联轴器螺栓的紧固和配合间隙完好，并有完善的防松措施。

8.2.7 新机组投产前应对焊接隔板的主焊缝进行认真检查。大修中应检查隔板变形情况，最大变形量不得超过轴向间隙的 1/3。

8.2.8 为防止由于发电机非同期并网造成的汽轮机轴系断裂及损坏事故，应严格落实 10.9 条规定的各项措施。

8.2.9 建立机组试验档案，包括投产前的安装调试试验、大小修后的调整试验、常规试验和定期试验。

8.2.10 建立机组事故档案，无论大小事故均应建立档案，包括事故名称、性质、原因和防范措施。

8.2.11 建立转子技术档案，包括制造商提供的转子原始缺陷和材料特性等转子原始资料；历次转子检修检查资料；机组主要运行数据、运行累计时间、主要运行方式、冷热态启停次数、启停过程中的汽温汽压负荷变化率、超温超压运行累计时间、主要事故情况及原因和处理。

8.3 防止汽轮机大轴弯曲事故

8.3.1 应具备和熟悉掌握的资料：

（1）转子安装原始弯曲的最大晃动值（双振动量值），最大弯曲点的轴向位置及在圆周方向的位置。

（2）大轴弯曲表测点安装位置转子的原始晃动值（双振动量值），最高点在圆周方向的位置。

（3）机组正常启动过程中的波德图和实测轴系临界转速。

（4）正常情况下盘车电流和电流摆动值，以及相应的油温和顶轴油压。

（5）正常停机过程的惰走曲线，以及相应的真空值和顶轴油泵的开启时间和紧急破坏真空停机过程的惰走曲线。

（6）停机后，机组正常状态下的汽缸主要金属温度的下降曲线。

（7）通流部分的轴向间隙和径向间隙。

（8）应具有机组在各种状态下的典型启动曲线和停机曲线，并应全部纳入运行规程。

（9）记录机组启停全过程中的主要参数和状态。停机后定时记录汽缸金属温度、大轴弯曲、盘车电流、汽缸膨胀、胀差等重要参数，直到机组下次热态启动或汽缸金属温度低于150℃为止。

（10）系统进行改造、运行规程中尚未作具体规定的重要运行操作或试验，必须预先制订安全技术措施，经上级主管领导或总工程师批准后再执行。

8.3.2 汽轮机启动前必须符合以下条件，否则禁止启动

（1）大轴晃动（偏心）、串轴（轴向位移）、胀差、低油压和振动保护等表计显示正确，并正常投入。

（2）大轴晃动值不超过制造商的规定值或原始值的±0.02mm。

（3）高压外缸上、下缸温差不超过50℃，高压内缸上、下缸温差不超过35℃。

（4）蒸汽温度必须高于汽缸最高金属温度50℃，但不超过额定蒸汽温度，且蒸汽过热度不低于50℃。

8.3.3 机组启、停过程操作措施：

8.3.3.1 机组启动前连续盘车时间应执行制造商的有关规定，至少不得少于2～4h，热态启动不少于4h。若盘车中断应重新计时。

8.3.3.2 机组启动过程中因振动异常停机必须回到盘车状态，应全面检查、认真分析、查明原因，当机组已符合启动条件时，连续盘车不少于4h才能再次启动，严禁盲目启动。

8.3.3.3 停机后立即投入盘车。当盘车电流较正常值大、摆动或有异音时，应查明原因及时处理。当汽封摩擦严重时，将转子高点置于最高位置，关闭与汽缸相连通的所有疏水（闷缸措施），保持上下缸温差，监视转子弯曲度。当确认转子弯曲度正常后，进行试投盘车，盘车投入后应连续盘车。当盘车盘不动时，严禁用起重机强行盘车。

8.3.3.4 停机后因盘车装置故障或其他原因需要暂时停止盘车时，应采取闷缸措施，监视上下缸温差、转子弯曲度的变化，待盘车装置正常或暂停盘车的因素消除后及时投

入连续盘车。

8.3.3.5　机组热态启动前应检查停机记录，并与正常停机曲线进行比较，若有异常应认真分析，查明原因，采取措施及时处理。

8.3.3.6　机组热态启动投轴封供汽时，应确认盘车装置运行正常，先向轴封供汽，后抽真空。停机后，凝汽器真空到零，方可停止轴封供汽。应根据缸温选择供汽汽源，以使供汽温度与金属温度相匹配。

8.3.3.7　疏水系统投入时，严格控制疏水系统各容器水位，注意保持凝汽器水位低于疏水联箱标高。供汽管道应充分暖管、疏水，严防水或冷汽进入汽轮机。

8.3.3.8　停机后应认真监视凝汽器（排汽装置）、高低压加热器、除氧器水位和主蒸汽及再热冷段管道集水罐处温度，防止汽轮机进水。

8.3.3.9　启动或低负荷运行时，不得投入再热蒸汽减温器喷水。在锅炉熄火或机组甩负荷时，应及时切断减温水。

8.3.3.10　汽轮机在热状态下，锅炉不得进行打水压试验。

8.3.4　汽轮机发生下列情况之一，应立即打闸停机：

（1）机组启动过程中，在中速暖机之前，轴承振动超过 0.03mm。

（2）机组启动过程中，通过临界转速时，轴承振动超过 0.1mm 或相对轴振动值超过 0.26mm，应立即打闸停机，严禁强行通过临界转速或降速暖机。

（3）机组运行中要求轴承振动不超过 0.03mm 或相对轴振动不超过 0.08mm，超过时应设法消除，当相对轴振动大于 0.26mm 应立即打闸停机；当轴承振动或相对轴振动变化量超过报警值的 25%，应查明原因设法消除，当轴承振动或相对轴振动突然增加报警值的 100%，应立即打闸停机；或严格按照制造商的标准执行。

（4）高压外缸上、下缸温差超过 50℃，高压内缸上、下缸温差超过 35℃。

（5）机组正常运行时，主、再热蒸汽温度在 10min 内突然下降 50℃。调峰型单层汽缸机组可根据制造商相关规定执行。

8.3.5　应采用良好的保温材料和施工工艺，保证机组正常停机后的上下缸温差不超过 35℃，最大不超过 50℃。

8.3.6　疏水系统应保证疏水畅通。疏水联箱的标高应高于凝汽器热水井最高点标高。高、低压疏水联箱应分开，疏水管应按压力顺序接入联箱，并向低压侧倾斜 45°。疏水联箱或扩容器应保证在各疏水阀全开的情况下，其内部压力仍低于各疏水管内的最低压力。冷段再热蒸汽管的最低点应设有疏水点。防腐蚀汽管直径应不小于 76mm。

8.3.7　减温水管路阀门应能关闭严密，自动装置可靠，并应设有截止阀。

8.3.8　门杆漏汽至除氧器管路，应设置逆止阀和截止阀。

8.3.9　高、低压加热器应装设紧急疏水阀，可远方操作和根据疏水水位自动开启。

8.3.10　高、低压轴封应分别供汽。特别注意高压轴封段或合缸机组的高中压轴封段，其供汽管路应有良好的疏水措施。

8.3.11　机组监测仪表必须完好、准确，并定期进行校验。尤其是大轴弯曲表、振动表和汽缸金属温度表，应按热工监督条例进行统计考核。

8.3.12　凝汽器应有高水位报警并在停机后仍能正常投入。除氧器应有水位报警和高水位自动放水装置。

8.3.13　严格执行运行、检修操作规程，严防汽轮机进水、进冷汽。

8.4　防止汽轮机、燃气轮机轴瓦损坏事故

8.4.1　汽轮机、燃气轮机制造商或设计院应配制或设计足够容量的润滑油储能器（如高位油箱），一旦润滑油及系统发生故障，储能器能够保证机组安全停机，不发生轴瓦烧坏、轴径磨损。机组启动前，润滑油储能器及其系统必须具备投用条件，否则不得启动。未设计安装润滑油储能器的机组，应补设并在机组大修期间完成安装和冲洗，具备投用条件。

8.4.2　润滑油冷油器制造时，冷油器切换阀应有可靠的防止阀芯脱落的措施，避免阀芯脱落堵塞润滑油通道导致断油、烧瓦。

8.4.3　油系统严禁使用铸铁阀门，各阀门门芯应与地面水平安装。主要阀门应挂有"禁止操作"警示牌。主油箱事故放油阀应串联设置两个钢制截止阀，操作手轮设在距油箱5m以外的地方，且有两个以上通道，手轮应挂有"事故放油阀，禁止操作"标志牌，手轮不应加锁。润滑油管道中原则上不装设滤网，若装设滤网，必须采用激光打孔滤网，并有防止滤网堵塞和破损的措施。

8.4.4　安装和检修时要彻底清理油系统杂物，严防遗留杂物堵塞油泵入口或管道。

8.4.5　油系统油质应按规程要求定期进行化验，油质劣化应及时处理。在油质不合格的情况下，严禁机组启动。

8.4.6　润滑油压低报警、联启油泵、跳闸保护、停止盘车定值及测点安装位置应按照制造商要求整定和安装，整定值应满足直流油泵联启的同时必须跳闸停机。对各压力开关应采用现场试验系统进行校验，润滑油压低时应能正确、可靠的联动交流、直流润滑油泵。

8.4.7　直流润滑油泵的直流电源系统应有足够的容量，其各级保险应合理配置，防止故障时熔断器熔断使直流润滑油泵失去电源。

8.4.8　交流润滑油泵电源的接触器，应采取低电压延时释放措施，同时要保证自投装置动作可靠。

8.4.9　应设置主油箱油位低跳机保护，必须采用测量可靠、稳定性好的液位测量方法，并采取三取二的方式，保护动作值应考虑机组跳闸后的惰走时间。机组运行中发生油系统泄漏时，应申请停机处理，避免处理不当造成大量跑油，导致烧瓦。

8.4.10　油位计、油压表、油温表及相关的信号装置，必须按要求装设齐全、指示正确，并定期进行校验。

8.4.11　辅助油泵及其自启动装置，应按运行规程要求定期进行试验，保证处于良好的备用状态。机组启动前辅助油泵必须处于联动状态。机组正常停机前，应进行辅助油泵的全容量启动试验。

8.4.12　油系统（如冷油器、辅助油泵、滤网等）进行切换操作时，应在指定人员的监护下按操作票顺序缓慢进行操作，操作中严密监视润滑油压的变化，严防切换操作过程

中断油。

8.4.13　机组启动、停机和运行中要严密监视推力瓦、轴瓦钨金温度和回油温度。当温度超过标准要求时，应按规程规定果断处理。

8.4.14　在机组启、停过程中应按制造商规定的转速停止、启动顶轴油泵。

8.4.15　在运行中发生了可能引起轴瓦损坏的异常情况（如水冲击、瞬时断油、轴瓦温度急升超过120℃等），应在确认轴瓦未损坏之后，方可重新启动。

8.4.16　检修中应注意主油泵出口逆止阀的状态，防止停机过程中断油。

8.4.17　严格执行运行、检修操作规程，严防轴瓦断油。

8.5　防止燃气轮机超速事故

8.5.1　在设计天然气参数范围内，调节系统应能维持燃气轮机在额定转速下稳定运行，甩负荷后能将燃气轮机组转速控制在超速保护动作值以下。

8.5.2　燃气关断阀和燃气控制阀（包括燃气压力和燃气流量调节阀）应能关闭严密，动作过程迅速且无卡涩现象。自检试验不合格，燃气轮机组严禁启动。

8.5.3　电液伺服阀（包括各类型电液转换器）的性能必须符合要求，否则不得投入运行。运行中要严密监视其运行状态，不卡涩、不泄漏和系统稳定。大修中要进行清洗、检测等维护工作。备用伺服阀应按照制造商的要求条件妥善保管。

8.5.4　燃气轮机组轴系应安装两套转速监测装置，并分别装设在不同的转子上。

8.5.5　燃气轮机重要运行监视表计，尤其转速表，显示不正确或失效，严禁机组启动。运行中的机组，在无任何有效监视手段的情况下，必须停止运行。

8.5.6　透平油和液压油的油质应合格。在油质不合格的情况下，严禁燃气轮机启动。

8.5.7　透平油、液压油品质应按规程要求定期化验。燃气轮机组投产初期，燃气轮机本体和油系统检修后，以及燃气轮机组油质劣化时，应缩短化验周期。

8.5.8　燃气轮机组电超速保护动作转速一般为额定转速的108%～110%。运行期间电超速保护必须正常投入。超速保护不能可靠动作时，禁止燃气轮机组运行。燃气轮机组电超速保护应进行实际升速动作试验，保证其动作转速符合有关技术要求。

8.5.9　燃气轮机组大修后，必须按规程要求进行燃气轮机调节系统的静止试验或仿真试验，确认调节系统工作正常。否则，严禁机组启动。

8.5.10　机组停机时，联合循环单轴机组应先停运汽轮机，检查发电机有功、无功功率到零，再与系统解列；分轴机组应先检查发电机有功、无功功率到零，再与系统解列，严禁带负荷解列。

8.5.11　对新投产的燃气轮机组或调节系统进行重大改造后的燃气轮机组必须进行甩负荷试验。

8.5.12　要慎重对待调节系统的改造，应在确保系统安全、可靠的前提下，对燃气轮机制造商提供的改造方案进行全面充分的论证。

8.6　防止燃气轮机轴系断裂及损坏事故

8.6.1　燃气轮机组主、辅设备的保护装置必须正常投入，振动检测保护应投入运行；燃气轮机组正常运行瓦振、轴振应达到有关标准的优良范围，并注意监视变化趋势。

8.6.2 燃气轮机应避免在燃烧模式切换负荷区域长时间运行。

8.6.3 严格按照燃气轮机制造商的要求,定期对燃气轮机孔探检查,定期对转子进行表面检查或无损探伤。按照《火力发电厂金属技术监督规程》(DL/T 438—2009)相关规定,对高温段应力集中部位可进行金相和探伤检查,若需要,可选取不影响转子安全的部位进行硬度试验。

8.6.4 不合格的转子绝不能使用,已经过制造商确认可以在一定时期内投入运行的有缺陷转子应对其进行技术评定,根据燃气轮机组的具体情况、缺陷性质制定运行安全措施,并报上级主管部门备案。

8.6.5 严格按照超速试验规程进行超速试验。

8.6.6 为防止发电机非同时期并网造成的燃气轮机轴系断裂及损坏事故,应严格落实第10.9节规定的各项措施。

8.6.7 加强燃气轮机排气温度、排气分散度、轮间温度、火焰强度等运行数据的综合分析,及时找出设备异常的原因,防止局部过热燃烧引起的设备裂纹、涂层脱落、燃烧区位移等损坏。

8.6.8 新机组投产前和机组大修中,应重点检查:

(1)轮盘拉杆螺栓紧固情况、轮盘之间错位、通流间隙、转子及各级叶片的冷却风道。

(2)平衡块固定螺栓、风扇叶固定螺栓、定子铁心支架螺栓,并应有完善的防松措施。绘制平衡块分布图。

(3)各联轴器轴孔、轴销及间隙配合满足标准要求,对轮螺栓外观及金属探伤检验,紧固防松措施完好。

(4)燃气轮机热通道内部紧固件与锁定片的装复工艺,防止因气流冲刷引起部件脱落进入喷嘴而损坏通道内的动静部件。

8.6.9 应按照制造商规范定期对压气机进行孔窥检查,防止空气悬浮物或滤后不洁物对叶片的冲刷磨损,或压气机静叶调整垫片受疲劳而脱落。定期对压气机进行离线水洗或在线水洗。定期对压气机前级叶片进行无损探伤等检查。

8.6.10 燃气轮机停止运行投盘车时,严禁随意开启罩壳各处大门和随意增开燃气轮机间冷却风机,以防止因温差大引起缸体收缩而使压气机刮缸。在发生严重刮缸时,应立即停运盘车,采取闷缸措施48h后,尝试手动盘车,直至投入连续盘车。

8.6.11 机组发生紧急停机时,应严格按照制造商要求连续盘车若干小时以上,才允许重新启动点火,以防止冷热不均发生转子振动大或残余燃气引起爆燃而损坏部件。

8.6.12 发生下列情况之一,严禁机组启动:

(1)在盘车状态听到有明显的刮缸声。

(2)压气机进口滤网破损或压气机气道可能存在残留物。

(3)机组转动部分有明显的摩擦声。

(4)任一火焰探测器或点火装置故障。

(5)燃气辅助关断阀、燃气关断阀、燃气控制阀任一阀门或其执行机构故障。

（6）具有压气机进口导流叶片和压气机防喘阀活动试验功能的机组，压气机进口导流叶片和压气机防喘阀活动试验不合格。

（7）燃气轮机排气温度故障测点数大于等于 1 个。

（8）燃气轮机主保护故障。

8.6.13 发生下列情况之一，应立即打闸停机：

（1）运行参数超过保护值而保护拒动。

（2）机组内部有金属摩擦声或轴承端部有摩擦产生火花。

（3）压气机失速，发生喘振。

（4）机组冒出大量黑烟。

（5）机组运行中，要求轴承振动不超过 0.03mm 或相对轴承振动不超过 0.08mm，超过时应设法消除，当相对轴振动大于 0.25mm 应立即打闸停机；当轴承振动或相对轴振动变化量超过报警值的 25%，应查明原因设法消除，当轴承振动或相对轴振动突然增加报警值的 100%，应立即打闸停机；或严格按照制造商的标准执行。

（6）运行中发现燃气泄漏检测报警或检测到燃气浓度有突升，应立即停机检查。

8.6.14 调峰机组应按照制造商要求控制两次启动间隔时间，防止出现通流部分刮缸等异常情况。

8.6.15 应定期检查燃气轮机、压气机气缸周围的冷却水、水洗等管道、接头、泵压，防止运行中断裂造成冷水喷在高温气缸上，发生气缸变形、动静摩擦设备损坏事故。

8.6.16 燃气轮机热通道主要部件更换返修时，应对主要部件焊缝、受力部位进行无损探伤，检查返修质量，防止运行中发生裂纹断裂等异常事故。

8.6.17 建立燃气轮机组试验档案，包括投产前的安装调试试验、计划检修的调整试验、常规试验和定期试验。

8.6.18 建立燃气轮机组事故档案，记录事故名称、性质、原因和防范措施。

8.6.19 建立转子技术档案，包括制造商提供的转子原始缺陷和材料特性等原始资料，历次转子检修检查资料；燃气轮机组主要运行数据、运行累计时间、主要运行方式、冷热态启停次数、启停过程中的负荷的变化率、主要事故情况的原因和处理；有关转子金属监督技术资料完备；根据转子档案记录，定期对转子进行分析评估，把握转子寿命状态；建立燃气轮机热通道部件返修使用记录台账。

8.7 防止燃气轮机燃气系统泄漏爆炸事故

8.7.1 按燃气管理制度要求，做好燃气系统日常巡检、维护与检修工作。新安装或检修后的管道或设备应进行系统打压试验，确保燃气系统的严密性。

8.7.2 燃气泄漏量达到测量爆炸下限的 20% 时，不允许启动燃气轮机。

8.7.3 点火失败后，重新点火前必须进行足够时间的清吹，防止燃气轮机和余热锅炉通道内的燃气浓度在爆炸极限而产生爆燃事故。

8.7.4 加强对燃气泄漏探测器的定期维护，每季度进行一次校验，确保测量可靠，防止发生因测量偏差拒报而发生火灾爆炸。

8.7.5 严禁在运行中的燃气轮机周围进行燃气管系燃气排放与置换作业。

8.7.6　做好在役地下燃气管道防腐涂层的检查与维护工作。正常情况下高压、次高压管道（0.4MPa＜p≤4.0MPa）应每3年一次。10年以上的管道每2年一次。

8.7.7　严禁在燃气泄漏现场违规操作。消缺时必须使用专用铜制工具，防止处理事故中产生静电火花引起爆炸。

8.7.8　燃气调压站内的防雷设施应处于正常运行状态。每年雨季前应对接地电阻进行检测，确保其值在设计范围内，应每半年检测一次。

8.7.9　新安装的燃气管道应在24h之内检查一次，并应在通气后的第一周进行一次复查，确保管道系统燃气输送稳定安全可靠。

8.7.10　进入燃气系统区域（调压站、燃气轮机）前应先消除静电（设防静电球），必须穿防静电工作服，严禁携带火种、通信设备和电子产品。

8.7.11　在燃气系统附近进行明火作业时，应有严格的管理制度。明火作业的地点所测量空气含天然气应不超过1‰，并经批准后才能进行明火作业，同时按规定间隔时间做好动火区域危险气体含量检测。

8.7.12　燃气调压系统、前置站等燃气管系应按规定配备足够的消防器材，并按时检查和试验。

8.7.13　严格执行燃气轮机点火系统的管理制度，定期加强维护管理，防止点火器、高压点火电缆等设备因高温老化损坏而引起点火失败。

8.7.14　严禁燃气管道从管沟内敷设使用。对于从房内穿越的架空管道，必须做好穿墙套管的严密封堵，合理设置现场燃气泄漏检测器，防止燃气泄漏引起意外事故。

8.7.15　严禁未装设阻火器的汽车、摩托车、电瓶车等车辆在燃气轮机的警示范围和调压站内行驶。

8.7.16　运行点检人员巡检燃气系统时，必须使用防爆型的照明工具、对讲机，操作阀门尽量用手操作，必要时应用铜质阀门把钩进行。严禁使用非防爆型工器具作业。

8.7.17　进入燃气禁区的外来参观人员不得穿易产生静电的服装、带铁掌的鞋，不准带移动电话及其他易燃、易爆品进入调压站、前置站。燃气区域严禁照相、摄影。

8.7.18　应结合机组检修，对燃气轮机仓及燃料阀组间天然气系统进行气密性试验，以对天然气管道进行全面检查。

8.7.19　停机后禁止采用打开燃料阀直接向燃气轮机透平输送天然气的地方进行法兰找漏等试验检修工作。

8.7.20　在天然气管道系统部分投入天然气运行的情况下，与充入天然气相邻的、以阀门相隔断的管道部分必须充入氮气，且要进行常规的巡检查泄漏工作。

8.7.21　对于与天然气系统相邻的、自身不含天然气运行设备，但可通过地下排污管道等通道相连通的封闭区域，也应装设天然气泄漏探测器。

附件 B　GB/T 6075.2—2012 机械振动　在非旋转部件上测量评价机器的振动　第 2 部分：50MW 以上，额定转速 1500r/min、1800r/min、3000r/min、3600r/min 陆地安装的汽轮机和发电机

1　范围

GB/T 6075 的本部分规定了机器现场振动烈度的评价，适用于所有主轴承箱体或轴承座在轴的径向（即横向）和推力轴承的轴向测量的宽带振动。它们包括：

——正常稳态运行工况下的振动；

——瞬态变化（包括升速或降速、初始加负荷和负荷变化）时其他（非稳态）工况期间的振动；

——在正常稳态运行期间发生的振动变化。

本部分适用于额定转速 1500r/min、1800r/min、3000r/min 或 3600r/min，输出功率大于 50MW 的陆地安装的汽轮机和发电机，也适用于直接与燃气轮机联接的汽轮机和（或）发电机（例如联合循环应用）。在这些情况下，本部分的准则仅适用于汽轮机和发电机（包括同步离合器）。ISO 7919-4 和 ISO 10816-4 适用于燃气轮机振动的评价。

本部分的这些评价准则不适用于在发电机定子铁芯和外壳上的 2 倍频的电磁激励振动。本部分所规定的数值不准备作为评价振动烈度的唯一依据。对于大型汽轮机和发电机，通常也用旋转轴的振动来评价。对这些振动测量的要求见 GB/T 11348.1 和 GB/T 11348.2。

2　规范性引用文件

下列文件对于本部分的应用是必不可少的。凡是注日期的引用文件，仅注目期的版本适用于本部分。凡是不注目期的引用文件，其最新版本（包括所有的修改单）适用于本文件。

GB/T 6075.1—2012 机械振动在非旋转部件上测量评价机器的振动　第 1 部分：总则（ISO 10816-1：1995，IDT）

ISO 7919-2 机械振动　在旋转轴上测量评价机器的振动　第 2 部分：功率大于 50MW，额定转速 1500r/min、1800r/min、3000r/min、3600r/min 陆地安装的汽轮机和发电机

3　测量方法

测量方法和使用的仪器应符合 GB/T 6075.1 中的一般要求并说明如下。

用于监测、测量系统应能测量频率范围从 10Hz 至少到 500Hz 的宽带振动。然而，如果仪器也用于诊断可能需要更宽的频率范围和（或）谱分析。例如相应于发电机转子和（或）低压转子低于 10Hz 的时候测量系统的线性范围的下限应当相应降低。在特殊

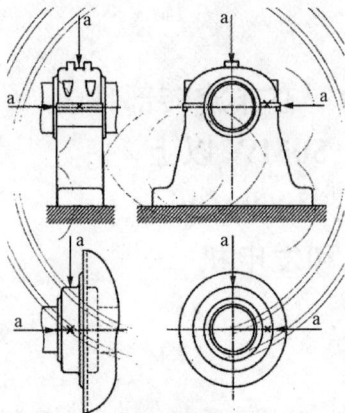

图1 轴承盖或轴承座上
典型测点和方向

场合，显著的低频振动可能传至机器（例如在地震区），可能有必要过滤掉仪器的低频响应和（或）提供适当的时间延迟。如果对比不同机器的测量结果，宜保证使用相同的频率范围。振动测量的位置应对机器动态力有足够的灵敏度。宜保证设备不受外部振源（如空气噪声和结构诱导噪声）的过分影响。典型地，要求在每个主轴承上两个相互垂直的径向进行测量，如图1所示。传感器可以放置在轴承盖或轴承座上任何角度位置，但一般选择垂直方向和水平方向。

如果已经知道在轴承盖或轴承座上用单个径向传感器能提供机器振动量值足够的信息，可用单个传感器代替更常用的相互垂直的一对传感器。然而，当用测量平面上单个传感器评价振动时应仔细观察，因为它可能不在提供该平面上振动最大的理想近似值的方位。

对于连续运行监测，通常不进行汽轮机和发电机径向承载主轴承的轴向振动测量。轴向振动测量主要在定期振动检查期间或者振动时使用。然而，在本标准中仅规定在评价推力轴承轴向振动时，其振动烈度可以用径向振动相同的准则（见表 A.1），没有轴向约束的其他轴承，对轴向振动的评价很少有严格的要求。

注：本部分的评价准则适用于所有主轴承径向振动测盘和推力轴承轴向振动测量。

宜了解环境对测量系统特性的影响，包括：

a）温度变化；

b）磁场；

c）空气噪声和结构诱导噪声；

d）电源变化；

e）电缆阻抗；

f）传感器电缆长度；

g）传感器方位；

h）传感器连接刚度。

宜特别注意，确保传感器安装正确，而且安装方案不降低测量的精确度（见 ISO 2954 和 ISO 5348）。

4 评价准则

4.1 概述

GB/T 6075.1 提供了评价不同类型机器的振动烈度的两个准则的一般描述。第一个准则考虑观测到的宽带振动的量值，第二个准则考虑量值的变化，而不论最值增加或是减少。

测得的最大振动最值称为振动烈度。这些值是根据这类机械的经验数据提出的，如果满足它们，可望得到可接受的运行。

注：这些值是基于以前的国际和国内经验，当初起草 ISO 7919（所有部分）和 GB/T 6075（所有部分）时进行调查的结果以及专家们提供的反馈。

提供的这些准则适用于在规定的额定转速和负荷范围内的稳态运行工况，包括发电机电负荷正常的缓慢变化。也提供了在发生瞬态变化时其他非稳态工况下的替代的准则。这些振动准则提供目标是保证避免过大的缺陷或不切实际的要求，可以作为规定验收规范的基础（见 4.2.2.3）。

该准则仅涉及汽轮机和（或）发电机产生的振动，不涉及由机组外界传递的振动。如果怀疑受到明显的传递振动影响（无论是稳态的或间断的），则宜在机组停机状态测量其量值。如果被传振动的量值不能接受，则宜采取措施纠正。

应注意，机器的振动状态通常根据非旋转部件及旋转轴上的测量进行综合评价。

4.2　准则 I：振动量值

4.2.1　总则

这个准则是关于确定绝对振动量值的，该量值与轴承的许用动载荷以及传至支承结构和基础的许用振动盈值的要求一致。

4.2.2　正常稳态运行工况下额定转速时的振动量量值

4.2.2.1　概述

在每个轴承盖或轴承座处测量到的最大振动量值，按照由经验建立的四个评价区域进行评价。

4.2.2.2　评价区域

下列评价区域可用于评价给定机器在正常稳态工况额定工作转速时的振动，并提供可能的操作指南。

区域 A：新投产的机器，振动通常在此区域内。

区域 B：振动在此区域内的机器，通常认为可以不受限制地长期运行。

区域 C：通常认为振动在此区域内的机器，不适宜长期连续运行。该机器可在这种状态下运行有限时间，直到有合适时机采取补救措施为止。

区域 D：振动在该区域通常被认为振动剧烈，足以引起机器损坏。

注：对瞬态运行的指南见 4.2.4。

4.2.2.3　验收准则

验收准则均应在机器安装前经供方和买方协商一致。这些评价区域为新机或大修过的机器规定验收准则提供基础。

注：新机器验收准则历来规定在 A 区或 B 区，但通常不超过区域边界 A/B 值的 1.25 倍。

4.2.2.4　评价区域边界

区域边界值在表 A.1 中给出。这些边界值适用于在稳态工况额定工作转速下，所有轴承的径向振动测量和推力轴承的轴向振动测量。区域边界值是根据制造厂和用户提供的有代表性的数据制定的，数据中不可避免存在较大的分散性。然而，表 A.1 中仍然对这些值做出规定以保证避免过大的缺陷或不切实际的要求。

在其他的测量位置和瞬态工况时允许较大的振动，见 4.2.4。

在大多数情况下，表 A.1 中给出的值与保证允许传至轴承的支承结构和基础的动载荷是协调一致的。然而，某些情况下可能有特殊性能或与特殊类型机器关联的可用经验，可能要求使用不同的区域边界值（较小或较大）例如：

a）机器振动可能受它的安装系统以及与转子之间耦合装置的影响。对于柔性轴承支承的转子，当测量方向上轴相对振动小时，表明传给支承结构的动态力也小，因此，较大的轴承振动是允许的。基于类似的成功运行经验，适当提高表 A.1 中给出的区域边界值是可以接受的。

b）对于载荷相对较轻的轴承（例如励磁机转子的固定轴承和同步离合器轴承）或其他更柔性的轴承，可能需要基于机器详细设计的其他准则。

c）对于一些 1500r/min、1800r/min 的大型汽轮机可以用较小的区域边界值。

注 1：对于同一旋转轴线上的不同轴承的翻盘可以取不同的区域边界值。

一般来说，当采用较大的区域边界值时，可能需要技术论证，证实以较大振动运行不损害机器的可靠性。例如可以根据机器详细的性能或类似结构设计和支承的机器成功的运行经验。

注 2：本部分对安装在限性基础和柔性基础上的汽轮机和发电机未提出不同的区域边界值。这与针对同类机器轴振动测量的标准 ISO 7919—2 一致。但是，如果进一步分析这些机器的调查数据表明采取不同的边界值是有保证的话，则将来修订 GB/T 6075.2 和 GB/T 11348.2 时，可望针对支承的柔度给出不同的准则。

评价机器振动烈度常用的测量参数是振动速度，表 A.1 给出了基于宽带的均方根（r.m.s）速度测量的各区域边界值。然而，在某些下，习惯于用具有振动速度峰值读数而不是均方根值读数的仪器测量振动。如果振动主要是一个频率分量（例如通常汽轮机和发电机振动是其工作频率占主导），则峰值和均方根值之间存在简单的关系，而且表 A.1 的边界值可用峰值乘以 $\sqrt{2}$ 表示，以评价峰值振动烈度。也可以将测的振动峰值除以 $\sqrt{2}$，按照表 A.1 的均方根准则评价。

注 3：评价是用峰-峰值的测盘仪器，则要求不同的因子。

4.2.3 稳态运行的限值

4.2.3.1 概述

为了长期稳态运行，通常的做法是规定运行的振动限值 B 这些限值采用报警值和停机值的形式。

报警值：振动已经达到规定的限值或者振动值发生显著变化，可能有必要采取补救措施进行报警。

一般来说，如果发生报警，可继续运行一段时间，同时进行研究（例如考查负荷、转速或其他运行参数的影响）以识别振动变化的原因和确定补救措施。

停机值：规定一个振动量值，振动超过此值继续运行可能引起机器损坏。如果超过停机值，应立即采取措施降低振动或停机。

不同的运行限值反映出动载荷和支承刚度的差异，对于不同的测量位置和方向，可以规定不同的运行限值。

4.2.3.2　报警值的设定

对每台机器报警值可以不同。推荐选择的报警值通常是相对于基线值来设定，而基线值是根据具体机器的测量位置和方向的经验来确定。

推荐设定的报警值应高出基线某个量，高出的量等于区域边界 B/C 值的 25%。报警值通常不超过区域边界 B/C 的 1.25 倍如果极限值低，报警值可能小子区域边界 B/C 值（见附录 B 的例子）。

在没有建立基线的情况下（例如新机），初始的报警值应根据其他类似机器的经验，或者相对于已同意的验收值来设定。在没有这样有效数据的情况下，稳态运行额定转速时报警值不宜超过区域边界 B/C。在运行时间之后，建立起稳态基线值，并对报警值的设定作相应的调整。

振动信号非稳态和不重复的场合，要求用某些平均方法。

如果稳态基线发生变化（例如机器大修后），报警值的设定立相应地修改。对于机器上不同的测量位置，报警值设定可以不同，以反映动载荷和支承刚度的差异。

设定报警值的例子在附录 B 中给出。

4.2.3.3　停机值的设定

停机值通常与机器的完整性有关，并且取决于提出的使机器能承受异常动载荷的各设计特性因此，具有类似设计的所有机器一般采用相同的停机值，而且通常与设定报警值的稳态基线值没有关系。

不同设计的机器停机值可能不同，并且不可能对绝对的停机值给出更精确的指南。一般停机值在区域 C 或 D 内，但推荐停机值应不超过区域边界 C/D 值的 1.25 倍。依据具体机器的经验，可以取不同的限值。

汽轮机和发电机通常是受自动控制系统控制的，如果超过停机的振动值，控制系统会使机器停机。为了避免虚假信号引起的不必要的停机，实际上上通常采用多个传感器控制逻辑，并在触发机器自动停机的任何自控动作之前，规定一个时间延迟，因此如果收到振动停机信号，而且至少被两个独立的传感器确认超过了规定的有限延迟时间才可以触发停机。典型的延迟时间是 1s～3s。为了慎重，可以在报警值和停机值之间插入第二次报警，以警示操作人员正在接近停机值，使他们可以采取任何校正措施（例如降低负荷或制造商建议的其他措施），避免满负荷停机。

4.2.4　非稳态工况（瞬态运行）期间的振动最值

4.2.4.1　概述

附录 A 规定了汽轮机和/或发电机在规定的稳态运行工况下长期运行的振动值。在额定转速下运行工况正在变化，汽轮机或发电机逐渐达到热平衡的过程中，以及升速或降速时，可以允许较大的振动值。这些较大的值可能超过 4.2.3 中规定的报警值和停机值。在这种情况下，可以引入"停机放大因子"，在稳态工况建立之前（见 4.2.4.4），它会自动地提升"报警值"和"停机值"。

对于非稳态工况下运行的汽轮机和发电机，这些瞬态变化一般与热的变化（例如在初始负荷和负荷改变期间，由于蒸汽温度或转子电流的变化引起的）、凝汽器真空的影响和转速变化（例如启动、停机）有关。

与稳态振动一样，在具体场合采用的任何验收准则应该由机器制造厂家和用户协商一致。然而，本章的规定将保证避免过大的缺陷和不切实际的要求。

4.2.4.2　额定转速瞬态运行期间的振动量值

额定转速瞬态运行，包括空载、带初始负荷或快速加负荷或功率因数变化的运行工况，以及其他相对短期的任何运行工况。对于这些瞬态工况，不超过区域边 C/D 值，一般认为是可以接受的。停机值和报警值宜相应调整。

4.2.4.3　升速、降速和超速期间的振动量值

汽轮机和发电机在升速前应当充分地盘车和（或）低速旋转，以保证不出现临时弯曲或弓形，避免可能产生反常的激励。此后，如果汽轮机/发电机装有轴振动传感器（见 ISO 7919—2），可以进行慢转轴位移测量，以评价低速时的偏摆量大小（该测量不受最低共振转速的影响），此时稳定的轴承油膜已经建立，而且离心作用可以忽略，检验在该转速下测量的轴位移与其他的参考参数是否在以前建立的满意的经验值范围内。这些检验是评价轴线状态是否满意的基础，例如是否出现轴弯曲或者在联轴器之间，是否有平行不对中或者夹角不对中（"曲柄效应"）。此外升速期间，建议在到达临界〈共振〉转速之前评估轴承的振动且与以前满意运转时相同状态下得到的典型振动矢量进行比较。如果观察到任何显著的差别，建议在继续下去之前采取进一步措施（例如维持转速或减速直至振动稳定，或者回到以前的值进行更详细的研究或检查运行参数）。

如果没有盘车或测量慢转轴位移的规定，则遵照供方的替代建议。

升速期间可能需要保持在特定转速暖机（例如为了温度匹配）。如果这样的话，应注意确保在暖机转速和任意临界（共振）转速之间有足够的裕量，因为共振时会出现很大的振幅。

升速、降速和超速期间振动限值的规定可以变化很大，这取决于具体机器的结构特性或者特定的运行要求。例如，对于起动次数较少，带基本负荷的机组，可允许有较大的振动限值，而对于需经常规则地切换操作运行，并需要在规定的时间内达到规定输出功率的机组，可采用较小的振动限值。此外，在升速和降速期间通过共振转速时，振动量值将受到阻尼和转速变化率的强烈影响（见 ISO 10814 有关机器不平衡灵敏度的资料）。

适用于升速、降速和超速时的报警值与正常稳态运行工况下所采用的报警值不同。它们通常应当相对特定机器由升速、降速或超速时的经验确定的值设定。建议启、停机或超速期间的报警值应设定在这些值之上某个量，高出的量等于额定转速下区域边界 B/C 值的 25%。

当没有可靠的有效数据时，升速、降速或超速期间的报警值不宜超过区域边界 C/D。

用不同的方法设定升速和降速时的停机值。例如如果升速期间振动过大可能降低转速比触发停机保护更合适。反之，降速期间很少触发离振动停机保护，因为那样做没有改变已采取的措施（即降速）。可是如果汽轮机或发电机有自动控制系统，它可能需要规定升速或降速期间的停机值。这种情况下，停机值应当与报警值采用的相似的比例增加。

注：升速和降速期间，由于动力放大效应，当通过临界（共振）转速时通常发生最大的振动其他转速下，一般振动较小。

在较低转速下使用恒定速度准则可能有缺陷，因为虽然传递给轴承（座）的动态力是可接受的，但是相应的振动位移使连接到轴承座上的附属装置（例如油管）令人担心。这种情况下，可能有必要随转速降低相应改变报警值和停机值。特别建议在转速低于 20％的额定转速时，报警值和停机值不再适用（参见附录 C）。

4.2.4.4　"停机放大因子"的使用

某些情况下，如果超过停机值，装有控制系统的汽轮发电机自动停机，在瞬态工况下运行，许有较大的振动值，为了避免不必要的停机，可以引入"停机放大因子"，它会自动地提升稳态的报警值和停机值，以反映 4.2.4.2 和 4.2.4.3 中给的修订值。

"停机放大因子"通常适用于以下情况转子升速或降速过程中在达到额定转速之后带负荷过程以及任何突然的、大负荷变化之后，热态稳定的短期内。基于已有经验，上述每一种运行工况可以设定不同的"停机放大因子"。实际的"停机放大因子"值对不同的机器是不同的，而且应当根据以前满意的运行经验而定。

4.3　准则Ⅱ：在额定转速稳态运行工况下振动量值的变化

本准则提供了对振动量值变化的评价，此变化是指偏离以前建立的特定稳态工况下的参考值。轴承振动量可能明显地增大或减小，甚至在未达到准则的区域 C 时，就要求采取某种措施。这种变化可以是瞬时的或者随时间逐渐发展的，它可能表明已产生损坏，或是即将失效或是某些其他异常的警告。准则是在额定转速稳态工况下发生的轴承振动窒值变化的基础上规定的，包括像负荷这样的变量有小的变化，但不包括负荷大而快的变化，此变化在 4.2.4.2 论述。

注意：这一准则应用于带有同步离合器的机器时宜小心，此时由于轴向膨胀的正常变化，振动可能会发生阶跃变化。

该准则的参考值是基于以前具体运行工况下测量得到的典型的、可重复的正常振动值。如果振动量值变化很大（达到了区域 B/C 边界值的 25％），应采取措施查明变化原因。不管这种变化引起振动量值增大或减小，都要采取这样的措施。宜在考虑振动的最大值和机器在新工况是否已经稳定之后再决定采取什么行动，尤其是，如果振动变化率很大，即使还没有超过以上规定的振动限值，也宜采取行动。

在应用准则时，传感器位置和方位必须相同，同一机器运行工况才能进行比较。

应当了解，基于振动变化的准则有其应用的局限性。因为量值和变化率的明显变化可能发生在个别的频率分量，但这些重要的特征在宽带振动信号中未必能反映出来（见 GB/T6075.1）。例如转子中裂纹的扩展可能引起旋转频率多倍频振动分量的渐进变化，但它们的量值可能比旋转频率分量的幅值小，所以仅查看宽带很懂的变化难以和别裂纹扩展的效应。因此，虽然检测宽带振动的变化能给出潜在问题的某些指示，可能有必要在某些应用中，使用能测定单个频率分量振动矢量变化趋势的测量和分析设备。这种设备可能比通常用的检测装置更复杂，它们的应用需要专门知识。对于这种测量规定详细准则已超出本部分的范围（见4.5）。

4.4 补充的方法和准则

本部分中给出的振动测量与评价可以由轴振动测量补充和替代（见 ISO 7919-2）。没有简单方法将轴承座振动转换为轴的相对振动，反之亦然。转轴绝对振动测量和相对振动测量之间的差异和轴承座振动有关，但它在数值上一般并不等于轴承座振动。这是由于在工作转速下轴承油膜与支承结构的相对动柔度、传感器安装位置的差异以及相位角不同等因素的影响。因此，当本部分和 ISO 7919-2 的准则都用于机器振动的评价时，应分别进行转轴振动和轴承座振动测量。如果应用不同的准则导致不同的振动烈度评价，一般应采用更严格的准则，除非有与此相反的有效经验。有的特殊情况下阶跃变化并不反常，例如有同步离合器的机器可能经历无关紧要的、突然的振动阶跃变化。

4.5 基于振动矢量信息的评价

在本部分中考虑的评价仅限于宽带振动而未涉及频率分盘或相位。在大多数情况下这样做对验收试验和运行监测就足够了。然而，对于长期状态监测和诊断，使用振动矢量信息对发现和确定机器动态变化特别有用。在某些情况下，这种变化只用宽带振动测量可能检测不到（例如，参见 GB/T 6075.1—2012，附录 D）。

与相位和频率有关的振动信息越来越多地用于状态监测和诊断。然而，规定这种准则已超出了本部分的现有范围。这些在 ISO 13373（所有部分）对机器振动状态监测的规定中详细处理。

附 录 A

（规范性附录）

评价区域边界

表 A.1 中给的值适用于额定转速、稳态运行工况下所有轴承径向振动和推力轴承轴向振动的测量。图1表明典型的测量位置。给出的这些值可以保证避免重大的缺陷或不切实际的要求。在某些情况下，一些特别的机器可能需要使用不同的区域边界值（见4.2.2.4）。在其他的测量位置和瞬态工况下可以允许较大的振动（见4.2.4）。

注：过去规定验收准则在 A 区或 B 区，但通常不超过 A/B 区域边界的 1.25 倍（见4.2.2.3）。

表 A.1　　大型汽轮机和发电机轴承箱或轴承座振动速度区域边界的推荐值

区域边界	轴转速（r/min）	
	1500 或 1800	3000 或 3600
	区域边界振动速度均方根值（mm/s）	
A/B	2.8	3.8
B/C	5.3	7.5
C/D	8.5	11.8

附　录　B
（资料性附录）
报警设定和停机设定的例子

某台 3000r/min 的大型汽轮发电机组是没有轴承振动先验知识的新机，一般将运行报警值设定在区域 B 内，具体数据通常由用户和机器制造厂家共同商定。对于本例嘉定对每个轴承，最初设定报警值在区域边界 B/C 上，相应于速度均方根值 7.5mm/s（见表 A.1）。

在机器运行一段时间，正常振动特性已级建立之后，可以考虑改变报警值的设定以反映在每个轴承的典型稳态基线值。使用 4.2.3.2 中的方法，以此为基础，每个轴承的报警值可设定为具体机器的经验得到的典型稳态基线值与区域边界 B/C 值的 25% 之和。例如，如果某个具体轴承的典型稳态基线值为 4.0mm/s，可采用新的报警值设定为 5.9mm/s（即 4.0mm/s+0.25×7.5mm/s），它位于区域 B 内。另一个轴承的典型稳态基线值为 5.8mm/s，则它的新报警值为 7.7mm/s，这与初始设定的报警值差异不大，因此，报警值（7.5mm/s）可保持不变。

对于每个轴承，根据准则 I，停机值宜定为均方根值 11.8mm/s。这是基于停机值是相应于机器能承受的最大振动，是一个固定值。

如 4.2.4 所述，瞬态运行期间上述振动限值可以增大。

附　录　C
（资料性附录）
在低转速下使用振动速度准则的警告

本附录阐明在本部分中提出的速度准则不适用于低频率的原因。为了监测较低速的振动，可能需要按照其他准则（如恒定位移准则）评价，需要更专业的仪器，这些已经超出了本部分的范围。还可选择，考虑监测轴振动（见 ISO 7919-2）。

用在非旋转部件上测得的振动速度作为表征机器振动烈度的基础的原理，已经由现场经验（例如在 1930 年，T.C.Rathbone 的开拓性工作，见文献 [11]）和基础力学的认识中得到。基于此，已经采用许多年的、在 10Hz～1000Hz 频率范围内具有同一的均方根（r.m.s.）速度，通常认为是相等的烈度。这样做的独特优点是如果振动速度用作评价参数，而不论振动频率或机器运行速度，则同一评价准则可以适用。反之，如果位移或加速度用于评价，该评价准则将随频率变化，因为振动位移与速度之间的关系是与频率成反比，加速度与速度之间的关系是与频率成正比。

在低频和高频不宜使用恒定速度准则，在那里位移和加速度的影响分量变得重要。对低频，如图 C.1 所示，对于恒定振动速度 4.5mm/s，由 3600r/min 降速时，基频振动位移分量（如由于不平衡引起的）是如何随转速变化的。

图 C.1 是个简单的数学关系，显示出恒定速度在不同转速下位移是如何变换的。可是，当转速降低时，恒定速度准则能导致轴承座位移渐进的增加。在这种情况下，虽然

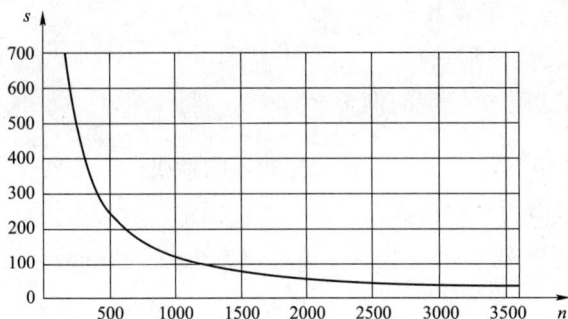

图 C.1 恒定均方根速度 4.5mm/s 的基频振
动位移分量随转速的变化

传递给轴承座的动态力可以接受，在低速时振动位移可能涉及轴承座上安装的附属设备（如油管）。

图 C.1 不要与正常的升速或降速响应曲线混淆，响应曲线通过共振速度（临界转速）离开，当转速降低时，通常振动速度降低。实际上，如果在额定转速下振动速度是可接受的，通常在较低转速下振动速度降低，而且相应的振动位移在较低的转速能够接受。从而，如果在升速期间在低转速下记录到明显的振动速度，即使它们低于本部分所规定的值，尤其是它们严重超出该特定机器在相同转速下正常经历的范围时，必须采取措施查明较高振动值的原因，并且确定继续在较高转速运行是否安全。

说明：n——转速，r/min；

s——峰峰振动位移，μm。

附件 C　GB/T 11348.2—2012 机械振动　在旋转轴上测量评价机器的振动　第 2 部分：功率大于 50MW，额定工作转速 1500r/min、1800r/min、3000r/min、3600r/min 陆地安装的汽轮机和发电机

1　范围

GB/T 11348 的本部分给出了评价位于或靠近主轴承处测得的旋转轴现场径向振动烈度的具体规定。包括：

——正常稳态运行工况下的振动；

——瞬态变化包括升速或降速、初始加负荷和负荷变化时，其他（非稳态）工况期间的振动；

——正常稳态运行工况期间发生的振动变化。

本部分适用于额定工作转速 1500r/min、1800r/min、3000r/min 或 3600r/min，输出功率大于 50MW 的陆地安装的汽轮机和发电机，也适用于直接与燃气轮机连接的汽轮机和（或）发电机（例如联合循环应用）。在这些情况下，本部分的准则仅适用于汽轮机和发电机（包括同步离合器）。燃气轮机振动应按照 GB/T 11348.4 和 GB/T 6075.4 评价。

本部分所规定的这些振动数值并不是评价振动烈度的唯一依据。对于大型汽轮机和发电机通常也用非旋转部件上测量的振动值来评价。对这些振动测量的要求见 GB/T 6075.1 和 GB/T 6075.2。

2　规范性引用文件

下列文件对于本部分的应用是必不可少的。凡是注日期的引用文件，仅注日期的版本适用于本部分。凡是不注日期的引用文件，其最新版本（包括所有的修改单）适用于本部分。

GB/T 11348.1—1999 旋转机械转轴径向振动的测量和评定第 1 部分：总则（idt，ISO 7919—1：1996）

3　测量方法

测量方法及仪器应符合 GB/T 11348.1 的通用要求。

汽轮机和发电机早期用接触式传感器测量转轴的绝对振动。目前，随着非接触式传感器的发展，转轴的相对振动测量更普遍。但是，如需要，也可用一个非接触式传感器和一个装在台架上测量结构振动的惯性式传感器，以它们输出的矢量合成得到转轴的绝对振动，目前，这两种方法都普遍使用。因此，对于本部分，转轴相对或绝对振动测量都同样可以接受。但应注意，接触式传感器的频率范围比非接触式传感器的要窄（更受限制）。

对于监测来说，测量系统应能适用于从 1Hz 到至少是最高正常工作频率的三倍或 125Hz（取其大者）的频率范围。用于故障诊断的仪器，可能需要在覆盖更宽的频率范围和（或）谱分析。在特殊场合，显著的低级振动可能传至机器（例如在地震区），可能有必要过滤掉仪器的低频响应和（或）提供适当的时间延迟。如果对比不同机器的测量结果，应注意保证使用相同的频率范围。

振动测点的位置应能评价在重要点上轴的横向运动。应当注意，避免把振动测点放在任何振动节点上，并保证测量设备不受外部振源（如空气噪声和结构诱导噪声）的过分影响。通常，要求在每个主轴承上或附近，用一对正交的传感器沿两个径向测量。传感器可以安装在任意角度，但实际上一般选择在轴承向一个半瓦上与垂直方向成±45°的方向或者接近垂直和水平方向。

如果已知用一个径向传感器能够提供轴振动量值的足够信息的话，可以用它代替更典型的一对正交传感器。可是当根据测量平窗上单个传感器评价振动时，一般应仔细观察，因为它可能没有位于提供该平面最大测量值的方位。一般不在汽轮机和发电机上测量轴向振动。

应了解环境对测量系统特性的影响，包括：

a）温度变化；

b）磁场；

c）空气噪声和结构诱导噪声；

d）电源变化；

e）电缆阻抗；

f）传感器电缆长度；

g）传感器方位；

h）传感器连接刚度

应特别注意，确保传感器安装正确，而且安装方案不降低测量的精确度（见 ISO 10817-1）。

传感器所在的轴表面应当光滑，而且没有几何不连续、材质不均匀和局部剩磁，以免它们可能产生虚假信号（称之为电气偏摆）。用传感器测量时，电气和机械组合"慢转"偏摆不宜超过在额定工作转速下区域 A/B 边界值（见表 A.1）的 25%。

在汽轮机和发电机升速运行之前，可以进行轴偏摆的慢转测量。如果这样做，测量系统的低频特性应当充分满足要求。这种测量通常不能认为是有效地指出在正常运行状态下转轴偏摆，因为它们会受到转轴暂时（瞬态）弯曲、在轴承间隙内轴颈不规则移动、轴向运动等因素的影响。如果没有考虑上述因素就不能从工作转速下的振动测量矢量减去慢转下的轴偏摆矢量。因为这种结果会误判机器振动（见 GB/T 11348.1）。

4 评价准则

4.1 概述

GB/T 11348.1 提供了用于评价各种机器轴振动的两个准则的一般说明。宽带轴振动的量值，第二个准则考虑振动量值得变化，而不论它是增大或减小。

所提供的这些值是这种类型机器的经验总结。如果满足它们，则可望得到可接受的运行。

注：这些值是基于以前的国际标准、初起草 GB/T 11348（所有部分）和 GB/T 6075（所有部分）时进行调查的结果，以及国内外专家们提供的反馈意见。

提供的这些准则适用于规定的正常工作转速和负荷范围内的稳态运行工况，包括发电机电负荷正常的缓慢变化。也提供了发生瞬态变化时其他非稳态工况下的替代的准则。这些振动准则的目标是保证可避免过大的缺陷或不切实际的要求。尤其是，安全运行的基本假设是避免旋转轴和固定部件之间的金属接触。它们可以作为规定验收规范的基础（见 4.2.2.3）。

该准则涉及汽轮机和（或）发电机产生的振动，不涉及由机组外界传来的振动。如果怀疑被传递的振动（无论稳态的或间断的）有显著影响，则宜在机组停机状态测量其最值。如果被传递振动的量值不能接受，则宜采取措施纠正。

应注意，机器振动状态的通常根据在非旋转部件上的测量和旋转轴上的测量综合评价。

4.2　准则Ⅰ：振动量值

4.2.1　总则

这个准则是有关规定轴振动最佳的，该量值与轴承的许用动载荷、机器外壳径向间隙的适当裕度以及传至支承结构和基础的容许振动协调一致。

4.2.2　在稳态运行工况下额定转速时的振动量值

4.2.2.1　概述

在每个轴承处测得的最大的轴振动量值对照由国外经验建立的四个评价区域进行评价。

4.2.2.2　评价区域

下列评价区域可用于给定机器在稳定工况额定工作转速下的轴振动评价，并提供可能的操作指南。

区域 A：新投产的机器，振动通常在此区域内。

区域 B：振动在此区域内的机器，通常认为可以不受限制地长期运行。

区域 C：通常认为振东在此区域内的机器，不宜长期连续运行。通常，该机器可在这种状态下运行有限时间，直到有合适时机采取补救措施为止。

区域 D：振动值在该区域通常被认为振动剧烈，足以引起机器损坏。

注：对瞬态运行的指南见 4.2.4。

4.2.2.3　验收准则

验收准则均应在机器安装前经过供方和买方协商一致。这些评价区域为新机或大修过的机器规定验收准则提供基础。

注：新机器验收准则历来规定在 A 区或 B 区内，但通常不超过区域边界 A/B 值的 1.25 倍。

4.2.2.4　评价区域边界

在表 A.1 和表 A.2 中，区域边界值是分别针对轴的相对振动和绝对振动给出的。

这些边界值适用于在稳定工况额定转速是所有轴承上或靠近轴承处的径向振动测量。这些区域边界值是根据制造厂和用户提供的有代表性的数据指定的，数据中不可避免地有较大的分散性。然而，仍然对表 A.1 和表 A.2 中的值做出规定，以保证避免过大的缺陷或不切实际的要求。

在其他的测量位置和瞬态工况时允许较大的振动（见 4.2.4）

在大多数情况下，表 A.1 和表 A.2 中给出的值可以保证足够的运转间隙，而且传至轴承的支承结构和基础的动载荷是可接受的。然而，在某些情况下，某些特殊类型的机器可能由于特殊的性能或有效的经验，要求使用不同的区域边界值（较小或较大），例如：

a）机器振动可能受它的安装系统和连接从动机器的耦合装置的影响。例如，如果用刚性轴承支承，预计有较大的轴相对振动。反之，用柔性轴承支承，预计有较小的轴相对振动，但轴的绝对振动可能较大。因此，基于满意的运行经验，可以接受使用不同的区域边界值。

b）宜注意确保轴的相对振动不超过轴承间隙。进一步，宜认识到许可振动可能与轴承直径有关，因为一般直径较大的轴承运行间隙比较大。当使用小间隙轴承时，表 A.1 中的区域边界值可以减小。区域边界值降低的程度随着所用轴承的形式（圆筒型、椭圆裂、可倾瓦等）、测量方向和最小间隙之间的关系而变化。因此，不可能给出精确的建议，但附录 B 提供了一个有代表性的普通困筒轴承的例子。

c）对于相对轻载轴承（例如励磁机转子轴承和同步离合器轴承）或者其他更柔性的轴承，可能用到以机器详细设计为基础的其他准则。

d）在远离轴承的地方测量振动，可以应用其他的准则。

注1：在同一旋转轴线不同轴承上的测量可以取不同的区域边界值。

通常，当使用较大的区域边界值时，可能需要技术论证，确认以较高振动运行不损害机器的可靠性。例如，可以机器的详细性能和相似结构设计与支承的机器运行的经验作基础。

注2：本部分对安装在刚性基础和柔性基础上的汽轮机和发电机未提出不同的区域边界值。这与同类机器在非旋转部件上测量振动的 GB/T 6075.2 一致，但是，如果进一步分析这些机器的调查数据表明采取不同的边界值是有保证的话，则将来修订 GB/T 6075.2 和 GB/T 11348.2 时，可望针对支承的柔度给出不同的准则。

4.2.3 稳态运行的限值

4.2.3.1 概述

为了长期稳态运行，通常的做法是规定运行的振动限值。这些限值采取报警值和停机值的形式。报警值：振动已经达到某个规定的限值或者振动值发生显著变化，可能有必要采取补救措施时，进行报警。一般来说，如果发生报警，可继续运行一段时间，同时进行研究（例如考查负荷、转速或其他行参数的影响），以识别振动变化的原因和确定补救措施。

停机值：规定一个振动量值，超过此值继续运行可能引起机器损坏。如超过停机值，应立即采取措施降低振动或停机。

不同的运行限值反映出动载荷和支承刚度的差异，对于不同的测量位置和方向，可以规定不同的运行限值。

4.2.3.2　报警值的设定

对每台机器报警值可以不同。推荐选择的报警值通常是相对于基线值来设定，而基线值根据具体机器的测量位置和方向的经验确定。

推荐设定的报警值应高出基线值某个量，高出的量等于区域边界 B/C 值的 25%。报警值通常不宜超过区域边界 B/C 值的 1.25 倍。如果基线值小，报警值可能小于区域边界 B/C 值以下（见附录 B 的例子）。

在没有建立基线的情况下（例如新机），初始的报警值应根据其他类似机器的经验，或者相对于已同意的验收值来设定。在没有这样有效数据的情况下，稳态工况额定转速下的报警值不应超过区域边界 B/C 值。在运行一段时间之后，建立起稳态基线值并对报警值的设定作相应的调整。

振动信号非稳态和不重复的场合，需要采用某些平均方法。

如果稳态基线发生变化（例如机器大修后），报警值的设定应相应地修改。对于机器上不同的测量位置，报警值设定可以不同，以反映动荷载和支承刚度的差异。

设定报警值的例子在 GB/T 6075.2—2012 的附录 B 中给出。

4.2.3.3　停机值的设定

停机值通常与机器的机械完整性有关，并且取决于使其能承受异常动载荷的各设计特性。因此具有类似设计的所有机器一般采用相同的停机值，而且它通常与设定报警值的稳态基线值没有关系。

不同设计的机器停机值可能存在差异，不可能对绝对的停机值绘出更精确的指南。一般来说，停机值在区域 C 或 D 内，但推荐停机值应不超过区域边界 C/D 值的 1.25 倍。依据具体机器的经验，可以取不同的限值。

汽轮机和发电机通常是受自动控制系统控制的，如果超过停机振动值，自动控制系统使机器停机。为了避免虚假信号引起的不必要的停机，实际上通常采用多个传感器控制逻辑，并在触发机器自动停机的任何自控动作之前，规定一个时间延迟。因此，如果收到振动停机信号，而且至少被两个独立的传感器确认超过了规定的有限的延迟时间才可以触发停机。典型的延迟时间是 1s～3s。为了慎重可以在报警值和停机值之间插入第二次报警，以预警操作人员正在接近停机值，他们可以采取任何校正措施（例如降低负荷或制造商建议的其他措施），避免满负荷停机。

4.2.4　非稳态工况（瞬态运行）期间的振动量值

4.2.4.1　总则

附录 A 规定了汽轮机和（或）发电机在规定的稳态运行工况下长期运行的振动值。在额定转速下运行工况发生变化，汽轮机或发电机逐渐达到热平衡的过程中，以及升速或降速时，可以允许较大的振动值。这些较大值可能超过 4.2.3 中规定的报警值和停机值。在这种情况下，可以引入"停机放大因子"，在稳态工况建立之前，它会自动地提升"报警值"和"停机值"。

对于非稳态工况下运行的汽轮机和发电机,这些瞬态变化一般与热的变化(例如在初始负荷和负荷改变期间,由于蒸汽温度或转子电流的变化引起的)、凝汽器真空的影响和转速变化(例如启动、停机)有关。

与稳态振动一样,在具体场合采用的任何验收准则应该由机器制造厂和用户协商一致,然而,本条的规定将保证避免过大的缺陷和不切实际的要求。

4.2.4.2 额定转速瞬态运行期间的振动量值

额定转速瞬态运行工况,包括空载、带初始负荷或快速加负荷或功率因素变化,以及其他相对短期的任何运行工况。对于这些瞬态工况,振动量值不超过区域边界 C/D 值,一般认为是可以接受的。停机值和报警值宜相应调整。

4.2.4.3 升速、降速和超速期间的振动量值

汽轮机和发电机在升速前应当充分地盘车(或)低速旋转,以保证不出现临时弯曲或弓形,避免可能产生反常的激励。此后,可以进行慢转轴位移测量,以评价低速时的偏摆量大小(该测量不受最低共振转速的影响),此时稳定的轴承油膜已经建立,而离心作用可以忽略。检验在该转速下测量的轴位移以及其他的参考数据是否在以前建立的满意的经验之内。这些检验是评价轴线状态是否满意的基础,例如是否存在轴弯曲或者在联轴器之间是否有平行不对中或者夹角不对中("曲柄效应")。此外,在升速期间,建议在到达临界(共振)转速之前评估轴的转动,并且与以前满意运转时相同状态下得到的典型振动矢量进行比较。如果发现任何显著的差别,建议在继续下去之前进一步采取措施(例如维持转速或减速直至振动稳定,或者回到以前的值,进行更详细的研究或检查运行参数)。

如果没有盘车或测量慢转轴位移的规定,则遵照供方的替代建议。

升速期间可能需要保持在特定转速暖机(例如为了温度匹配)。如果这样的话,应注意确保在暖机转速和任意临界(共振)转速之间有足够的余量,因为共振时会出现很大的振幅。

升速、降速和超速期间振动限值的规定可能变化很大,这取决于特定机器的结构特性或者具体的运行要求。例如,对于启动次数较少、带基本负荷的机组,可允许有较大的振动限值,而对于需经常规则地切换操作运行、并需要在规定的时间内达到规定输出功率的机组,可采用较小的振动限值。此外,在升速和降速期间通过共振转速时,振动量值将受到阻尼和转速变化率的强烈影响(见 ISO 10814 有关机器不平衡灵敏度的资料)。

适用于升速、降速和超速时的报警值与正常稳态运行工况下所采用的报警值不同。它们通常应当相对特定机器由升速、降速或超速时的经验值设定。建议启动、停机或超速期间的报警值应设定在这些值之上某个量,高出的最等于额定转速下区域边界 B/C 值的 25%。

当没有建立可靠的有效数据时,升速、降速或超速期间的报警值不宜超过下述值:

a) 转速大于 0.9 倍额定转速时:振动量值相应为额定转速下的区域 C/D 边界值。

b) 转速小于 0.9 倍额定转速时:振动量值相应为额定转速下的区域 C/D 边界值的

1.5 倍。

如 4.2.2.4 所述，对小间隙轴承（见附录 B）可能需要适当调整。

用不同的方法设定升速或降速时的停机值。例如，如果升速期间振动过大，可能降低转速比触发停机保护更合适。反之，降速期间很少触发高振动停机保护，因为那样做没有改变已采取的措施（即降速）。可是，如果汽轮机或发电机有自动控制系统，它可能需要规定升速或降速期间的停机值。这种情况下，停机值应当与报警值采用相似的比例增加。

注：升速和降速期间，由于动力放大效应，当通过临界转速时通常发生最大的振动。在其他转速下，一般振动较小。

4.2.4.4 "停机放大因子"的使用

某些情况下，如果超过停机值，装有控制系统的汽轮机/发电机会自动停机。运行在瞬态工况下允许有较高的振动值，为了避免不必要的停机，可以引入"停机放大因子"，它会自动地提升稳态的报警值和停机值，以反映 4.2.4.2 和 4.2.4.3 中给的修订值。

"停机放大因子"通常适用于以下情况：转子升速或降速过程中；在达到额定转速之后带负荷过程中；以及任何突然的、大负荷变化之后，热状态稳定的短期内。基于已有经验，上述每一种运行工况，可以设定不同的"停机放大因子"。实际的"停机放大因子"值对不同的机器是不同的，而且应当根据以前满意的运行经验而定。

4.3 准则 Ⅱ：在额定转速稳态运行工况下振动量值的变化

本准则提出了对振动量值变化的评价，此变化是指偏离以前建立的对特定稳态工况下的参考值。轴振动量值可能明显地增大或减小，甚至在未达到准则 Ⅰ 的区域 C 时，就要求采取某种措施。这种变化可以是瞬态的或者随时间逐渐发展的，它可能表明已产生损坏，或是即将失效或是某种其他异常的警告。准则 Ⅱ 是在额定转速稳态工况下发生的轴振动量值变化的基础上规定的，它包括负荷的微小变化，但不包括负荷大而快的变化，这种变化在 4.2.4.2 论述。

注意：这一准则应用于带有同步离合器的机器时宜小心，此时由于轴向膨胀的正常变化，振动可能会发生阶跃变化。

该准则的参考值是由对以前具体运行工况下测量得到的典型的、可重复的正常振动值。如果振动量值变化很大（典型的是区域 B/C 边界值的 25％），应采取措施查明变化的原因。不管这种变化引起振动量值增大或减小，都要采取这样的措施。宜在考虑振动的最大值和机器在新工况是否已经稳定之后再决定采取什么行动。尤其，如果振动变化率很大，即使还没有超过以上规定的限值，也宜采取行动。对于小间隙轴承，振动限值宜相应调整。

在应用准则 Ⅱ 时，传感器的位置和方位必须相同，同一机器运行工况才能进行比较。

应当了解，基于振动变化的准则有其应用的局限性。因为量值和变化率的明显变化可能发生在个别的频率分量，但这些重要特征在宽带振动信号中未必能反映出来（见 GB/T 11348.1）。例如转子中裂纹的扩展可能引起旋转频率多倍频振动分量的渐进变化，但它们的量值可能比旋转频率分量的幅值小，所以仅查看宽带振动的变化难以识别裂纹扩展的效应。因此，虽然监测宽带振动的变化能给出潜在问题的某些指示，可能有必要在某些应用中使用能测定单个频率分量振动矢量变化趋势的测量和分析设备。这种设备可能比通常监测用的设备更复杂，它们的应用需要专门知识。对于这种测量规定详细准则已超出本部分的范围（见4.5）。

4.4 补充的方法和准则

本部分中给出的振动测量与评价可以出非旋转部件上的振动测量补充和替代（见GB/T 6075.2）。没有简单办法将轴振动转换为轴承座振动，反之亦然。转轴绝对振动测量和相对振动测量之间的差异和轴承座振动有关，但它在数值上一般并不等于轴承座振动，这是由于工作转速下轴承油膜与支承结构的相对动柔度、传感器安装位置的差异以及相位角不同等因素的影响。因此，当本部分和GB/T 6075.2的准则都用于机器振动的评价时，应分别进行转轴振动和轴承座振动的测量。如果应用不同的准则导致不同的振动烈度评价，一般应采用限制较严格的准则，除非有与此相反的有效经验。

4.5 基于振动矢量信息的评价

在本部分中考虑的评价仅限于宽带振动而未涉及频率分量或相位。在大多数情况下，这样做对验收试验和运行监测就足够了。然而，对于长期状态监测和诊断，使用振动矢量信息对发现和确定机器动态变化特别有用。在某些情况下，这种变化只用宽带振动测量可能检测不到。参见GB/T 6075.1—1995附录D。

与相位和频率有关的振动信息越来越多地用于状态监泌和诊断。然而，规定这种准则已超出本部分的现有范围。这些在ISO 13373（所有部分）对机器振动状态监测的规定中详细处理。

附　录　A
（规范性附录）
评价区域边界

表A.1和表A.2给出的值分别用于评价额定转速稳态工况下，在轴承上或靠近轴承处转轴相对振动和绝对振动测量值。这些值可以保证避免重大的缺陷或不切实际的要求。在某些情况下，某些特殊类型机器可能需要不同的限值（参见4.2.2.4）。例如必须确保轴的相对位移不超过许可的轴承间隙（见附录B）。在其他测量位置和瞬态工况下，可以允许较大的振动。

表A.1　大型汽轮机和发电机各区域边界的轴相对位移的推荐值

区域边界	轴转速 r/min			
	1500	1800	3000	3600
	区域边界轴绝对位移峰-峰值 μm			
A/B	100	95	90	80
B/C	120～200	120～185	120～165	120～150
C/D	200～320	185～290	180～240	180～220

表 A.2 　　　　　　　大型汽轮机和发电机各区域边界的轴绝对位移的推荐值

区域边界	轴转速 r/min			
	1500	1800	3000	3600
	区域边界轴绝对位移峰峰值 μm			
A/B	120	110	100	90
B/C	170～240	160～220	150～200	145～180
C/D	265～385	265～350	250～300	245～270

表 A.1 和表 A.2 绘出的准则是在特定测量位置的轴振动位移峰峰值（见 GB/T 11348.1—1999 附录 B 中的方法 B）。如果使用的是从测量面上一对正交的传感器输出导出的 Smax（见 GB/T 11348.1 1999 附录 B 中的方法 C），它取决于轴心轨迹，则宜用较小的区域边界，作为一般指南，表 A.1 中的值应除以 1.85。

注：以往，规定验收准则落在 A 区或 B 区，但通常不超过区域边界 A/B 值的1.25 倍。

附　录　B
（资料性附录）

评价区域边界值和轴承间隙

对于流体动压轴承支承的机器，为了安全运行基本的假设是在轴承油膜内的轴振动位移应当避免与轴承接触。因此，应当保证表 A.1 中评价区域边界的轴相对振动的限值与该假设一致。特别是使用小间隙轴承时需要减小该评价区域边界值。减小的必要程度取决于使用的轴承的形式以及测量方向和最小间隙的关系。本附录绘出一个典型例子。

假定额定转速 3000r/min 的汽轮发电机组的高压转子，用普通圆筒轴承支承，其直径为 180mm，轴承间隙比 0.1%。这样，轴承（直径）总径向间隙为 180μm。

从表 A.1 看，区域边界峰峰值为：

A/B　90μm；

B/C　120μm～165μm

C/D　180μm～240μm

这时，B/C 边界值小于轴承的径向间隙，而 C/D 边界值大于（或等于）轴承间隙。因此，推荐区域边界的峰峰值应相应降低，如下例：

A/B　0.4 倍的轴承间隙＝72μm（取整为 75μm）；

B/C　0.6 倍的轴承间隙＝108μm（取整为 110μm）；

C/D　0.7 倍的轴承间隙＝126μm（取整为 130μm）。

选取因子 0.4，0.6，0.7 仅为说明原理。应用于不同类型轴承的不同因子由供方和用户协商。

上述例子适用于在轴瓦内或非常接近轴瓦处测量轴振动。在径向间隙较大的其他测量位置，较大的限值是可以接受的。

参 考 文 献

[1] 寇胜利. 汽轮发电机组的振动及现场平衡. 北京：中国电力出版社，2010.

[2] 施维新，石静波. 汽轮发电机组振动及事故. 北京：中国电力出版社，2012.

[3] 陆颂元. 汽轮发电机组振动. 北京：中国电力出版社，2003.

[4] 顾晃. 汽轮发电机组的振动与平衡. 北京：水利电力出版社，1989.

[5] 钟一谔，何衍宁，王正，等. 转子动力学. 北京：清华大学出版社，1984.

[6] 徐贞禧. 汽轮机设备故障诊断与预防. 北京：中国电力出版社，2011.

[7] 赵常兴. 汽轮机组技术手册. 北京：中国电力出版社，2007.

[8] 翦天聪. 汽轮机原理. 北京：水利电力出版社，1991.

[9] 中国动力工程学会. 火力发电设备技术手册 第二卷：汽轮机. 北京：机械工业出版社，1999.

[10] 朝阳发电厂，西安热工研究所. 20万千瓦汽轮机的运行. 北京：水利电力出版社，1990.

[11] 严普强，黄兴艺. 机械工程测试技术基础. 北京：机械工业出版社，1984.

[12] 张本贤. 汽轮机设备检修. 北京：中国电力出版社，2014.

[13] 常咸伍，霍如恒. 汽轮机本体检修实用技术. 北京：中国电力出版社，2007.

[14] 孙奉仲. 大型汽轮机运行. 北京：中国电力出版社，2008.

[15] 国家能源局. 防止电力生产事故的二十五项重点要求. 北京：中国电力出版社，2014.

[16] Giancarlo Genta. Vibration of Structures and Machinery: Practical Aspects. Springer-Verlag New York，Inc，1995.

[17] Mogens Greve. ADRE for Windows saves a generator. ORBIT，DEC. 1994.

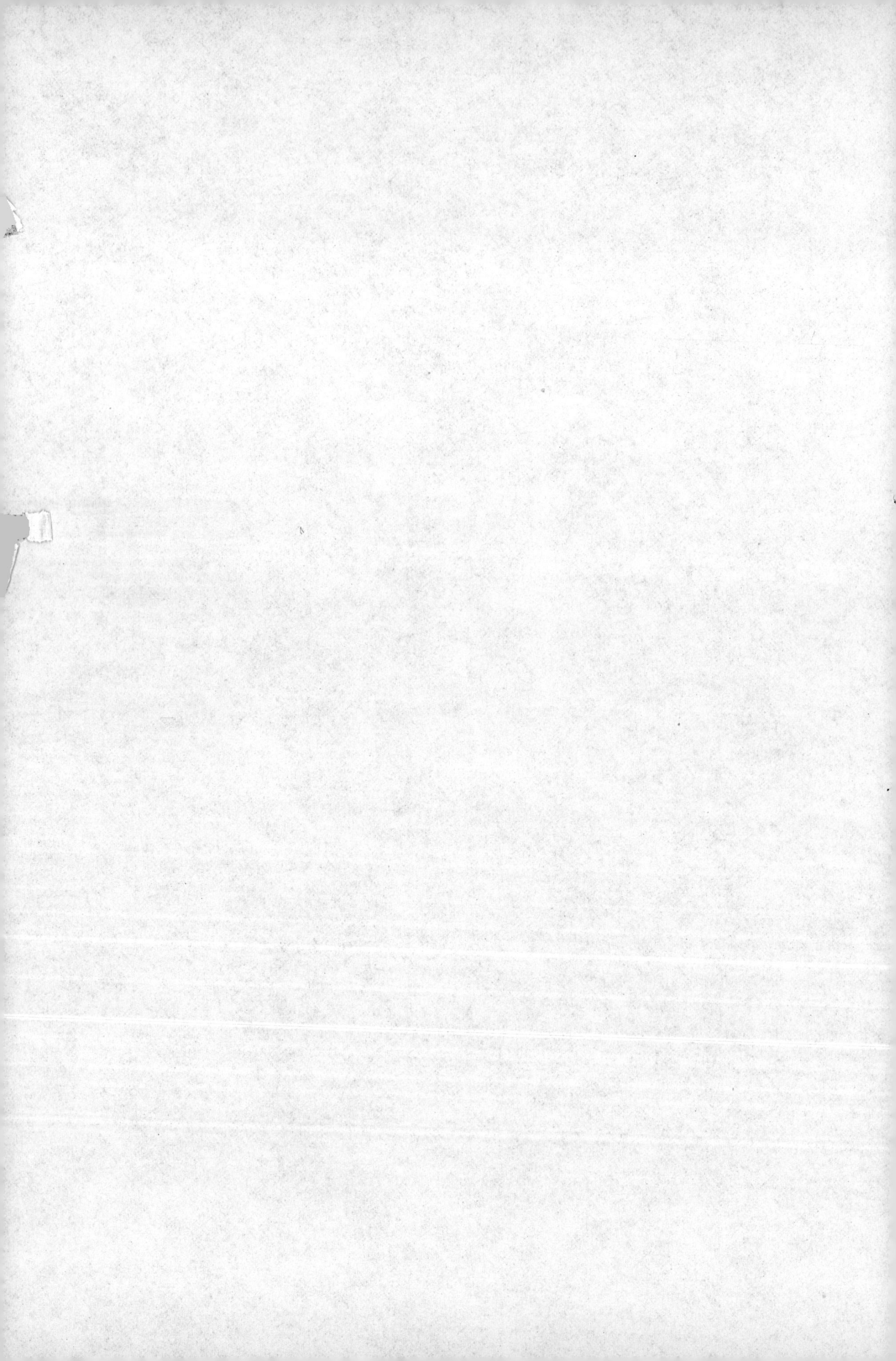